食品安全快速检测技术

主 编 曹 川 李德明 杨 希

北京理工大学出版社

BEIJING INSTITUTE OF TECHNOLOGY PRESS

内 容 简 介

本书共分为七个模块，主要内容包括食品中违禁添加物的快速检测、食品中真菌毒素的快速检测、食品中微生物的快速检测、食品中重金属的快速检测、食品中农药残留的快速检测、食品中兽药残留的快速检测和食品中添加剂的快速检测。本书可作为职业教育食品类专业教材，也可供食品生产企业、食品检验机构等的相关检验技术人员参考。

图书在版编目（CIP）数据

食品安全快速检测技术 / 曹川，李德明，杨希主编.

北京：北京理工大学出版社，2024.10.

ISBN 978-7-5763-4527-8

Ⅰ.TS207.3

中国国家版本馆 CIP 数据核字第 2024Q255C5 号

责任编辑：封　雪　　　　**文案编辑**：毛慧佳
责任校对：周瑞红　　　　**责任印制**：施胜娟

出版发行 / 北京理工大学出版社有限责任公司
社　　址 / 北京市丰台区四合庄路 6 号
邮　　编 / 100070
电　　话 / （010）68914026（教材售后服务热线）
　　　　　　　（010）63726648（课件资源服务热线）
网　　址 / http://www.bitpress.com.cn

版 印 次 / 2024 年 10 月第 1 版第 1 次印刷
印　　刷 / 涿州市新华印刷有限公司
开　　本 / 787 mm×1092 mm　1/16
印　　张 / 16.25
字　　数 / 372 千字
定　　价 / 98.00 元

编写委员会

主　编　曹　川（安徽职业技术学院）

　　　　李德明（安徽职业技术学院）

　　　　杨　希（安徽粮食工程职业学院）

副主编　王安杏（安徽职业技术学院）

　　　　王小博（佛山职业技术学院）

　　　　李松南（扬州大学）

　　　　张君超（北京美正生物科技有限公司）

主　审　张　爽（芜湖职业技术学校）

编　委　张　瑜（安徽职业技术学院）

　　　　张　庆（安徽职业技术学院）

　　　　郭　婧（安徽职业技术学院）

　　　　解　鹏（安徽职业技术学院）

　　　　廖洪梅（阜阳职业技术学院）

　　　　陈　静（滁州职业技术学院）

　　　　王雨笋（长丰县农业农村局）

　　　　陶文靖（北京美正生物科技有限公司）

　　　　武星宇（北京美正生物科技有限公司）

　　　　孙　琪（北京美正生物科技有限公司）

　　　　隋　明（四川工商职业技术学院）

前　言

　　党的二十大报告提出，要"树立大食物观，构建多元化食物供给体系""强化食品药品安全监管，健全生物安全监管预警防控体系"。大食物观的提出为我国维护和保障食品安全拓展了思路、指明了方向。近年来，随着相关部门对食品质量安全的高度重视，制定了《"十四五"国家食品安全规划》《食品安全标准与监测评估"十四五"规划》等，不断推动我国食品安全现代化治理体系的建设。食品检验检测是食品安全监管的重要技术支撑，事关人们的日常生活。

　　本书以食品快速检验中最新标准和操作实务为驱动，依据食品产业转型升级后的新理念、新技术（胶体金免疫层析技术、酶联免疫技术等食品安全快检技术）不断调整、优化内容。本书中的实训内容主要来自企业真实实践检验，遵循由易到难的认知规律，按照教学过程与生产过程对接的原则，强化专业对接产业、促进产教融合。本书将食品行业文化有机融入人才培养环节，以提高学生的食品安全快速检验职业技术能力，培养学生的食品安全责任感、使命感，精益求精的工匠精神，让他们养成敬业爱岗、吃苦耐劳的职业精神，形成严谨求实的科学态度和客观公正的工作作风。

　　本书按照真实的工作流程设置了递进式知识传递结构，共7个模块，其中包含26个项目，这些项目之中又包含51个任务。本书中的检测内容以"项目—任务"的形式呈现，力求建立"以项目为核心，以任务为载体"的教学模式。

　　本书的特点如下。

　　（1）校企合作共同编写，助力人才培养。本书融入企业的新技术、新工艺、新流程、新产品、新方法，与企业生产动态相适应，以生产任务单、工作手册等优质资源实现校企双方资源互通，保障高职教育教材资源建设的实时更新。

　　（2）将食品安全意识与专业课程有机融合。本书结合国家标准的更新，根据不同检验项目进行教学内容重构，传递"食以安为先"的精神，推动绿色食品产业高质量发展。

　　（3）主动适应职业发展需求，构建学岗互通人才培养模式。本书围绕职业能力培养的主线，利用学校和企业"两个课堂"，将食品行业检测标准、企业岗位操作规范、产品质量升级与技术装备换代的最新操作方法植入实训内容中，从而解决了食品类专业学生操作技能与企业岗位操作规范偏移的问题。

（4）内容新颖、实用性强。本书的内容结构按照学生的专业学习要求和实践进行设定，从简单的食品安全实际问题出发，以解决问题为导向进行知识展开，导学思路明晰，符合由浅入深的认知过程。学生可以利用书内二维码中的数字化教学资源进行学习。本书对每个食品快速检测知识点都有较详细的解释，并且通过大量的实际案例强化学生应用知识解决实际问题的能力。

（5）学用结合，服务专业。本书的各部分知识相对独立、完整，又紧密结合专业需求，不仅符合不同专业人才培养的要求，还扩大了使用范围。同时，本书的各篇目、案例之间有较密切的连贯关系，让学生能够温故而知新，增强了知识的综合性和灵活性。

本书的编写分工如下：张庆、张瑜编写模块一；曹川、解鹏编写模块二；陶文靖、李德明编写模块三；张君超、隋明编写模块四；杨希、王安杏编写模块五；张君超、廖洪梅编写模块六；王小博、陈静编写模块七。郭婧、李松南负责统稿工作，张爽担任主审。王雨笋、武星宇和孙琪负责相关实验视频的拍摄，以及拓展资源校稿工作。

编者在本书的编写过程中参考了大量相关资料，在此向相关作者表示感谢。由于编者水平有限，书中难免存在不足之处，敬请广大读者批评指正。

编　者

目 录

模块一 食品中违禁添加物的快速检测

　　食品中的违禁添加物是指不属于传统上认为是食品原料的；不属于批准使用的新资源食品的；不属于卫生部公布的食药两用或作为普通食品管理物质的；未列入我国食品添加剂（《食品安全国家标准　食品添加剂使用标准》（GB 2760—2014）及卫生部食品添加剂公告）、营养强化剂品种名单（《食品安全国家标准　食品营养强化剂使用标准》（GB 14880—2012）及卫生部食品添加剂公告）的；我国法律法规允许使用物质之外的其他物质；可以添加到一种食品中，但不能添加到另一种食品中的。

　　《食品安全法》和《农产品质量安全法》明确规定了食品中禁止添加的物质种类和限量要求，也规定了相应的监管措施和法律责任。此外，我国还制定了多项关于食品中违禁添加物的部门规章和规范性文件，如《食品中可能违法添加的非食用物质和易滥用的食品添加剂品种名单》《食品添加剂新品种管理办法》等。这些规章和规范性文件进一步细化了食品中违禁添加物的监管要求和处罚措施，为保障食品安全提供了更加全面和具体的法律依据。

　　食品违禁添加物的快速检测方法有很多种，主要包括化学方法、免疫分析法、生物传感器法、光谱分析法等。其中，化学方法主要是通过化学反应来检测食品中的某些物质，如用亚铁氰化钾检测食盐中的铅、铬等重金属；免疫分析法是利用抗原和抗体的特异性结合来检测食品中的物质，具有高灵敏度和高特异性；生物传感器法是一种将生物识别元件与信号放大转换元件结合的检测技术，用于检测食品中的有害物质和营养成分等；光谱分析法利用光谱学的原理来检测食品中的物质，具有无损、快速、准确等特点。此外，还可以使用一些新型的快速检测技术，如表面增强拉曼光谱技术、电化学传感技术、荧光纳米材料技术等。在实际应用中，大家可以根据需要选择合适的快速检测方法。

模块一 PPT

项目一 粮油制品中违禁添加物的快速检测

任务一 小麦粉中过氧化苯甲酰的快速检测

◎ 学习目标

【知识目标】

（1）了解过氧化苯甲酰检验新技术和新方法。

（2）了解过氧化苯甲酰检测相关标准。

【能力目标】

（1）掌握使用比色法进行定性和半定量的方法。

（2）能够利用快速检测盒独立完成小麦中过氧化苯甲酰的检测。

【素养目标】

（1）了解小麦的历史变迁及其在当代国民经济中的地位，加深对传统农耕文化的认知。

（2）了解分析快速检测相对于传统检测的优势，明白"科学技术的发展要为社会发展保驾护航"的道理。

◎ 任务描述

小麦在我国粮食生产、流通和消费中占有重要地位，近年来种植面积稳定在 3.6 亿亩[①]，占粮食作物总种植面积的 19.8% 左右；产量约 1.37 亿吨，占粮食总产量的 20% 左右。过氧化苯甲酰除了增白作用，并没有实质性地提高或改善小麦粉的质量，反而掩盖了粉色不合格的缺陷。20 世纪 80 年代，我国开始允许过氧化苯甲酰作为增白剂用于小麦粉。为控制过氧化苯甲酰用量，我国先后颁布了食品添加剂国家标准《食品添加剂使用卫生标准》（GB 2760—1986）和《食品添加剂使用卫生标准》（GB 2760—1996），其最大使用量从 0.3 g/kg 调减到 0.06 g/kg。我国在 2011 年 5 月撤销过氧化苯甲酰作为食品添加剂，随着我国小麦品种改良和面粉加工工艺水平的提高，现有的加工工艺能够满足面粉白度的需要，但仍有部分不法商家为提高面粉的感官效果违禁添加此类漂白剂。

常见的过氧化苯甲酰测定方法有气相色谱法、液相色谱法、高效液相色谱法等。本任务使用快速检测盒对小麦中的过氧化苯甲酰进行定量检测，此方法样品处理简单，可在较短时间内做出判定。

◎ 知识准备

在面粉中添加过氧化苯甲酰的主要目的是通过其氧化作用使小麦粉中的色素氧化分

---

① 1 亩 ≈ 667 m²。

解，以达到增白效果，本身还原为苯甲酸残留在小麦粉中。过氧化苯甲酰为白色或淡黄色细柱，微有苦杏仁气味，具有强氧化性能，能对面粉起到漂白和防腐的作用，且有杀菌作用，但对小麦粉中β-胡萝卜素、维生素A、维生素E和维生素B$_1$等均有较强的破坏作用。

过氧化苯甲酰作为一种强氧化剂，其分解产物苯甲酸可以在肝脏中代谢并积累，长期食用会对人体构成严重威胁。目前的国家标准（以下简称"国标"）中用于检测食品中过氧化苯甲酰的有《小麦粉中过氧化苯甲酰的测定　高效液相色谱法》（GB/T 22325—2008）、《小麦粉中过氧化苯甲酰的测定方法》（GB/T 18415—2001）。本任务采用快速检测试剂盒进行测定，且试剂盒中的检测试剂可以与过氧化苯甲酰发生颜色反应，通过与空白样品比色可以判断样品中是否含有过氧化苯甲酰，通过与标准比色卡进行比色可以确定其含量。该方法的检出限为 2.4 mg/kg。

◎ 任务实施

一、仪器设备和材料

（1）电子天平：分度值 0.01 g。
（2）电热套。
（3）温度计。
（4）涡旋振荡器。
（5）无水乙醇。
（6）过氧化苯甲酰快速检测盒。

视频 1-1-1

二、操作步骤

1. 样品的准备

（1）称量：先将样品进行充分混匀，打开电子天平，放上称量纸，去皮清零，用干净的不锈钢称量勺将准备好的小麦样品放在称量纸上，称取 2.00 g（误差≤0.01 g），转移到试剂盒配备的试管中。

（2）提取：使用滴管向盛有小麦样品的试管中加入无水乙醇至 10 mL 刻度线，盖上盖子，充分振荡 5 min，静置 10 min。

2. 样品的测定

（1）反应：打开试管盖，使用一次性滴管取上清液到一支新离心管中的 0.5 mL 刻度线，滴加检测液 A 5 滴，检测液 B 10 滴。盖上盖，摇匀，在 60 ℃水中加热 5 min。

（2）比色：打开盖，滴加检测液 C 5 滴。盖上盖，摇匀，10 min 后观察结果，若颜色与空白对照相同，则为阴性；若颜色比对照淡，则为阳性。如果需要进行半定量，则可与色卡比对。

（3）对照样品：取 0.5 mL 无水乙醇代替样品，同上操作，为空白对照。

三、数据记录与处理

将过氧化苯甲酰含量快速测定结果的原始数据填入表 1-1 中。

表 1-1 过氧化苯甲酰快速测定原始记录表

样品名称	样品状态	检测方法依据	检测仪器		环境状况	检测地点	检测日期	备注
			名称	编号				
					温度： ℃ 相对湿度： %		年 月 日	
样品编号	样品质量 m/g	与空白样品比色（深、浅、一致）	过氧化苯甲酰含量/$(g \cdot kg^{-1})$		平均值/$(g \cdot kg^{-1})$	修约值/$(g \cdot kg^{-1})$	平行允差/$(g \cdot kg^{-1})$	实测差/$(g \cdot kg^{-1})$
检测					校核			

四、注意事项

（1）本方法用于现场快速测定，对于测定结果不符合国家标准规定值的样品应重复进行三次测定。对于测定结果为阳性的样品应慎重处置，建议将样品送至实验室或法定检测机构做精确定量。

（2）检测管在冲洗、晾干后可重复使用。

五、评价与反馈

实验结束后，请按照表 1-2 中评价要求填写考核结果。

表 1-2 过氧化苯甲酰快速检测考核评价表

学生姓名：　　　　　　　　班级：　　　　　　　　日期：

考核项目	评价项目	评价要求	得分
知识储备	了解过氧化苯甲酰违法添加的危害	正确讲解出过氧化苯甲酰违法添加的危害（1分）	
	掌握过氧化苯甲酰试剂盒检测的基本原理	能够对试剂盒的颜色反应做出正确的判断（3分）	
检验准备	能够正确准备仪器	仪器准备正确（6分）	
技能操作	正确对待检样品进行称量和提取，正确使用试剂滴瓶滴加反应液	操作过程规范、熟练（15分）	
	能够正确、规范记录结果并进行数据处理	原始数据记录准确、处理数据正确（5分）	

考核项目		评价项目	评价要求	得分
课前	通用能力	课前预习任务	课前任务完成认真（5分）	
课中	专业能力	实际操作能力	能够按照操作规范进行试剂盒的操作，能够准确进行样品的提取、稀释（15分）	
			涡旋仪、离心机使用方法正确，调节方法正确（10分）	
			对颜色反应做出正确的判断，能够对照比色卡估读出样品含量（15分）	
	工作素养	发现并解决问题的能力	善于发现并解决实验过程中的问题（5分）	
		时间管理能力	合理安排时间，严格遵守时间安排（5分）	
		遵守实验室安全规范	（仪器的使用、实验台整理等）遵守实验室安全规范（5分）	
课后	技能拓展	高效液相色谱法的样品前处理	正确、规范地完成（5分）	
		高效液相色谱法的进样方式	正确、规范地完成（5分）	
总分（100分）				

备注：不合格（<60分），合格（60~70分），良好（70~90分），优秀（≥90分）。

◉ 问题思考

（1）为加快反应速度，能否提高恒温水浴的温度？请说明原因。

（2）快速检测出现阳性结果后应当怎样处理？

任务二　大米中石蜡、矿物油的快速检测

◉ 学习目标

【知识目标】

（1）了解食品中矿物油检验新技术和新方法。

（2）了解食品中添加的石蜡、矿物油的来源、应用及其危害。

【能力目标】

（1）掌握用物理法检测大米中石蜡、矿物油的基本步骤。

（2）能够利用快速检测盒独立完成大米中石蜡、矿物油检测。

【素养目标】

（1）介绍"水果打蜡"案例，帮助学生树立法治思维观念。

（2）强化检验操作重难点，培养学生的大国工匠精神。

任务描述

大米是我国的主要粮食作物之一。我国是世界上最大的水稻生产国，每年的水稻产量在全球都占据着重要地位。大米是我国人的主食之一，尤其在南方地区，人们几乎每天都会食用大米或以大米为主要成分的食品。大米提供了丰富的碳水化合物，满足了人们的基本营养需求。

正常大米的外观呈现出半透明色，外表略带磨砂粗糙感，这是因为优质大米在加工过程中保留了米糠层，含有丰富的营养物质。相反，质量较差的大米可能呈现出过于白净或黄褐色的外观。部分不法分子违规将工业用矿物油涂抹在食用大米上，抛光、增色，其目的是使大米色泽光亮，掩盖其霉变等缺陷，欺骗消费者。本任务介绍简单易行的方法检测大米中是否含有矿物油和石蜡。

知识准备

大米是我国大部分地区人们主要的食品，碳水化合物含量高达75%，并含有丰富的B族维生素等。大米中的碳水化合物主要是淀粉，所含的蛋白质主要是米谷蛋白，其次是米胶蛋白和球蛋白，消化率可达66.8%~83.1%，也是谷类蛋白质中较高的一种。大米的加工主要经过原粮清理、砻谷、谷糙混合物分离、碾米、白米分级、色选、抛光、包装运输等步骤。正常的大米呈半透明色，米粒完整，无爆腰、腹白，有独特的光泽。矿物油通常被不法商贩添加在抛光过程中，这样可以使大米的色泽看起来更为光亮。

矿物油来源于开采得到的原油，主要成分是烃类物质，与动物油的成分区别较大，常温下矿物油不溶于水且密度小于水（固体石蜡的熔点为50~65℃）。矿物油在70℃以上的热水中熔化，冷却后凝固漂浮在水面上。动植物油脂中的甘三酯和甘一酯、甘二酯、游离脂肪酸、磷脂等组分在加热条件下与强碱溶液发生反应，生成的甘油（或者水）和皂均溶于热水，呈透明状态；而矿物油不能被强碱皂化，且不溶于热水，可使溶液混浊。故通过皂化液的澄清透明程度，可检测出动植物油脂中是否混有矿物油。《动植物油脂——矿物油的检测》（GB/T 37514—2019）正是借助这一原理对矿物油进行鉴别。对于大米中添加矿物油的快速检测方法主要有物理检测和化学检测，其中物理检测简单、方便，但检出限不够灵敏；而化学检测则需要借助矿物油快速检测试剂盒，检验结果迅速，是目前市场监督中常见的快速检测方式。

任务实施

一、仪器设备和材料

（1）比色管、试管夹。
（2）温度计。
（3）水浴装置。
（4）电子天平。
（5）无水乙醇。
（6）蒸馏水（或纯净水）。
（7）移液管。

（8）大米石蜡、矿物油快速检测试剂盒。

二、操作步骤

1. 试样的制备

原样处理。

2. 样品的测定

（1）取样：称取 1 g 大米置于 10 mL 比色管中。

（2）反应：加入 5 滴矿物油鉴别试剂然后再加入 5 mL 无水乙醇，将试管放入沸水浴中加热 3 min 以上，取出时，乙醇容量不要少于 4 mL，或将试管放入 90 ℃ 以上的热水杯中 10 min，其间换一次热水并轻轻摇动试管使油珠尽量溶解，加热完毕不需要放凉，直接加入 5 mL 蒸馏水或纯净水。

（3）比色：观察试管是否变浑浊，若溶液发生混浊，则为阳性，其浊度随矿物油的含量增加而加重。

三、数据记录与处理

将大米中石蜡、矿物油测定结果的原始数据填入表 1-3 中。

表 1-3　试剂盒法检验大米中石蜡、矿物油原始记录表

试剂盒法检验大米中石蜡、矿物油原始记录表								
样品名称	样品状态	检测方法依据	检测仪器		环境状况	检测地点	检测日期	备注
			名称	编号				
					温度：　　℃ 相对湿度：　　%		年　月　日	
样品编号	样品质量 m/g	现象描述				结果判定		
检测				校核				

四、注意事项

（1）必要时，可做对照实验，发现阳性样品应送实验室进一步检验。

（2）矿物油鉴别试剂具有较强的腐蚀性，使用时要小心，避免与皮肤、眼睛、口鼻等直接接触，如不慎接触，应当立即使用大量清水冲洗。

五、评价与反馈

实验结束后，请按照表 1-4 中评价要求填写考核结果。

表 1-4　大米中石蜡、矿物油快速检测考核评价表

学生姓名：　　　　　　　班级：　　　　　　　日期：

考核项目		评价项目	评价要求	得分
知识储备		了解石蜡和矿物油违法添加的作用	相关知识输出正确（1分）	
		掌握石蜡、矿物油发生皂化反应的基本原理	能够根据出现的实验现象做出阳性结果判断（3分）	
检验准备		能够正确准备仪器	仪器准备正确（6分）	
技能操作		正确对待检样品进行称量和提取，正确使用试剂滴瓶滴加反应液	操作过程规范、熟练（15分）	
		能够正确、规范记录结果并进行数据处理	原始数据记录准确、处理数据的方法正确（5分）	
课前	通用能力	课前预习任务	课前任务完成认真（5分）	
课中	专业能力	实际操作能力	能够按照操作规范进行试剂盒的操作，能够准确进行样品的提取、稀释（15分）	
			水浴加热方法正确（10分）	
			样品比色结果判断正确（15分）	
	工作素养	发现并解决问题的能力	善于发现并解决实验过程中的问题（5分）	
		时间管理能力	合理安排时间，严格遵守时间安排（5分）	
		遵守实验室安全规范	（仪器的使用、实验台整理等）遵守实验室安全规范（5分）	
课后	技能拓展	会使用物理法判断大米中是否存在石蜡和矿物油	正确、规范地完成操作（5分）	
		了解国标测定大米中石蜡和矿物油的方法	完成课后拓展内容的学习（5分）	
总分（100分）				

备注：不合格（<60分），合格（60~70分），良好（70~90分），优秀（>90分）。

◎ 问题思考

（1）使用物理法检测大米中是否含有矿物油时，为什么不使用玻璃棒搅拌？

（2）使用试剂盒法检测大米中是否含有矿物油的原理是什么？

任务三　面条中硼砂的快速检测

学习目标

【知识目标】

（1）了解在食品加工中违法添加硼砂的作用及其危害。

（2）了解食品中硼砂检测的方法。

【能力目标】

（1）掌握用姜黄试纸检测食品添加硼砂的实验步骤。

（2）能够准确判断姜黄试纸不同色斑的检验结果。

【素养目标】

（1）通过案例介绍，帮助学生了解基本国情和食品安全相关政策，增强食品安全意识。

（2）强化姜黄试纸结果判断训练，培养学生细致、严谨的工作态度。

任务描述

面条是一种起源于中国的美食，我国的黄河流域及其以北地区以其为主食。面条的品种多种多样，有煮、炒、烩、炸等烹饪方式。不同面条的口感亦不相同，但人们对它的要求通常离不开滑爽、劲道。硼砂被广泛用作清洁剂、化妆品、杀虫剂，也可用于配置缓冲溶液和制取其他硼化合物等。加入食品中可以改善食品的韧性，因此，不法商贩常常将硼砂加入各类肉丸、面制品、肉粽中，提高产品的嚼劲。硼砂的毒性较高，大多数国家早已禁止其添加在食品中，一旦人体摄入过量，则会在多个脏器中蓄积毒性。

目前，应用得最广泛的方法是使用姜黄试纸测定食品中是否添加了硼砂，可参考姜黄试纸的团体标准《食品中硼砂测定试纸》（T/CIMA 0010—2019）。本节主要介绍使用姜黄试纸对面条中是否含有硼砂进行检测。

知识准备

面条是用谷物或豆类通过研磨成粉状加水和成面团，经压制或擀制成片再切或压，或者使用揉、拉、捏、挤等手法，制成条状（或窄或宽，或扁或圆）或小片状，最后经蒸、煮、炒、烩、炸而制成的一种食品。我国著名的面条品种有山西刀削面、四川担担面、河南烩面、延吉冷面、兰州牛肉面、山东炝锅面、武汉热干面、广东云吞面和北京炸酱面，国外著名的面条品种有意大利面、乌冬面等。市售面条按水分的差异，主要分为三类，如图 1-1 所示。

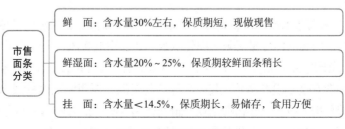

图 1-1　市售面条分类

硼砂（$Na_2B_4O_7 \cdot 10H_2O$）是一种无机化合物，分子量为 381.37。硼砂是非常重要的含硼矿物及硼化合物。通常为含有无色晶体的白色粉末，易溶于水。硼砂进入人体后可在胃部转化为硼酸，经胃肠道吸收，长期过量食用会在体内蓄积而中毒。硼砂对人体多种器官都有毒害，危害消化道酶的作用，使食欲减退，抑制吸收各种营养素，从而加快分解脂肪，体重减轻，急性还会出现呕吐、腹泻、头晕、头痛等症状，甚至出现红斑、循环系统障碍，严重时甚至可能导致休克、昏迷，并且硼砂的危害还表现为其毒性大，人体难以代谢，长期摄入可能增加患癌症的风险。成人的中毒剂量为 1～3 g，15～20 g 为致死量；儿童误食 5 g 即可致死，婴儿误食 2～3 g 可致死。100 mg/d 为慢性硼中毒的最小剂量。硼砂的致癌作用已被证实，因此，严禁在食品中添加硼砂。

食品中硼砂的检测方法主要有定性和定量两种，定性方法主要有显微结晶法、显色法。定量方法主要有滴定法、分光光度法、荧光法、反相液相色谱法、原子吸收分光光度法、旋光法、电感耦合等离子体原子发射光谱法（ICP-AES）和电感耦合等离子体质谱法（ICP-MS）。本任务介绍的姜黄试纸快速检测法中的，样品提取液与试剂盒中的检测液 A 发生反应，其产物与姜黄试纸在加热作用下可产生红棕色色斑，将检测液 B 滴在该色斑上，如果色斑颜色加深为蓝紫色，则说明样品中添加了硼砂。

◉ 任务实施

一、仪器设备和材料

（1）电子天平：分度值 0.01 g。
（2）电吹风机。
（3）蒸馏水（或纯净水）。
（4）硼砂快速检测盒。

二、操作步骤

视频 1-1-2

1. 试样的制备

（1）称量：称取 20.00 g 面条待测样品，切碎或用料理机粉碎，混匀。
（2）提取：使用电子天平准确称取 5.00 g（±0.01 g）样品于样品杯中，加入纯净水或蒸馏水 25 mL 并充分搅匀，浸泡 5～10 min。

2. 样品的测定

（1）反应：用吸管吸取浸泡液，滴加一滴于一片试纸中间，再滴加硼砂硼酸快速检测试剂 A 一滴，倾斜试纸让两滴液体尽量混匀。捏住试纸一角，用电吹风将试纸吹干（约需 3 min）。
（2）比色：试纸出现红棕色斑，在滴加硼砂硼酸检测试剂 B 后，红棕色斑变为墨绿色至蓝紫色，表明样品中含有硼砂或者硼酸。其中的红棕色越深，表明添加硼砂或者硼酸量越高。试纸若没有出现红棕色斑，或者仅在边沿出现一道变色边，则可认为样品中不含有硼砂或者硼酸。
（3）对照样品：使用纯净水代替样品，同上操作，为空白对照。

三、数据记录与处理

将面条中硼砂的含量快速测定结果的原始数据填入表1-5中。

表1-5　面条中硼砂的快速测定原始记录表

面条中硼砂的快速测定原始记录表								
样品名称	样品状态	检测方法依据	检测仪器		环境状况	检测地点	检测日期	备注
			名称	编号				
					温度：　　℃ 相对湿度：　　%		年　月　日	
样品编号	样品质量 m/g	现象描述					结果判定	
检测					校核			

四、注意事项

（1）吹干试纸如果只有边缘有一道红斑，或红斑非常小，则可判定待测样品中未添加硼砂。本试纸的灵敏度较高，如样品中加入了硼砂，则红斑出现较为明显。

（2）本试纸应避光保存。

（3）初次使用本试纸时，建议将阴性对照和阳性对照各做一次。

五、评价与反馈

实验结束，请按照表1-6中评价要求填写考核结果。

表1-6　面条中硼砂的快速检测考核评价表

学生姓名：　　　　　　　　班级：　　　　　　　　日期：

考核项目	评价项目	评价要求	得分
知识储备	了解硼砂违法添加的作用	相关知识输出正确（1分）	
	掌握试剂盒法检测硼砂的基本原理	能够根据出现的实验现象做出阳性结果判断（3分）	
检验准备	能够正确准备仪器	仪器准备正确（6分）	
技能操作	正确对待检样品进行称量和提取，使用试纸检测硼砂的基本流程无误	操作过程规范、熟练（15分）	
	能够正确、规范记录结果并进行数据处理	原始数据记录准确、处理数据的方法正确（5分）	

考核项目		评价项目	评价要求	得分
课前	通用能力	课前预习任务	课前任务完成认真（5分）	
课中	专业能力	实际操作能力	能够按照操作规范进行试剂盒的操作，能够准确进行样品的提取、稀释（10分）	
			滴加试剂和比色步骤正确（15分）	
			样品比色结果判断正确（15分）	
	工作素养	发现并解决问题的能力	善于发现并解决实验过程中的问题（5分）	
		时间管理能力	合理安排时间，严格遵守时间安排（5分）	
		遵守实验室安全规范	（仪器的使用、实验台整理等）遵守实验室安全规范（5分）	
课后	技能拓展	了解原子吸收分光光度法的基本原理	正确、规范地完成操作（5分）	
		了解食品中硼砂的定量检测方法	完成课后拓展内容的学习（5分）	
总分（100分）				

备注：不合格（<60分），合格（60~70分），良好（70~90分），优秀（>90分）。

问题思考

（1）如果待检样品中含有过量的硼酸，使用姜黄试纸是否能检测出来？

（2）除了面制品外，还有哪些食品中可能含有硼砂？

项目二　果蔬及其制品中违禁添加物的快速检测

任务一　豆制品中吊白块的检测

学习目标

【知识目标】

（1）了解吊白块的基本化学性质、作用及其危害。

（2）了解吊白块的相关检测标准。

【能力目标】

（1）掌握比色法进行定性和半定量的方法。

（2）能够利用快速检测盒独立完成豆腐中吊白块的检测。

（1）讲解"豆制品家族小故事"，培养学生不惧困难、勤于思考，主动解决问题的能力。

（2）培养学生以后作为食品检测人员应有的岗位责任感与使命担当。

任务描述

我国是全球大豆消费大国。近年来，随着经济的快速发展，饲料、豆制品、食用油等下游领域对大豆需求持续增长。在我国有关政策的扶持、农业机械化水平持续提升、大豆种植面积及单产提升等因素的推动下，我国大豆产量持续增长。大豆年均产量约为2 028.5万吨，消费量约为11 124.36万吨。由于大豆中富含蛋白质，还含有油脂、淀粉、维生素、矿物质等营养成分，其大豆制品深受消费者的喜爱。

正常的大豆制品保留豆浆和少量豆粕的色泽，表面略呈现出淡黄色，不法商家为了使生产出的豆制品看起来更白皙，向其添加吊白块。吊白块化学名称为次硫酸氢钠甲醛或甲醛次硫酸氢钠。有的不法分子无视法律法规及消费者饮食安全，将吊白块加入食品中来提高食品外观、口感、延长保质期和降低成本。吊白块水溶液在60 ℃以上开始分解出有害物质，在120 ℃时分解产生甲醛、二氧化硫和硫化氢等有毒气体。这些气体可使人头痛、乏力、食欲差，严重时甚至可导致鼻咽癌等，所以国家严禁将其作为添加剂在食品中使用。国家质检总局于2002年颁布了《禁止在食品中使用次硫酸氢钠甲醛（吊白块）产品的监督管理规定》。2008年，卫生部印发的《食品中可能违法添加的非食用物质和易滥用的食品添加剂品种名单（第一批)》中进一步指出了吊白块可能违法添加的主要食品类别为腐竹、粉丝、面粉和竹笋。

传统的吊白块检测法针对甲醛和次硫酸氢钠的官能团进行检测，常用的方法有显色反应、分光光度法、液相色谱法、盐酸副玫瑰苯胺比色法、碘量法等。本任务介绍了吊白块快速检测试剂盒法，利用检测液与吊白块发生特异性反应，形成紫色络合物，可以通过对比络合物颜色的深浅对吊白块进行定性和半定量检测。

知识准备

中国是大豆的故乡，也是最早研发生产豆制品的国家。豆制品是以大豆、小豆、青豆、豌豆、蚕豆等豆类为主要原料，经加工而成的食品。常见的豆制品有豆腐、豆腐丝、腐乳、豆浆、豆豉、酱油、豆肠、豆筋等。豆类在经过深加工后，其蛋白质的消化率会进一步提高，同时，豆制品所含人体必需的氨基酸与动物蛋白相似，还含有人体所需的多种维生素和矿物质。作为一种重要的植物蛋白来源，患有肥胖、动脉硬化、高脂血症、高血压、冠心病的人群可以多摄入豆制品。

吊白块，也称为雕白块，化学名称为甲醛次硫酸氢钠，是一种工业用漂白剂，其化学式为$NaHSO_2 \cdot CH_2O \cdot 2H_2O$，呈白色块状或结晶性粉末状，易溶于水，在常温下较为稳定，遇酸、碱和高温极易分解，因在高温下有较强的还原性，其具有漂白作用，是一种工业用漂白剂。吊白块在印染工业中用作拔染剂和还原剂，生产靛蓝染料等；还用作橡胶工业丁苯橡胶聚合活化剂，感光照相材料相助剂，日用工业漂白剂及用于医药工业等。

食品中的吊白块经水浸泡一定时间后，会分解出甲醛，其中的甲醛与吊白块快速检测试剂盒中检测液 A，B 的反应物在检测液 C 的作用下可发生特异性反应并生成紫红色的络合物，络合物颜色的深浅与吊白块中甲醛的浓度成正比。

任务实施

一、仪器设备和材料

视频 1-2-1

（1）电子天平：分度值 0.01 g。
（2）吊白块快速检测盒。

二、样品的测定

1. 试样的制备

（1）称量：将样品剪成小碎片，用电子天平称取样品 2.00 g（±0.01 g）于样品处理杯中。

（2）提取：加入 20 mL 蒸馏水或纯净水，浸泡 10 min 到 15 min。吸取样品提取液上清液于检测管中，至 0.5 mL 刻度线。

2. 样品的测定

（1）反应：向检测管中滴检测液 A 两滴，检测液 B 两滴，盖上盖子摇匀，待 1~2 min 后打开盖，向检测管中加入检测液 C 一滴并盖上盖子摇匀。

（2）比色：观察显色情况，如不变色或呈紫红色以外的其他颜色，为阴性，表示所测样品中不含有吊白块；如呈紫红色，为阳性，表示所测样品中可能含有吊白块。

三、数据记录与处理

将吊白块含量快速测定结果的原始数据填入表 1-7 中。

表 1-7　吊白块含量快速检测原始记录表

吊白块含量快速检测原始记录表								
样品名称	样品状态	检测方法依据	检测仪器		环境状况	检测地点	检测日期	备注
			名称	编号				
					温度：　　℃ 相对湿度：　　%		年　月　日	
样品编号	样品质量 m/g	现象描述				结果判定		
检测					校核			

四、注意事项

（1）本方法用于现场快速测定，对于测定结果为阳性的样品应重复测定三次，然后将其送至实验室或法定检测机构做精确定量。

（2）检测管冲洗、晾干后可重复使用。

（3）对于长时间存放的试剂，应先用纯净水做空白样，如空白样加入检测试剂后呈紫色，则应停止使用。

（4）吊白块检测试剂应避免存放于刚装修的房间及刚购买的食品安全检测车内。

五、评价与反馈

实验结束后，请按照表1-8中的评价要求填写考核结果。

表1-8 吊白块的含量快速检测考核评价表

学生姓名：　　　　　　　　班级：　　　　　　　　日期：

考核项目		评价项目	评价要求	得分
知识储备		了解吊白块非法加入豆制品中的危害	相关知识输出正确（2分）	
		掌握吊白块比色反应的基本原理	相关知识输出正确（2分）	
检验准备		能够正确准备仪器	仪器准备正确（6分）	
技能操作		正确对待检样品进行样品的称量和提取，会正确操作滴瓶滴加反应液	操作过程规范、熟练（15分）	
		能够正确、规范记录结果并进行数据处理	原始数据记录准确、处理数据的方法正确（5分）	
课前	通用能力	课前预习任务	课前任务完成认真（5分）	
课中	专业能力	实际操作能力	能够按照操作规范对样品进行准确的称量、提取（15分）	
			熟练操作试剂盒中的滴瓶滴加反应剂，比色步骤无误（10分）	
			根据比色反应做出结果判断（15分）	
	工作素养	发现并解决问题的能力	善于发现并解决实验过程中的问题（5分）	
		时间管理能力	合理安排时间，严格遵守时间安排（5分）	
		遵守实验室安全规范	（仪器的使用、实验台整理等）遵守实验室安全规范（5分）	

考核项目	评价项目		评价要求	得分
课后	技能拓展	了解吊白块的工业用途和基本性质	正确、规范地完成操作（5分）	
		了解国标方法检验食品中的吊白块	完成课后拓展内容的学习（5分）	
总分（100分）				

备注：不合格（<60分），合格（60~70分），良好（70~90分），优秀（>90分）。

问题思考

（1）该试剂盒除了能够检测豆腐中的吊白块外，还能用于检测哪些食品？
（2）当检测的第一份试样出现阳性结果后，应该如何处理？为什么？

任务二　食用菌中荧光增白剂的检测

学习目标

【知识目标】

（1）了解食用菌中添加荧光增白剂的种类、作用及其危害。
（2）了解食用菌质量检测的相关标准。

【能力目标】

（1）掌握荧光增白剂检测仪的操作流程。
（2）能够利用快速检测设备独立完成食用菌中荧光增白剂的检测。

【素养目标】

（1）了解食用菌产业规模和政策，加深学生对乡村振兴政策的理解。
（2）帮助学生树立"绿水青山就是金山银山"的理念。

任务描述

我国食用菌资源丰富，有几千年的采摘、食用和生产历史。食用菌产业依靠专业化工厂或者小规模家庭作坊完成生产，通过上下游紧密合作实现生产与供给。食用菌产量占世界总产量的75%以上。我国食用菌种资源丰富，实现常规栽培的有70~80种，如香菇、黑木耳、平菇、双孢蘑菇、金针菇、杏鲍菇和毛木耳等。

2006年湖南省农产品质量检验检测中心抽检了市场上双孢菇、白灵菇、金针菇等五种食用菌类，在两次抽检中双孢菇和白灵菇被检测出含有荧光剂，这种工业试剂，如果人长期食用，则会导致癌症。食用菌的荧光增白剂不仅来自不法商家的违法添加，使菌菇看起来更加新鲜白嫩，增强商品的感官特性，也来自包装材料中荧光增白剂的迁移，这可以导致食用菌中含量超标。

食品中常见的荧光增白剂多是二苯乙烯类阴离子型荧光增白剂，除了添加在食用菌中，其他外观颜色偏白的食品中也在抽检过程中发现添加有荧光增白剂，如大米、小麦粉和小麦粉制品、淀粉和淀粉制品等。目前，食品检验中准确测定荧光增白剂的方法是高效液相色谱法，可参照《食品中二苯乙烯类阴离子型荧光增白剂的测定》（BJS 201903）进行。该方法能够准确进行定性定量分析，但操作复杂，对技术人员专业技能要求较高。本任务介绍的使用荧光增白剂检测仪对食用菌进行检测的方法可以开展大量样品的快速定性检测，该设备体积小，检测速度快，是开展现场快速筛查的重要手段。

🞇 知识准备

　　荧光增白剂又称荧光剂或荧光漂白剂，是一种荧光染料（白色染料），也是一种复杂的有机化合物，能提高物质的白度和光泽。其主要用于纺织、造纸、塑料及合成洗涤剂工业。荧光增白剂的增白作用是利用光学上的补色原理，使泛黄物质经荧光增白剂处理后，不仅能反射可见光，还能吸收可见光以外的紫外光，并转变为具有紫蓝色或青色的可见光反射出来。黄色和蓝色互为补色，抵消了物质原有的黄色，使其显得洁白。长期接触荧光增白剂，其中的化合物可能对皮肤产生刺激作用，导致皮肤炎症、过敏反应或光毒性反应，也可能对眼睛产生刺激，导致眼部不适和视力模糊。

　　荧光增白的物质基础是紫外线，而日常生活中光源中很少产生紫外线，故而其在日光下的白度较灯光下的白。荧光增白剂中的荧光物质在本仪器的光源灯（氙弧灯）的照射下，受激发生成出第一激发单重态的电子，当处于第一激发单重态的电子跃回至基态各振动能级时，将发射出荧光，而此光可在暗处观察到。在快速检测仪的光照下是否可看到被测蘑菇的荧光，从而可判断被测样品中是否含有荧光增白剂。图 1-2 所示为荧光增白剂快速检测仪。

图 1-2　荧光增白剂快速检测仪

🞇 任务实施

一、仪器设备和材料

（1）荧光增白剂快速检测仪。

（2）剪刀。

（3）样品托盘。

二、操作步骤

1. 试样的制备

取适量待检样品，将其中的可食用部分用剪刀剪成小块或撕开，然后混匀。

2. 样品的测定

（1）开机：接通电源，开机。

（2）样品检验：打开检测室门，把待测样品放进检测室，关闭检测室门。在观察口中观察，分别在可见光、365 nm、254 nm 下依次进行检测。

（3）结果判定：观察样品是否有荧光现象产生。如果在可见光、365 nm、254 nm 紫外光照射下有荧光现象，则说明待检样品中含有荧光增白剂。

三、数据记录与处理

将荧光增白剂含量快速测定结果的原始数据填入表1-9中。

表1-9　快速检测仪检测荧光增白剂原始记录表

快速检测仪检测荧光增白剂原始记录表								
样品名称	样品状态	检测方法依据	检测仪器		环境状况	检测地点	检测日期	备注
			名称	编号				
					温度：　　℃ 相对湿度：　　%		年　月　日	
样品编号	可见光下有无荧光	254 nm 下有无荧光			365 nm 下有无荧光		结果判定	
检测					校核			

四、注意事项

（1）仪器内有高精密光学元件，不要把本仪器倒置。

（2）本仪器采用 220 V 交流电源，请保持电源稳定性。

（3）本仪器用于室内、室外，尽量避免雨淋。

（4）检测样品前应先打开仪器电源开关并预热 2~3 min，待其能稳定后，方可进行检测。

五、评价与反馈

实验结束后，请按照表1-10中的评价要求填写考核结果。

表1-10 荧光增白剂的快速检测考核评价表

学生姓名：　　　　　　班级：　　　　　　　　日期：

考核项目		评价项目	评价要求	得分
知识储备		了解荧光增白剂加入食品中的作用与危害	相关知识输出正确（2分）	
		掌握荧光快速检测仪的基本构造	能够介绍快速检测仪的关键组成部分及其功能（2分）	
		掌握快速检测仪检测荧光增白物质的基本原理	相关知识输出正确（2分）	
检验准备		能够正确准备仪器	仪器准备正确（4分）	
技能操作		正确连接仪器，处理试样，并按操作规程进行观察	操作过程规范、熟练（15分）	
		能够正确、规范记录结果并进行数据处理	原始数据记录准确、处理数据的方法正确（5分）	
课前	通用能力	课前预习任务	课前任务完成认真（5分）	
课中	专业能力	实际操作能力	能够按照操作规范对样品进行准确的称量、提取（10分）	
			正确连通仪器并开机（15分）	
			透过视窗切换光源波长观察，做出结果判断（15分）	
	工作素养	发现并解决问题的能力	善于发现并解决实验过程中的问题（5分）	
		时间管理能力	合理安排时间，严格遵守时间安排（5分）	
		遵守实验室安全规范	（仪器的使用、实验台整理等）遵守实验室安全规范（5分）	
课后	技能拓展	了解快速检测仪的故障排除方式	正确、规范地完成操作（5分）	
		了解国标方法检验食品中的荧光增白剂	完成课后拓展内容的学习（5分）	
总分（100分）				

备注：不合格（<60分），合格（60~70分），良好（70~90分），优秀（>90分）。

（1）为什么要通过观察窗对样品进行荧光现象观察？

（2）当某种食品在检测出现阳性结果时，能否将其作为行政处罚的判罚依据？

项目三　动物源食品中违禁添加物的快速检测

任务一　液体乳制品中三聚氰胺的快速检测

◉ 学习目标

【知识目标】

（1）了解三聚氰胺的基本性质和特点，包括化学结构和物理性质。

（2）了解三聚氰胺在液体乳制品中的存在方式和添加情况及其可能的源头和出现原因。

（3）掌握拉曼光谱的基本原理和特点，包括拉曼散射和光谱产生的机制，以及拉曼光谱的优点和局限性。

（4）掌握三聚氰胺的拉曼光谱特征和检测原理，了解其在拉曼光谱中的特征峰和对应的振动模式。

（5）了解拉曼光谱仪的结构和工作原理，包括激光器、光谱仪、样品台等主要部件的作用和工作原理。

【能力目标】

（1）能够熟练运用拉曼光谱仪进行液体乳制品中三聚氰胺的快速检测，了解该仪器的操作原理和步骤。

（2）能够正确设置和调整拉曼光谱仪的参数，如激光波长、扫描范围、分辨率等，以获得最佳的检测效果。

（3）能够准确地解读拉曼光谱图，判断液体乳制品中是否存在三聚氰胺，并对其含量进行估算。

（4）能够结合其他检测方法和技术，如免疫分析法、色谱法等，进一步提高检测的准确性和可靠性。

（5）了解拉曼光谱技术的最新进展和研究方向，如表面增强拉曼光谱技术、拉曼成像技术等，能够跟踪和掌握最新的检测技术。

【素养目标】

（1）培养学生严谨的科学态度和实事求是的工作作风，确保检测结果的准确性和可靠性。

（2）引导学生树立科技创新、服务社会的理念，培养其勇于探索、敢于创新的精神。

中国乳制品产业近年来快速发展，成为全球最大的乳制品生产国之一。截至 2020 年，中国液态乳制品产量约为 2 200 万吨，牛奶产量约为 3 300 万吨。尤其是酸奶、奶粉、乳饮料等特殊乳制品的需求也呈现出较高的增长态势。

2008 年年初，中国媒体报道了多起婴幼儿由于摄入含有高浓度三聚氰胺的奶粉而导致肾脏疾病和尿路结石的案例。该事件曝光后，涉事企业被曝光添加三聚氰胺以欺骗质检机构，使奶粉中的蛋白质含量看起来更高。该事件引起了广泛的关注和愤慨，许多家庭受到影响，尤其是那些喂养婴幼儿的家庭。据报道，数千名婴幼儿因摄入受污染的奶粉而患上肾病，甚至有的婴儿不幸死亡。该事件引起了对中国食品安全监管体系的重新审视和改革。政府加强了食品安全标准、质量检测和监管机制。

对于三聚氰胺的检测方法主要有高效液相色谱法、质谱法、免疫层析法和液相色谱-串联质谱法等。本任务利用拉曼光谱法测定液体乳中三聚氰胺的含量。拉曼光谱法是一种非破坏性的分析方法，不需要对样品进行破坏性处理或添加化学试剂。拉曼光谱法具有快速分析的优势。通过激光照射样品并收集散射光谱，可以在短时间内获取到样品的拉曼光谱数据，从而实现快速的分析结果。拉曼光谱法对样品准备的要求较低。通常情况下，仅需将液体乳样品放入适当的容器中即可进行分析，无需复杂的前处理。

知识准备

三聚氰胺是一种含氮化合物，化学式为 $C_3H_6N_6$，其中的氮含量为 66.6%。三聚氰胺在蛋白质测定中可以产生假阳性结果，但它本身并不具备蛋白质的营养价值。向乳及乳制品中添加三聚氰胺，可以使乳及乳制品测得的含氮量升高，从而提高产品的价值和市场竞争力。摄入过量的三聚氰胺会给人体健康带来潜在风险，比如，摄入大量三聚氰胺会导致肾脏损伤，包括肾小管损害和结晶形成。严重情况下，可能引起急性肾衰竭。三聚氰胺可以结晶沉积在尿路和泌尿系统中，导致尿道、膀胱和肾脏疾病，如结石形成。婴幼儿对三聚氰胺的敏感性较高，因为他们的肾功能和尿液稀释能力尚未完全发育。摄入受污染的奶粉等含有高浓度三聚氰胺的乳制品可能导致婴儿患上尿路结石或其他尿路问题。

《食品安全国家标准　食品中污染物限量》（GB 2762—2022）中的规定，针对三聚氰胺在不同食品中的限量做了相应的规定。三聚氰胺的测定原理：样品经沉淀、溶剂提取，加入表面增强拉曼试剂对增强信号，进行拉曼光谱扫描。以（704±10）cm⁻¹ 处的拉曼特征峰为三聚氰胺定量基准峰，以（925±10）cm⁻¹ 或类似基质中稳定存在的拉曼峰为参比峰，根据三聚氰胺峰与参比峰的相对强度对三聚氰胺的浓度绘制标准曲线，然后在内置仪器内判别。

任务实施

一、仪器设备和材料

（1）便携式拉曼光谱仪。稳频激光光源：发射波长为（785±1）nm，线宽<0.1 nm，

能量≥250 mW；光谱分辨率≤15 cm⁻¹；光谱响应范围是 500～2 000 cm⁻¹，或大于该响应范围。

（2）移液器：200 μL、1 mL 和 5 mL。

（3）涡旋振荡器。

（4）离心机：转速≥6 000 r/min。

（5）电子天平：分度值为 0.01 g。

（6）塑料具塞离心管：2 mL。

视频 1-3-1

（7）三氯乙酸溶液（5%）：准确称取三氯乙酸 50 g 于 1 L 容量瓶中，用水溶解并定容至刻度，混匀后备用。

（8）表面增强试剂：金或银纳米粒子溶胶，或相当者。

注：表面增强试剂的参考配制方法。①纳米金溶胶：取 100 mL 0.01% 氯金酸（AuCl₃·HCl·4H₂O）水溶液加热至沸，剧烈搅拌下准确加入 1.0 mL 1% 柠檬酸三钠（Na₃C₆H₅O₇）水溶液，金黄色的氯金酸水溶液在 2 min 内变为红色，继续煮沸 15 min，冷却后用蒸馏水补加到 100 mL。增强试剂配制用水为《分析实验室用水规格和试验方法》（GB/T 6682—2008）规定的一级水。②纳米银溶胶：取 200 mL 1.0 mmol/L 硝酸银（AgNO₃）水溶液加热沸腾，剧烈搅拌下逐滴准确滴加 5.0 mL 1% 柠檬酸三钠（Na₃C₆H₅O₇）水溶液，持续煮沸 1 h，溶液变为灰绿色。冷却后，用蒸馏水补加到 200 mL。增强试剂配制用水为《分析实验室用水规格和试验方法》（GB/T 6682—2008）规定的一级水。

（9）促凝剂。金溶胶的促凝剂：称取 5.85 g 氯化钠，溶于 100 mL 水中，摇匀，备用，或配制成其他相当的无机盐溶液。银溶胶的促凝剂：称取 5.85 g 氯化钠和 2 g 氢氧化钠，溶于 100 mL 水中并摇匀备用，或配制成其他相当的无机盐溶液。

（10）参考物质。三聚氰胺参考物质中文名称、英文名称、CAS 登录号、分子式、分子量见表 1-11，纯度≥99%。

表 1-11　三聚氰胺中文名称、英文名称、CAS 登录号、分子式、分子量

中文名称	英文名称	CAS 登录号	分子式	分子量
三聚氰胺	Melamine	108-78-1	$C_3H_6N_6$	126.12

注：或等同可溯源物质

二、操作步骤

1. 标准溶液配制

三聚氰胺标准工作液（500 μg/mL）：精密称取三聚氰胺标准品适量，分别置于 100 mL 容量瓶中，用水溶解并稀释至刻度、摇匀，制成浓度为 500 μg/mL 的标准储备液，在 4 ℃ 环境中避光保存，有效期为 1 个月。

2. 试样的提取

取 0.50 g 样品加入 2 mL 离心管中，再加入 1 mL 5% 三氯乙酸溶液，涡旋 30 s 混匀；

放入离心机，以不低于 6 000 r/min 的转速离心 1 min；上清液备用。

3. 样品的测定

（1）拉曼光谱仪器参考条件：激光能量 ≥250 mW，数据采集时间 ≥2 s。

（2）测定：在仪器样品池中依次加入 100 μL 促凝剂，100 μL 表面增强试剂，50 μL 样品，快速摇晃均匀，等待 20 s 检测（检测需在样品加入后 1 min 内完成）。

（3）质控实验：样品应同时进行空白实验和加标质控实验。

（4）空白实验：称取空白试样，与样品操作方法相同。

（5）加标质控实验：准确称取空白试样 10.00 g 置于 15 mL 具塞离心管中，加入 50 μL 三聚氰胺标准工作液（500 μg/mL），使三聚氰胺浓度为 2.5 mg/kg，与样品操作方法相同。

（6）结果判定要求：仪器软件将测试结果与标准谱图库中的三聚氰胺进行匹配计算，根据谱图（704±10）cm^{-1} 处特征拉曼光谱及内置校准曲线，对样品中的三聚氰胺进行结果判定：显示测试结果并判定阴性或阳性。阴性代表该样品中不含有三聚氰胺或含量低于 2.5 mg/kg，阳性则代表该样品含有三聚氰胺且含量大于或等于 2.5 mg/kg。质控实验要求：空白试样测定结果应为阴性，加标质控样品测定结果应为阳性。液态乳表面增强拉曼光谱图如图 1-3 所示。

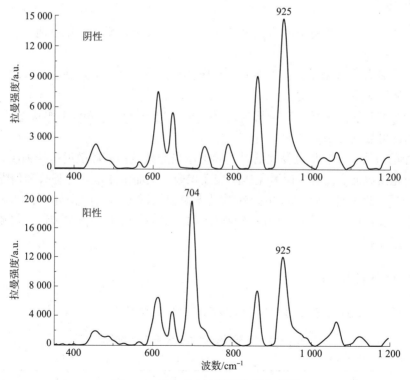

图 1-3　液态乳表面增强拉曼光谱图

三、数据记录与处理

将液体乳中三聚氰胺含量测定结果的原始数据填入表 1-12 中。

表 1-12　拉曼光谱法快速检测液体乳中三聚氰胺原始记录表

样品名称	样品状态	检测方法依据	检测仪器		环境状况	检测地点	检测日期	备注
			名称	编号				
					温度：　　℃ 相对湿度：　　%		年　月　日	
样品编号	实验	测试结果并判定（阴性/阳性）						
	样品检测							
	空白实验							
	加标质控实验							
	样品检测							
	空白实验							
	加标质控实验							
检测				校核				

四、注意事项

（1）样品选择：确保样品具有代表性且符合分析要求。避免使用过期、变质或受污染的样品。

（2）样品处理：根据需要，可能需要对样品进行前处理，如过滤，以去除悬浮固体颗粒或杂质，从而减少基质干扰。

（3）仪器校准：在开始实际分析前，确保拉曼光谱仪处于正常工作状态并进行校准，以获得准确、可靠的结果。

（4）光谱获取：在收集拉曼光谱时，确保适当的激光功率和散射信号强度，以获取清晰和可靠的光谱数据。注意，应避免样品表面积聚，从而防止散射光猝灭和信噪比下降。

（5）数据处理与解读：对采集到的拉曼光谱数据进行适当的预处理，如去除背景噪声、平滑和基线校正。然后，使用适当的算法和模型进行数据分析和解读，以确定样品中三聚氰胺的存在和含量。

五、评价与反馈

实验结束后，请按照表 1-13 中评价的要求填写考核结果。

表 1-13　三聚氰胺快速检测考核评价表

学生姓名：　　　　　　　　　　班级：　　　　　　　　　　日期：

考核项目	评价项目	评价要求	得分
知识储备	了解拉曼光谱法测定的工作原理	相关知识输出正确（1分）	
	掌握拉曼光谱仪的检测流程	能够说出用拉曼光谱法快速检测各部分的仪器和作用（3分）	

考核项目		评价项目	评价要求	得分
检验准备		能够正确准备仪器	仪器准备正确（6分）	
技能操作		能够熟练应用拉曼光谱仪进行测定（样品的称量、移液枪的准确移取液体、涡旋仪的使用、离心机的使用、拉曼光谱仪的使用、清洁维护等），操作规范	操作过程规范、熟练（15分）	
		能够正确、规范记录结果并进行数据处理	原始数据记录准确、处理数据的方法正确（5分）	
课前	通用能力	课前预习任务	课前任务完成认真（5分）	
课中	专业能力	实际操作能力	能够按照操作规范进行拉曼光谱仪的操作，能够准确进行样品的提取、稀释，移液枪移取样品准确（10分）	
			涡旋仪、离心机的使用方法正确，调节方法正确（10分）	
			拉曼光谱仪的校准操作正确（10分）	
			拉曼光谱仪的使用及维护方法正确（10分）	
	工作素养	发现并解决问题的能力	善于发现并解决实验过程中的问题（5分）	
		时间管理能力	能够准确识别三聚氰胺的特征峰并能将其与其他成分区分（5分）	
		遵守实验室安全规范	（仪器的使用、实验台整理等）遵守实验室安全规范（5分）	
课后	技能拓展	高效液相色谱法的测定前处理	正确、规范地完成操作（5分）	
		胶体金定性法的测定观察	正确、规范地完成操作（5分）	
总分（100分）				

备注：不合格（<60分），合格（60~70分），良好（70~90分），优秀（>90分）。

问题思考

（1）作用拉曼光谱法能否准确测量液体乳中低浓度的三聚氰胺？

（2）液体乳制品中可能存在多种成分，如脂肪、蛋白质、糖类等，而这些成分是否会对拉曼光谱的结果产生干扰？应如何避免或校正这些干扰？

（3）拉曼光谱法是否适用于实时、快速的样品分析？是否可以应对高通量的样品测试需求？

（4）拉曼光谱法的检测方法是否经过验证，并与其他常规分析方法进行了比较？是否有相关标准和准确度要求可供参考？

任务二　水发产品中甲醛的快速检测

学习目标

【知识目标】

（1）了解比色卡法（AHMT 法）的使用依据和检测原理，包括甲醛与 AHMT 试剂反应生成有色化合物的基本原理。

（2）熟悉 AHMT 法的操作步骤，包括样品准备、试剂配制、反应时间等；掌握正确使用比色卡的方法，以获取可靠的检测结果。

（3）了解如何根据比色卡上的颜色变化来判断银鱼中甲醛的含量。

（4）了解国家/地区对银鱼中甲醛的限量标准。

（5）学习 AHMT 法中的质控措施，如何使用正、负对照样品进行验证，并了解如何评估检测结果的准确性和可靠性。

【能力目标】

（1）熟练掌握 AHMT 法的操作步骤，包括样品准备、试剂配制、反应时间和结果读取等。

（2）能够根据颜色的深浅程度，判断出银鱼中甲醛的含量范围，并与限量标准进行对比，评估样品是否符合规定。

（3）能够正确使用正、负对照样品进行校准和验证。能够进行质量控制检查，确保每次检测结果准确、可靠。

（4）能够根据实验结果判断银鱼中甲醛的含量是否超标，并对其安全性进行评估。

（5）能够遵循安全操作规程穿戴个人防护装备，以确保自身和他人的安全。

【素养目标】

（1）了解并讨论水发产品中的甲醛污染问题，引发学生关注食品安全问题。

（2）倡导法治观念、规范道德行为，加强学生对产品质量和食品安全问题的监管和责任。

（3）培养学生的消费者权益保护意识，提倡选择符合限量标准的安全水发产品。

（4）让学生加强对科学知识的学习，了解 AHMT 法的原理和应用，提高科学素养。

（5）引导学生关注产品生命周期中的环境保护问题，推动水产产业的可持续发展。

任务描述

我国鲜活水产品主要以养殖基地为中心向周边主要水产品批发市场流通。沿海地区水产品流通主要以本身或者本地区近海捕捞和淡水养殖为主，而西部内陆地区则以池塘、湖泊、河流养殖为主，向当地水产品批发市场流通，基本上可以自给自足。近年来随着城镇化步伐的加快，人民水平的提高、消费观念的改变，海鲜餐饮消费的上涨势头迅猛，增长率在 10%～30%。由此可见，我国海鲜餐饮行业正处于成长期，而随着人们收入水平的提高和物流的发展，市场需求仍将继续保持增长。预计 2026 年，我国海鲜餐饮市场规模将达到 10 056 亿元左右。

随着人们对味觉需求的不断提高，银鱼、鱿鱼等水发水产品开始受到一些消费者的青睐。一些不良商家为了改善水发食品的外观和口感，防止食品变质腐坏，吸引消费者购买，非法在食品中添加过量甲醛。食品在加工和储存的过程中经过一系列物理、化学反应，也会产生一定量的甲醛。

甲醛属于有毒物质，食用甲醛含量超标的食品会严重影响身体健康，过量的甲醛可能会引起排汗不规律、头痛、乏力、心悸、体温变化、失眠、红肿、皮炎和湿疹等多种不良反应，因此，需要对水发食品中甲醛含量进行准确检测。随着检测技术的不断发展与进步，食品中甲醛的检测方法越来越多，其中，分光光度法、液相色谱法较为常用。此外，还有滴定法、气相色谱法、流动注射法、极谱法等。

本任务采用 AHMT 法快速检测银鱼中甲醛。AHMT 法是一种快速的检测方法，可以在短时间内得出结果。试样中的甲醛经提取后，在碱性条件下与 4-氨基-3-联氨-5-巯基-1,2,4-三氮杂茂（AHMT）发生缩合，再被高碘酸钾氧化成 6-巯基-S-三氮杂茂 [4,3-b]-S-四氮杂苯的紫红色络合物，其颜色的深浅在一定范围内与甲醛含量成正相关，使用色阶卡进行目视比色，对试样中的甲醛进行定性判定。

◉ 知识准备

食品中的甲醛除来源于非法添加外，还来源于食品接触材料的迁移，如与食品接触的容器、管道、包装材料、加工过程等。2008 年 10 月 16 日，中国网报道，无锡市民在农贸市场购买到被高浓度的甲醛溶液浸泡的银鱼，即"太湖银鱼甲醛门"事件。据调查，商贩为了防腐保鲜，将银鱼经高浓度甲醛溶液浸泡，经甲醛浸泡后的银鱼，可保持数日不腐，色泽异常洁白透亮，极具"卖相"，韧性也大幅提高。这种以防腐为目的，人为地用高浓度甲醛溶液浸泡银鱼是银鱼甲醛超标的主要原因。

食品中的甲醛若经口腔进入人体，则会对消化、神经、循环和泌尿系统产生影响，严重者将危及生命。误服甲醛溶液，可导致口腔、食管、胃肠损伤，导致消化道穿孔，或导致人休克、昏迷及肝、肾损害。消化系统损伤症状表现为恶心、呕吐。如系口服，中毒后可引起口、咽、食管及胃部烧灼感，并伴口腔黏膜糜烂，上腹痛，呕出带血性呕吐物；严重时发生胃肠穿孔及肝脏损害。由于甲醛在体内转化为甲醇后可对神经系统产生麻醉，症状表现为头痛、头昏、视力模糊及乏力；严重时可出现昏迷。循环系统症状表现为心率加快，血压升高；严重时可出现血压下降、休克，甚至心动过缓、心室颤动、心跳骤停。泌尿系统症状表现为蛋白尿、尿闭、尿毒症等肾脏损害。误服甲醛溶液的经口致死量为 10~20 mL。关于甲醛检测的标准有适用于水产品的标准《水产品中甲醛的测定》（SC/T 3025—2006），适用于蔬菜的标准《蔬菜中甲醛含量的测定　高效液相色谱法》（NY/T 3292—2018），适用于小麦粉与大米粉及其制品的标准《小麦粉与大米粉及其制品中甲醛次硫酸氢钠含量的测定》（GB/T 21126—2007），适用于食用菌的标准《食用菌中甲醛的测定　高效液相色谱法》（DB12/T 883—2019），还有适用于银鱼、鱿鱼、牛肚、竹笋等水发产品及其浸泡液中甲醛快速测定的《水发产品中甲醛的快速检测》（KJ 201904）。

任务实施

一、仪器设备和材料

（1）甲醛快速检测试剂盒（AHMT 法-比色卡法）：在阴凉、干燥、避光条件下保存。

（2）滤纸：中速定性滤纸。

（3）移液器：20~200 μL，1~5 mL。

（4）涡旋混合器。

（5）电子天平或手持式天平：分度值 0.01 g。

（6）离心机：转速≥4 000 r/min。

（7）环境条件：温度 15~35 ℃，相对湿度≤80%。

（8）氢氧化钾溶液（5 mol/L）：称取 280.50 g 氢氧化钾，用水溶解并定容至 1 000 mL，混匀。

（9）氢氧化钾溶液（0.2 mol/L）：称取 11.22 g 氢氧化钾，用水溶解并定容至 1 000 mL，混匀。

（10）盐酸溶液（0.5 mol/L）：量取 41 mL 盐酸，用水稀释并定容至 1 000 mL，混匀。

（11）亚铁氰化钾溶液（106 g/L）：称取 10.60 g 亚铁氰化钾，用水溶解并定容至 100 mL，混匀。

（12）乙酸锌溶液（220 g/L）：称取 22.00 g 乙酸锌，加入 3 mL 冰乙酸溶解，用水稀释并定容至 100 mL，混匀。

（13）乙二胺四乙酸二钠溶液（100 g/L）：称取 10.00 g 乙二胺四乙酸二钠，用 5 mol/L 氢氧化钾溶液溶解并定容至 100 mL，混匀。

（14）AHMT 溶液（5 g/L）：称取 0.50 g 4-氨基-3-联氨-5-巯基-1,2,4-三氮杂茂，用 0.5 mol/L 盐酸溶液溶解并定容至 100 mL，混匀后置于棕色瓶中，有效期 6 个月。

（15）高碘酸钾溶液（15 g/L）：称取 1.50 g 高碘酸钾，用 0.2 mol/L 氢氧化钾溶液溶解并定容至 100 mL，混匀。

（16）参考物质。甲醛参考物质的中文名称、英文名称、CAS 登录号、分子式、分子量见表 1-14。

表 1-14　甲醛参考物质的中文名称、英文名称、CAS 登录号、分子式、分子量

中文名称	英文名称	CAS 登录号	分子式	分子量
甲醛	Formaldehyde	50-00-0	HCHO	30.03
注：或等同可溯源物质。				

二、操作步骤

1. 标准溶液配制

（1）甲醛标准储备液（100 μg/mL）：用安瓿瓶封装并冷藏，在避光、干燥的条件下保存。使用前将温度恢复至室温，摇匀备用。安瓿瓶打开后应一次性使用完毕。

视频 1-3-2

（2）甲醛标准工作液（10 μg/mL）：吸取甲醛标准储备液（100 μg/mL）1.0 mL，置于 10 mL 容量瓶中并用水稀释至刻度，摇匀。

2. 试样制备

取适量有代表性银鱼的可食部分，剪碎混匀。准确称取银鱼 1.00 g（精确至 0.01 g），置于 15 mL 离心管中，加水定容至 10 mL，涡旋提取 1 min，静置 5 min，取上清液作为提取液（如上清液浑浊，加入 1 mL 亚铁氰化钾溶液和 1 mL 乙酸锌溶液，涡旋混匀，用离心机以 4 000 r/min 的转速离心 5 min 或用滤纸过滤，取上清液或滤液作为提取液）。

3. 试样提取和测定

（1）测定步骤。准确移取提取液 2 mL 于 5 mL 离心管中，加入 0.4 mL 乙二胺四乙酸二钠溶液和 0.4 mL AHMT 溶液，涡旋混匀后静置 10 min，再加入 0.1 mL 高碘酸钾溶液，涡旋混匀后静置 5 min，立即与标准色阶卡目视比色，10 min 内判读结果。

进行平行实验，两次测定结果应一致，即显色结果无肉眼可辨识差异。

（2）质控实验。每批试样应同时进行空白实验和加标质控实验。用色阶卡和质控实验同时对检测结果进行控制。

（3）空白实验。称取空白试样 1.00 g（精确至 0.01 g），按照测定步骤与试样同法操作。

（4）加标质控实验。准确称取空白试样 1.00 g（精确至 0.01 g）或吸取空白试样 1.0 mL，置于 15 mL 离心管中，加入 0.5 mL 甲醛标准工作液（10 μg/mL），使试样中甲醛含量为 5 mg/kg，按照与试样同样的方法操作。

（5）结果判定要求。观察检测管中样液颜色，与标准色阶卡比较判读试样中甲醛的含量。颜色浅于检出限（5 mg/kg）则为阴性试样；颜色接近或深于 5 mg/kg 则为阳性试样。甲醛标准色阶卡如图 1-4 所示。

图 1-4　甲醛标准色阶卡（mg/kg 或 mg/L）

质控实验要求：空白实验测定结果应为阴性，质控实验测定结果应与比色卡第二点（5 mg/kg 或 5 mg/L）颜色一致。

（6）结论。由于色阶卡目视判读存在一定误差，为尽量避免出现假阴性结果，读数时，应遵循"就高不就低"的原则。当测定结果为阳性时，应对其进行确证。

三、数据记录与处理

将银鱼中甲醛含量快速测定结果的原始数据填入表 1-15 中。

表 1-15　AHMT 法快速检测银鱼中甲醛原始记录表

AHMT 法快速检测银鱼中甲醛原始记录表								
样品名称	样品状态	检测方法依据	检测仪器		环境状况	检测地点	检测日期	备注
			名称	编号				
					温度：　　℃ 相对湿度：　　%		年　月　日	
样品编号	实验	测试结果并判定（阴性/阳性）						
	样品检测							
	空白实验							
	加标质控实验							
	样品检测							
	空白实验							
	加标质控实验							
检测					校核			

四、注意事项

（1）准备工作区。选择一个清洁、干燥、无异味的工作区进行操作。避免空气中存在其他可能干扰测试结果的化学物质。

（2）保护措施。使用较为精确的量杯或移液器进行溶液的配制，避免皮肤接触或吸入有害化学物质。同时，佩戴适当的个人防护装备，如手套、眼镜等，以保护自身安全。

（3）样品处理。将待测银鱼样品按照说明书要求进行处理，如样品的采集、加工等。确保样品的纯净度和可靠性。

（4）比色卡读数。在进行比色卡读数时，需要将样品溶液与比色卡上的标准颜色进行比较。确保仔细观察和判断，避免主观因素对结果产生影响。

（5）结果解释。根据比色卡上的颜色变化，结合说明书中提供的指导，准确解读测试结果。注意区分阳性和阴性结果，以确定银鱼中是否存在甲醛。

五、评价与反馈

实验结束后，请按照表 1-16 中的评价要求填写考核结果。

表 1-16　甲醛快速检测考核评价表

学生姓名：　　　　　　　　班级：　　　　　　　　日期：

考核项目	评价项目	评价要求	得分
知识储备	了解 AHMT 法测定甲醛的工作原理	相关知识输出正确（1分）	
	掌握甲醛快速检测试剂盒（AHMT 法-比色卡法）的构成及检测流程	能够说出甲醛快速检测试剂盒（AHMT 法-比色卡法）各部分的构成和作用（3分）	

考核项目		评价项目	评价要求	得分
检验准备		能够正确准备仪器	仪器准备正确（6分）	
技能操作		能够熟练应用胶体金定量测定仪进行测定（样品的称量、移液枪的准确移取液体、涡旋仪的使用、离心机的使用、甲醛快速检测试剂盒（AHMT法–比色卡法）（条）的使用等）的操作规范	操作过程规范、熟练（15分）	
		能够正确、规范记录结果并进行数据处理	原始数据记录准确、处理数据的方法正确（5分）	
课前	通用能力	课前预习任务	课前任务完成认真（5分）	
课中	专业能力	实际操作能力	能够按照操作规范进行试剂盒（条）的操作，能够准确进行样品的提取、稀释，移液枪移取样品准确（10分）	
			涡旋仪、离心机的使用方法正确，调节的使用方法正确（10分）	
			比色卡的正确使用（10分）	
			标准溶液的准确配制（10分）	
	工作素养	发现并解决问题的能力	善于发现并解决实验过程中的问题（5分）	
		时间管理能力	合理安排时间，严格遵守时间安排（5分）	
		遵守实验室安全规范	（仪器的使用、实验台整理等）遵守实验室安全规范（5分）	
课后	技能拓展	高效液相色谱法的测定前处理	正确、规范地完成操作（5分）	
		胶体金定性法的测定观察	正确、规范地完成操作（5分）	
总分（100分）				

备注：不合格（<60分），合格（60~70分），良好（70~90分），优秀（>90分）。

⊙ 问题思考

（1）为什么选择 AHMT 法对银鱼中的甲醛进行检测？与其他方法相比，AHMT 法有何优势和局限性？

（2）如何正确采集、处理和保存银鱼样品，以确保得出可靠的检测结果？

（3）如何确保操作过程的准确性和一致性？是否需要对操作人员进行培训，以避免由于不当操作而导致检测误差？

（4）是否存在其他物质或因素可能与甲醛产生交叉干扰？如何排除这些干扰因素，以获得准确的检测结果？

(5) AHMT 法是否能够提供即时结果？如果需要实时监测甲醛含量的变化，是否需要考虑使用其他方法或设备？

任务三　水产品中孔雀石绿的快速检测

◉ 学习目标

【知识目标】
(1) 了解胶体金免疫层析法快速检测水产品中孔雀石绿的工作原理。
(2) 掌握孔雀石绿的基本特性。
(3) 掌握胶体金免疫层析法快速检测水产品中孔雀石绿的操作步骤。
(4) 了解胶体金免疫层析法快速检测水产品中孔雀石绿的优缺点。
(5) 掌握胶体金免疫层析法快速检测水产品中孔雀石绿的结果解读和数据分析。

【能力目标】
(1) 能够掌握胶体金免疫层析法快速检测水产品中孔雀石绿的原理和操作步骤。
(2) 能够根据实验结果正确解读并分析数据，判断水产品中孔雀石绿的含量是否超标。
(3) 能够掌握实验过程中的安全操作和防护措施，以确保实验过程的安全性。
(4) 能够根据实验过程和结果撰写规范、准确的实验报告，内容包括实验目的、操作过程、结果分析等。
(5) 能够理解孔雀石绿的基本特性，包括其作为有机染料在水产品中的应用和潜在危害。

【素养目标】
(1) 通过胶体金免疫层析法快速检测水产品中孔雀石绿，培养学生的职业道德素养，使学生了解职业责任和职业操守的重要性。
(2) 引导学生认识到食品安全对社会的重要性，培养学生关注食品安全的意识，提升学生对食品安全问题的责任感。
(3) 培养学生的科学伦理观，使学生了解科学研究的基本道德准则，认识到科学研究的目的是服务社会和造福人类。
(4) 培养学生团队协作精神，使学生了解团队的力量和合作的重要性，从而提高学生的沟通协作的能力。
(5) 结合社会主义核心价值观，引导学生树立正确的价值观和人生观，培养学生拥有爱国、敬业、诚信、友善的品质。

◉ 任务描述

水产品是海洋和淡水渔业生产的水产动植物产品及其加工产品的总称。水产品种类繁多，按保存条件可分为鲜活水产品、冰冻水产品、干制品；按出产水域可分为海水产品和淡水产品。按生物种类形态可分为鱼类、虾类、蟹类、贝类、藻类等。水产品行业产业链上游参与主体为水产饲料、种苗、等水产养殖相关行业及船舶、渔具等水产捕捞相关行业；中游为各类水产品及水产加工等；下游为水产品的应用环节，主要为餐饮、医药、休闲食品等领域。随着全球特别是亚洲水产品产业的快速发展，自1990年以来，全球水产品产量快速增长。从产量结构分布情况看，2020年，全球渔业和水产养殖产量中，海洋捕捞产量占比最高，为44.3%，其次为内陆养殖和海洋养殖，占比分别为30.6%和18.6%。我国水产品种类主要以养殖水产品为主，2021年合计占比达80%以上。具体来看，淡水养殖占比为47.58%，海水养殖占比为33.05%，海洋捕捞占比为14.22%，远洋捕捞占比为3.36%，淡水捕捞占比为1.79%。我国作为水产品生产大国，近年来的水产品人均占有量不断上升。具体来看，2021年我国人均水产品占有量为47.6 kg，比2020年人均水产品占有量增加0.97kg，增长占比2.09%，是世界平均水平的2倍，约占人均动物蛋白消费量的1/3。

孔雀石绿是有毒的三苯甲烷类化学物，既是染料，也是杀菌和杀寄生虫的化学制剂，可致癌。针对鱼体水霉病和鱼卵的水霉病有特效，目前市面上还暂无针对水霉病，且能够短时间解决水霉病的特效药物，这也是孔雀石绿在水产业禁止使用这么多年还禁而不止，水产业养殖户铤而走险继续仍违规使用的根本原因。孔雀石绿超标会危害人们的身体健康，因此，对于孔雀石绿的检测是非常重要的。

本次任务用胶体金免疫层析法快速检测水产品中孔雀石绿（KJ 201701），免疫胶体金快速检测技术是一种免疫学检测技术，该检测方法不需要复杂的仪器设备，检测成本低，检测方法简单、易操作，并在很短的时间内就能得到检测结果，是检测中广泛应用的技术之一。

◉ 知识准备

孔雀石绿，分子式为$C_{23}H_{25}ClN_2$，是人工合成的有机化合物，是一种有毒的三苯甲烷类化学物。绿色有金属光泽的晶体，易溶于水，溶于乙醇、甲醇和戊醇，水溶液呈蓝绿色；密度为1.045 g/cm³，熔点为158~160 ℃，沸点为526.9 ℃，折射率为1.594。孔雀石绿（Malachite Green，MG）是一种很好的驱虫剂、杀菌剂和防腐剂，因为其有低廉的成本和高效的杀菌效果，常用于水产养殖业，以及预防和治疗水产动物的水霉病和原虫病。孔雀石绿绝大多数是以草酸盐的形式存在，因为其化学性质并不稳定，当以草酸盐的形式进入动物体后，在动物体内会经过一系列的生物转化再还原成无色的孔雀石绿，还会在动物组织中堆积，不会被消化、分解，这就是孔雀石绿进入动物机体并残留的原因。

孔雀石绿在鱼体内可代谢为隐色孔雀石绿，隐色孔雀石绿性质与孔雀石绿比较相对稳定一些，但它会触发水体生物皮肤组织的一些炎症，还会导致它们的脊椎、头等身体重要部位发生变异并导致畸形，使卵染色体发生异常的情况下还常常伴随着巨毒性、高残留、致畸形、致癌变等危害。

孔雀石绿在水生动物体内迅速代谢成隐色孔雀石绿，而隐色孔雀石绿的毒性超过孔雀石绿，所以人们通常将孔雀石绿和隐色孔雀石绿的总量作为动物源性食品中孔雀石绿残留的限量指标。孔雀石绿的检测方法以理化检测法和免疫学检测法为主。其中，理化检测法包括薄层层析法、分光光度法、高压液相色谱法、液相色谱质谱联用法、气相色谱质谱联用法等，相较之下免疫学检测方法更为常用。孔雀石绿在养殖业中的使用未得到美国食品与药物管理局（FDA）的认可；根据欧盟法案 2002/675/EC 的规定，动物源性食品中孔雀石绿和无色孔雀石绿残留总量限制为 2 μg/kg；日本的肯定列表制度也明确规定在进口水产品中不得检出孔雀石绿残留；我国在农业行业标准《无公害食品鱼药使用准则》（NY 5071—2002）中也将孔雀石绿列为禁用药物。

任务实施

一、仪器设备和材料

（1）免疫胶体金试剂盒，适用基质为水产品或水。

（2）移液器：200 μL、1 mL 和 10 mL。

（3）涡旋混合器。

（4）离心机：转速≥4 000 r/min。

（5）电子天平：分度值 0.01 g，分度值 0.000 1 g。

（6）氮吹浓缩仪。

（7）环境条件：温度 15~35 ℃，相对湿度≤80%。

（8）饱和氯化钠溶液：称取氯化钠 200.00 g，加水 500 mL，超声使其充分溶解。

（9）盐酸羟胺溶液（0.25 g/mL）：称取 2.50 g 盐酸羟胺，用水溶解并稀释至 10 mL，混匀。

（10）乙酸盐缓冲液：称取 4.95 g 无水乙酸钠及 0.95 g 对-甲苯磺酸溶解于 950 mL 水中，用冰乙酸调节溶液 pH 值为 4.5，用水稀释至 1 L，混匀。

（11）二氯二氰基苯醌溶液（0.001 mol/L）：称取 0.022 7 g 二氯二氰基苯醌置于 100 mL 棕色容量瓶中，用乙腈溶解并稀释至刻度，混匀。于 4 ℃避光保存。

（12）复溶液：称取 8.00 g 氯化钠，0.20 g 氯化钾，0.27 g 磷酸二氢钾及 2.87 g 十二水合磷酸氢二钠溶解于 900 mL 水中，加入 0.5 mL 吐温-20，混匀，用盐酸将 pH 值调节为 7.4，用水稀释至 1 L，混匀。

（13）参考物质孔雀石绿、隐色孔雀石绿参考物质的中文名称、英文名称、CAS 登记号、分子式、分子量见表 1-17，纯度均≥90%。

表 1-17　孔雀石绿、隐色孔雀石绿参考物质中文名称、英文名称、CAS 登记号、分子式、分子量

序号	中文名称	英文名称	CAS 登记号	分子式	分子量
1	孔雀石绿	Malachite Green	569-64-2	$C_{23}H_{25}ClN_2$	364.91
2	隐色孔雀石绿	Leucomalachite Green	129-73-7	$C_{23}H_{26}N_2$	330.47
注：或等同可溯源物质。					

二、操作步骤

1. 标准溶液配制

（1）孔雀石绿、隐色孔雀石绿标准储备液（1 mg/mL）：精确称取适量孔雀石绿、隐色孔雀石绿参考物质，分别置于 10 mL 容量瓶中，用乙腈溶解并稀释至刻度，摇匀，分别

制成浓度为 1 mg/mL 的孔雀石绿和隐色孔雀石绿标准储备液。−20 ℃避光保存，有效期为1 个月。

（2）孔雀石绿标准中间液 A（1 μg/mL）：精确量取孔雀石绿标准储备液（1 mg/mL）0.1 mL，置于 100 mL 容量瓶中，用乙腈稀释至刻度，摇匀，制成浓度为 1 μg/mL 的孔雀石绿标准中间液 A。临用新制。

（3）孔雀石绿标准中间液 B（100 ng/mL）：精确量取孔雀石绿标准中间液 A（1 μg/mL）1 mL，置于 10 mL 容量瓶中，用乙腈稀释至刻度，摇匀，制成浓度为 100 ng/mL 的孔雀石绿标准中间液 B。临用新制。

（4）隐色孔雀石绿标准中间液 A（1 μg/mL）：精确量取隐色孔雀石绿标准储备液（1 mg/mL）0.1 mL，置于 100 mL 容量瓶中，用乙腈稀释至刻度，摇匀，制成浓度为 1 μg/mL 的隐色孔雀石绿标准中间液 A。临用新制。

（5）隐色孔雀石绿标准中间液 B（100 ng/mL）：精确量取隐色孔雀石绿标准中间液 A（1 μg/mL）1 mL，置于 10 mL 容量瓶中，用乙腈稀释至刻度，摇匀，制成浓度为 100 ng/mL 的隐色孔雀石绿标准中间液 B。临用新制。

2. 试样制备

准确称取试样 2.00 g（精确至 0.01 g）置于 15 mL 具塞离心管中，用红色油性笔标记。

（1）提取：依次加入 1 mL 饱和氯化钠溶液，0.2 mL 盐酸羟胺溶液，2 mL 乙酸盐缓冲液及 6 mL 乙腈，涡旋混合 2 min。

（2）离心：加入 1.00 g 无水硫酸钠，1.00 g 中性氧化铝，涡旋混合 1 min，用离心机以4 600 r/min 转速离心 5 min。准确移取 5 mL 上清液放入 15 mL 离心管中，加入 1 mL 正己烷，充分混匀，用离心机以 4 600 r/min 转速离心 1 min。

（3）氮吹：准确移取 4 mL 下层液于 15 mL 离心管中，加入 100 μL 二氯二氰基苯醌溶液，涡旋混匀，反应 1 min，在 55 ℃水浴中用氮气吹干。

（4）待测液：精确加入 200 μL 复溶液，涡旋混合 1 min，作为待测液并立即测定。

3. 试样测定

（1）试纸条与金标微孔测定步骤。吸取全部样品待测液于金标微孔中，抽吸 5～10 次使其混合均匀，室温温育 3～5 min，将试纸条吸水海绵端垂直向下插入金标微孔中，室温温育 5～8 min 后从微孔中取出试纸条进行结果判定。

（2）检测卡与金标微孔测定步骤。吸取全部样品待测液于金标微孔中，抽吸 5～10 次使其混合均匀，室温温育 3～5 min，将金标微孔中全部溶液滴加到检测卡上的加样孔中，室温温育 5～8 min 再进行结果判定。

（3）质控实验。每批样品应同时进行空白实验和加标质控实验。

（4）空白实验。称取空白试样，与样品的操作步骤相同操作。

（5）加标质控实验。准确称取空白试样 2.00 g 或适量（精确至 0.01 g）置于 15 mL 具塞离心管中，加入 100 μL 或适量孔雀石绿标准中间液 B（100 ng/mL），使孔雀石绿浓度为 2 μg/kg，与样品的操作步骤相同操作。

准确称取空白试样 2.00 g 或适量（精确至 0.01 g）置于 15 mL 具塞离心管中，加入100 μL 或适量隐色孔雀石绿标准中间液 B（100 ng/mL），使隐色孔雀石绿浓度为 2 μg/kg，与样品的操作步骤相同操作。

（6）结果判定要求。对比控制线（C 线）和检测线（T 线）的颜色深浅进行结果判定。

三、数据记录与处理

将水产品中孔雀石绿测定结果的原始数据填入表 1-18 中。

表 1-18　胶体金免疫层析法快速检测水产品中孔雀石绿原始记录表

<table>
<tr><td colspan="11" style="text-align:center">胶体金免疫层析法快速检测水产品中孔雀石绿原始记录表</td></tr>
<tr><td rowspan="2">样品名称</td><td rowspan="2">样品状态</td><td rowspan="2">检测方法依据</td><td colspan="2">检测仪器</td><td rowspan="2">环境状况</td><td rowspan="2">检测地点</td><td rowspan="2">检测日期</td><td rowspan="2">备注</td></tr>
<tr><td>名称</td><td>编号</td></tr>
<tr><td></td><td></td><td></td><td></td><td></td><td>温度：　　℃
相对湿度：　　%</td><td></td><td>年　月　日</td><td></td></tr>
<tr><td>样品编号</td><td>实验</td><td colspan="7">测试结果并判定（阴性/阳性）</td></tr>
<tr><td></td><td>样品检测</td><td colspan="7"></td></tr>
<tr><td></td><td>空白实验</td><td colspan="7"></td></tr>
<tr><td></td><td>加标质控实验</td><td colspan="7"></td></tr>
<tr><td></td><td>样品检测</td><td colspan="7"></td></tr>
<tr><td></td><td>空白实验</td><td colspan="7"></td></tr>
<tr><td></td><td>加标质控实验</td><td colspan="7"></td></tr>
<tr><td>检测</td><td colspan="4"></td><td colspan="2">校核</td><td colspan="2"></td></tr>
</table>

四、注意事项

本方法参比标准为《水产品中孔雀石绿和结晶紫残留量的测定》（GB/T 19857—2005）或《水产品中孔雀石绿和结晶紫残留量的测定　高效液相色谱荧光检测法》（GB/T 20361—2006）。本方法使用试剂盒可能与结晶紫和隐色结晶紫存在交叉反应，当结果为阳性时，应进行确证。

五、评价与反馈

实验结束后，请按照表 1-19 中的评价要求填写考核结果。

表 1-19　孔雀石绿快速检测考核评价表

学生姓名：　　　　　　　　班级：　　　　　　　　日期：

<table>
<tr><td>考核项目</td><td>评价项目</td><td>评价要求</td><td>得分</td></tr>
<tr><td rowspan="2">知识储备</td><td>了解胶体金测定的工作原理</td><td>相关知识输出正确（1分）</td><td></td></tr>
<tr><td>快速检测孔雀石绿免疫胶体金试剂盒的构成及功能</td><td>能够说出快速检测孔雀石绿免疫胶体金试剂盒的构成及功能（3分）</td><td></td></tr>
<tr><td>检验准备</td><td>能够正确准备仪器</td><td>仪器准备正确（6分）</td><td></td></tr>
</table>

考核项目		评价项目	评价要求	得分
技能操作		能够熟练应用胶体金定量测定仪进行测定（样品的称量、移液枪的准确移取液体、涡旋仪的使用、离心机的使用、免疫胶体金试剂盒的使用等）且操作规范	操作过程规范、熟练（15分）	
		能够正确、规范记录结果并进行数据处理	原始数据记录准确、处理数据的方法正确（5分）	
课前	通用能力	课前预习任务	课前任务完成认真（5分）	
课中	专业能力	实际操作能力	能够按照操作规范进行胶体金试纸条操作，能够准确进行样品的提取、稀释，移液枪移取样品准确（10分）	
			涡旋仪、离心机的使用方法正确，调节的方法正确（10分）	
			胶体金试纸条的正确使用（10分）	
			氮吹浓缩仪的使用及维护方法正确（10分）	
	工作素养	发现并解决问题的能力	善于发现并解决实验过程中的问题（5分）	
		时间管理能力	合理安排时间，严格遵守时间安排（5分）	
		遵守实验室安全规范	（仪器的使用、实验台整理等）遵守实验室安全规范（5分）	
课后	技能拓展	薄层层析法的测定前处理	正确、规范地完成操作（5分）	
		高压液相色谱法的测定观察	正确、规范地完成操作（5分）	
总分（100分）				

备注：不合格（<60分），合格（60~70分），良好（70~90分），优秀（>90分）。

◎ 问题思考

（1）胶体金免疫层析法相对于其他方法可能具有较低的灵敏度和准确性。如何在保持快速性的前提下提高方法的灵敏度和准确性？

（2）胶体金免疫层析法是否存在与孔雀石绿类似的其他物质的交叉反应问题？如何确保抗体对孔雀石绿的特异性来避免误报结果？

（3）不同种类的水产品可能具有不同的样品特性和复杂性，如鱼类、虾类等。如何针对不同的水产品类型进行样品前处理并验证方法的适用性？

（4）用胶体金免疫层析法得到的结果是否需要进一步验证和确认？如果检测结果为阳性，则是否需要使用更准确的方法进行定量分析或者对结果进行再次验证？

（5）如何在加强对食品安全的宣传教育，提高公众对于孔雀石绿等有害物质的认知水平的同时推动胶体金免疫层析法在水产品检测中的广泛使用？

项目四　调味品中违禁添加物的快速检测

任务一　辣椒酱中苏丹红Ⅰ的快速检测

◉ 学习目标

【知识目标】

（1）了解胶体金免疫层析法的工作原理。

（2）理解胶体金免疫层析法的操作步骤。

（3）了解胶体金免疫层析法的优点和缺点。

（4）掌握检测结果解读和数据分析的方法。

【能力目标】

（1）能够理解胶体金免疫层析法的原理和操作步骤。

（2）能够正确选择具有高度特异性和亲和力的抗体，并掌握相关的实验技术和优化方法。

（3）能够评估胶体金免疫层析法在快速检测苏丹红Ⅰ中的适用性。

（4）能够解读胶体金免疫层析法呈现的结果并对其进行数据分析。

（5）能够理解苏丹红Ⅰ的基本特性。

【素养目标】

（1）培养学生对食品安全的重视和意识，让学生关注和重视食品中有害物质的检测与控制。

（2）提高学生的科学素养，培养批判思维和科学推理能力。

（3）引导学生遵守法律法规，让他们拥有社会责任感。

（4）引导学生思考科学技术在食品安全领域的重要性及其对社会发展和人体健康的影响。

◉ 任务描述

辣椒是我国重要的蔬菜和调味品、加工产品多、产业链长、附加值高，是重要的工业原料作物，常年种植面积达1 000多万亩。近年来，辣椒已成为中国种植面积最大的蔬菜。2017—2021年，我国辣椒种植面积由1 164万亩增长至1 240.5万亩。在加速推进高效农业的背景下，随着种植面积扩大，我国辣椒产量也在持续增长。2017—2021年，我国辣椒产量由1 811万吨增长至2 001万吨。我国辣椒种植面积和产量持续扩大，由辣椒作为原料延伸出的产品也越来越多，如辣椒干、辣椒粉、辣椒酱、辣椒红色素等。

辣椒中含有人体所需的蛋白质、维生素、碳水化合物、色素、钙、磷、铁等，其中维生素 C 含量在蔬菜中占首位，是番茄的 7~15 倍，辣椒是一种营养价值非常高的蔬菜。根据湖州老恒和酿造有限公司企业标准《辣椒酱》（NY/T 1070—2006）中对于辣椒酱的定义可知辣椒酱（Chili Paste）是以鲜辣椒或干辣椒为主要原料，经破碎、发酵或非发酵等特定工艺加工而制成的酱状食品。一般而言，辣椒酱就是用辣椒制作成的酱料，是餐桌上比较常见的调味品。截至 2022 年，我国辣椒酱市场规模约为 470.35 亿元，其中餐饮及食品加工领域市场规模约为 111.57 亿元，家庭消费领域市场规模约为 358.78 亿元。

国内辣椒制品消费人数超过 5 亿，但是针对辣椒制品没有强制性国家标准，辣椒酱产品品质参差不齐。2005 年，英国食品标准管理局发出全球食物安全警告，宣布收回受非法致癌工业染料"苏丹红Ⅰ"污染的食品，其中包含辣椒粉、调味酱等。目前，对于辣椒酱，我国只有农业农村部发布的行业标准、团体标准和地方标准，还没有强制性国家标准。亚洲地区是全球最大的辣椒酱消费区域，消费占比达 70% 左右。

本任务用胶体金免疫层析法快速检测辣椒酱中苏丹红Ⅰ（KJ 201801），样品中的苏丹红Ⅰ与胶体金标记的特异性抗体结合，抑制了抗体和检测线（T 线）上抗原的结合，从而导致检测线颜色深浅的变化。通过比较检测线与控制线（C 线）颜色的深浅对样品中的苏丹红Ⅰ进行定性判定。

◉ 知识准备

苏丹红Ⅰ（$C_{16}H_{12}N_2O$），黄色粉末，不溶于水，微溶于乙醇，易溶于油脂、矿物油、丙酮和苯。溶于乙醇呈紫色，在浓硫酸中成晶红色，稀释后呈橙色沉淀。苏丹红染料是一种人工合成的以苯基偶氮萘酚为主要基团的亲脂性偶氮化合物，苏丹红Ⅰ化学名称为 1-苯基偶氮-2-萘酚。因含有氮氮双键（偶氮基），即结构式中的—N＝N—能与连接在其两端的苯环一起构成发色基团，偶氮基与芳香结构构成的偶氮苯大共轭体系能够吸收一定波长的可见光，故含有偶氮苯体系的物质能显现出一定的颜色使其外观为暗红色或深黄色片状体。由于用苏丹红染色后的食品颜色鲜艳且不易褪色，能引起人们食欲，一些不法食品企业将它添加到食品中。可能添加苏丹红的食品有辣椒酱、辣椒油和各种红心禽蛋等。

大量研究表明，短期内摄入大量苏丹红会导致死亡，长期食用苏丹红会引发体内蓄积性毒性，致使机体器官损伤或基因突变，继而诱发癌症。多项苏丹红的"三致"实验发现，苏丹红化学成分中含有一种萘的化合物，其具有偶氮结构，在体内分解形成芳香胺化合物，使动物致癌，也对人类也显现出较高的致癌风险。多年前发生的苏丹红事件给中国社会和民众带来很大冲击，2006 年发布的《食品中可能违法添加的非食用物质名单（第一批）》中苏丹红被列为严禁添加的非食用物质。目前，国际癌症研究机构（IARC）已将苏丹红Ⅰ归类为三级致癌物和遗传毒性物质，而欧盟也发布了禁止在辣椒制品里非法添加苏丹红染料的禁令。

目前，食品中苏丹红的检测方法主要有气相色谱质谱法、液相色谱质谱法、液相色谱法、薄层色谱法等，而国内已熟知的苏丹红的检测方法为《食品中苏丹红染料的检测方法 高效液相色谱法》（GB/T 19681—2005）。快速检测方法为辣椒制品中苏丹红Ⅰ的快速检测胶体金免疫层析法（KJ 201801）。

任务实施

一、仪器设备和材料

（1）移液器：20~200 μL、1~5 mL。

（2）涡旋混合器。

（3）离心机：转速≥4 000 r/min。

（4）电子天平：分度值0.01 g。

（5）氮吹仪。

（6）水浴锅。

（7）环境条件：温度15~35 ℃，相对湿度≤80%。

（8）固相萃取柱：CNW MIP-SDR 苏丹红专用SPE小柱（Poly-sery MIP-SDR SPE Cartridge）固相萃取柱（200 mg/3 mL），或相当者。

（9）苏丹红 I 胶体金免疫层析试剂盒，适用基质为辣椒酱、辣椒油、辣椒粉。

（10）氢氧化钠溶液（2 mol/L）：称取氢氧化钠8.00 g，用水溶解并稀释至100 mL。

（11）复溶液：将无水乙醇与水按照25：75的体积比混匀。

（12）参考物质。苏丹红 I 参考物质的中文名称、英文名称、CAS登录号、分子式、分子量见表1-20，纯度≥95%。

表1-20　苏丹红 I 参考物质的中文名称、英文名称、CAS登录号、分子式、分子量

中文名称	英文名称	CAS 登录号	分子式	分子量
苏丹红 I	Sudan I	842-07-9	$C_{16}H_{12}N_2O$	248.28
注：或等同可溯源物质。				

二、操作步骤

1. 标准溶液配制

（1）苏丹红 I 标准储备液（1 mg/mL）：精确称取苏丹红 I 标准品适量，置于10 mL容量瓶中，加入适量乙腈超声溶解后，用乙腈稀释至刻度，摇匀，制成浓度为1 mg/mL的苏丹红 I 标准储备液。在-20 ℃下避光保存，有效期6个月。

（2）苏丹红 I 标准中间液（1 μg/mL）：精确量取苏丹红 I 标准储备液（1 mg/mL）100 μL，置于100 mL容量瓶中，用乙腈稀释至刻度，摇匀，制成浓度为1 μg/mL的苏丹红 I 标准中间液。

2. 试样制备、提取和净化

取具有代表性样品约500 g，充分混匀，均分成两份，分别装入洁净容器作为试样和留样，密封并标记，在常温下保存。

（1）取样：称取辣椒酱2.00 g于15 mL离心管中。

（2）提取：加入0.50 g无水硫酸镁和5 mL正己烷提取液，涡旋振荡1 min后，用离心机在4 000 r/min转速下离心5 min。

（3）洗脱：将上清液全部加入固相萃取柱中，流出液弃去。再加入6 mL正己烷淋洗固相萃取柱，流出液弃去。用2 mL二氯甲烷洗脱固相萃取柱，收集洗脱液并吹干。

（4）待测液制备：精确加入400 μL复溶液，涡旋混合1 min，作为待测液，立即测定。

3. 试样测定

（1）试纸条与金标微孔测定步骤。吸取200 μL待测液于金标微孔中，抽吸5~10次使其混合均匀，室温温育3~5 min，将试纸条吸水海绵端垂直向下插入金标微孔中，室温温育5~8 min，从微孔中取出试纸条，进行结果判定。

（2）检测卡与金标微孔测定步骤。吸取200 μL待测液于金标微孔中，抽吸5~10次使其混合均匀，室温温育3~5 min，将金标微孔中全部溶液滴加到检测卡上的加样孔中，室温温育5~8 min，进行结果判定。

（3）质控实验。每批样品应同时进行空白实验和加标质控实验。

（4）空白实验。称取空白试样，按照与样品相同的步骤操作。

（5）加标质控实验。准确称取空白试样（精确至0.01 g）置于具塞离心管中，加入一定体积的苏丹红Ⅰ标准中间液，使苏丹红Ⅰ添加浓度为10 μg/kg，按照与样品的操作步骤相同操作。

（6）结果判定要求。通过对比控制线和检测线的颜色深浅进行结果判定。由于长时间放置会引起检测线颜色的变化，需要在规定时间内进行结果判定。

三、数据记录与处理

将辣椒酱中苏丹红Ⅰ含量快速测定结果的原始数据填入表1-21中。

表1-21　胶体金免疫层析法快速检测辣椒酱中苏丹红Ⅰ原始记录表

胶体金免疫层析法快速检测辣椒酱中苏丹红Ⅰ原始记录表								
样品名称	样品状态	检测方法依据	检测仪器		环境状况	检测地点	检测日期	备注
			名称	编号				
					温度：　　　℃ 相对湿度：　　%		年　月　日	
样品编号	实验	测试结果并判定（阴性/阳性）						
	样品检测							
	空白实验							
	加标质控实验							
	样品检测							
	空白实验							
	加标质控实验							
检测					校核			

四、注意事项

（1）本方法参比标准为《食品中苏丹红染料的检测方法　高效液相色谱法》（GB/T 19681—2005）。

（2）样品处理：在进行检测前，需要对辣椒酱样品进行适当的处理，如混匀、过滤等，以消除干扰物质的影响，提高检测的准确性。

（3）在使用胶体金免疫层析法快速检测辣椒酱中的苏丹红Ⅰ时，需要注意避免交叉污染、避免试剂暴露于阳光或高温环境中、确保检测环境的清洁等事项。

五、评价与反馈

实验结束后，请按照表1-22中的评价要求填写考核结果。

表1-22　苏丹红Ⅰ快速检测考核评价表

学生姓名：　　　　　　　班级：　　　　　　　日期：

考核项目		评价项目	评价要求	得分
知识储备		了解胶体金测定的工作原理	相关知识输出正确（1分）	
		掌握苏丹红Ⅰ胶体金免疫层析试剂盒的构成及功能	能够说出苏丹红Ⅰ胶体金免疫层析试剂盒的构成及功能（3分）	
检验准备		能够正确准备仪器	仪器准备正确（6分）	
技能操作		能够熟练应用胶体金定量测定仪进行测定（样品的称量、移液枪的准确移取液体、涡旋仪的使用、离心机的使用、苏丹红Ⅰ胶体金免疫层析试剂盒的使用等）且操作规范	操作过程规范、熟练（15分）	
		能够正确、规范地记录结果并进行数据处理	原始数据记录准确、处理数据的方法正确（5分）	
课前	通用能力	课前预习任务	课前任务完成认真（5分）	
课中	专业能力	实际操作能力	能够按照操作规范进行胶体金试纸条操作，能够准确进行样品的提取、稀释，移液枪移取样品准确（10分）	
			涡旋仪、离心机使用方法正确，调节方法正确（10分）	
			胶体金试纸条的正确使用（10分）	
			氮吹仪的使用及维护方法正确（10分）	
	工作素养	发现并解决问题的能力	善于发现并解决实验过程中的问题（5分）	
		时间管理能力	合理安排时间，严格遵守时间安排（5分）	
		遵守实验室安全规范	（仪器的使用、实验台整理等）遵守实验室安全规范（5分）	
课后	技能拓展	薄层色谱法的测定前处理	正确、规范地完成操作（5分）	
		液相色谱法的测定观察	正确、规范地完成操作（5分）	
总分（100分）				

备注：不合格（<60分），合格（60~70分），良好（70~90分），优秀（>90分）。

（1）胶体金免疫层析法的工作原理是什么？它如何实现对苏丹红Ⅰ的检测？

（2）胶体金免疫层析法在辣椒酱中苏丹红Ⅰ检测中的优势是什么？

（3）如何保证胶体金免疫层析法的准确性？

（4）胶体金免疫层析法在辣椒酱中苏丹红Ⅰ检测的局限性是什么？

（5）如何改进胶体金免疫层析法对辣椒酱中苏丹红Ⅰ检测的效果？

任务二　火锅底料中吗啡、可待因的快速检测

◎ 学习目标

【知识目标】

（1）了解吗啡、可待因的性质和危害。

（2）了解胶体金免疫层析法的基本原理和操作方法。

（3）掌握胶体金免疫层析法的样品前处理方法。

（4）理解胶体金免疫层析法的定性或半定量分析方法。

（5）学习结果解读和数据分析的方法。

【能力目标】

（1）能够熟练操作胶体金免疫层析仪，并确保其正常运行。

（2）能够根据胶体金免疫层析法的原理和特点，对火锅调味料中的吗啡、可待因进行有效的检测。

（3）能够准确解读胶体金免疫层析试纸条的结果，并对其含量进行定性或半定量分析。

（4）能够根据实际需求选择合适的方法对火锅调味料进行处理并提取和富集其中的吗啡、可待因。

（5）能够了解胶体金免疫层析技术的发展趋势和最新进展并跟踪和掌握最新的检测技术。

【素养目标】

（1）培养学生严谨的科学态度和实事求是的工作作风，确保检测结果的准确性和可靠性。

（2）提高学生对食品安全的重视和关注，增强其对消费者健康权益的保护意识。

（3）培养学生在面对可能存在的食品安全问题时有积极应对的精神。

（4）引导学生树立正确的人生观和价值观，培养诚信守法、追求卓越的工作态度。

（5）引导学生树立科技创新、服务社会的理念，培养其勇于探索、敢于创新的精神。

◎ 任务描述

火锅底料是以动物或植物油脂、辣椒、蔗糖、食盐、味精、香辛料、豆瓣酱等为主要原料，按一定配方和工艺加工制成的，可用于调制火锅汤的调味料，也可用于制作炒菜、

面食等。火锅底料是备受产业端青睐和追捧的刚需品，在经营风险的加剧、成本的上升、厨师的管理及人工等因素的影响之下，"一站式"火锅底料已经成为餐饮企业的一个刚需的品类。近年来，基于品质优、口味稳定且提升效率的考虑，越来越多的火锅店从专业的底料供应商处进行定制化的产品采购，这推动了火锅底料市场的快速发展。2019 年，全国火锅底料市场规模约为 223 亿元，2020 年约为 255 亿元，同比增长约 14.3%。

罂粟壳为罂粟科植物罂粟的干燥成熟果壳，具有一定的成瘾性，其中的标志性成分为罂粟碱、可待因、吗啡、那可丁、蒂巴因等生物碱。自 20 世纪 80 年代中期以来，一些不法食品生产经营者在火锅底料、调味料中掺用罂粟壳的现象屡禁不止，为此，2008 年 12 月卫生部发出《关于开展全国打击违法添加非食用物质和滥用食品添加剂专项整治的紧急通知》，明确将吗啡、可待因列入首批非食用物质名单。本任务用胶体金免疫层析法快速检测火锅底料中的吗啡、可待因。本方法采用竞争抑制免疫层析原理。样品中的吗啡、可待因经水提取后与胶体金标记的特异性抗体结合，抑制抗体和检测线（T 线）上抗原的结合，导致检测线颜色深浅的变化。通过检测线与控制线（C 线）颜色深浅比较，对样品中吗啡、可待因进行定性判定。

知识准备

吗啡分子式为 $C_{17}H_{19}NO_3$，分子量为 285.3。为无色结晶或白色结晶性粉末，无臭，遇光易变质。吗啡难溶于水，易溶于氯仿及热乙醇中。可待因，化学式为 $C_{18}H_{21}NO_3$，分子量为 209.364。为白色结晶性粉末，可溶于沸水或乙醚，易溶于乙醇，性质稳定，需遮光、密闭保存。罂粟壳中含有吗啡、可待因、罂粟碱、那可丁、蒂巴因等生物碱，因其具有镇静、止痛、成瘾、损害神经系统等特性被列为毒品，严禁将其添加到食品中。由于火锅底料中添加罂粟壳会使火锅味道更美、口感更足，食用后容易上瘾，有些不良商家将罂粟壳加入火锅调料中以吸引回头客来牟取利益。我国早在 2008 年就印发了《食品中可能违法添加的非食用物质和易滥用的食品添加剂品种名单（第一批）》，规定了火锅中不得添加罂粟壳，2011 年又将禁用的食品类别范围扩大到火锅底料及小吃。历年发布的《国家食品安全抽检实施细则》中更是明确将吗啡、可待因、罂粟碱、那可丁、蒂巴因列为餐饮食品自制火锅调味料（底料、蘸料）的日常监测项目。

吗啡、可待因等在医院可作为镇痛药使用，但若长期食用，人会成瘾并出现乏力、犯困、发冷、面黄肌瘦，甚至损坏神经系统、消化系统，导致内分泌失调。我国禁止在食品及调味品中添加罂粟壳，但有少数商家为达到盈利目的，还是会在火锅底料及调味料中添加罂粟壳，严重损害了消费者的身体健康。

目前，食品中罂粟壳成分的检测方法主要有气相色谱法、液相色谱法、气相色谱/质谱法、液相色谱-质谱/质谱法。这些方法各有优缺点，但共性问题是样品前处理烦琐。日常监管常用的快速检测方法是利用罂粟壳胶体金卡片快检试剂盒进行快速检测。液相色谱-质谱/质谱法因具有分辨率高、灵敏度高、检出限低，定性、定量准确，可进行痕量分析等特点，已被市场监管总局指定为检测食品中吗啡、可待因的补充检验方法。

任务实施

一、仪器设备和材料

（1）天平：分度值 0.01 g。

（2）读数仪：产品配套可使用的检测仪器（可选）。

（3）环境条件：温度 10~40 ℃，相对湿度 ≤80%。

（4）吗啡、可待因胶体金免疫层析检测卡，及配套的试剂（可选），适用基质为食品。

（5）甲醇。

（6）参考物质。吗啡、可待因参考物质的中文名称、英文名称、CAS 登录号、分子式、分子量见表 1-23，纯度均 ≥99%。

表 1-23　吗啡、可待因参考物质的中文名称、英文名称、CAS 登录号、分子式、分子量

序号	中文名称	英文名称	CAS 登录号	分子式	分子量
1	吗啡	Morphine	57-27-2	$C_{17}H_{19}NO_3$	285.34
2	磷酸可待因	CodeinePhosphate	41444-62-6	$C_{18}H_{21}NO_3 \cdot H_3PO_4 \cdot 3/2H_2O$	424.39

注：或等同可溯源物质。

二、操作步骤

1. 标准溶液配制

（1）吗啡、可待因标准储备液（1 mg/mL）：精确称取适量吗啡、可待因参考物质，用甲醇溶解并稀释至刻度，摇匀，分别制成浓度为 1 mg/mL 的吗啡、可待因标准储备液。在 -20 ℃ 下避光保存，有效期 1 年。

（2）吗啡、可待因标准中间液（10 μg/mL）：精确移取吗啡、可待因标准储备液（1 mg/mL）各 1 mL 分别置于 100 mL 容量瓶中，用甲醇稀释至刻度，摇匀，制成浓度为 10 μg/mL 的吗啡、可待因标准中间液。在 -20 ℃ 下避光保存，有效期 3 个月。

（3）吗啡、可待因标准工作液（1 μg/mL）：精确移取吗啡、可待因标准中间液（10 μg/mL）1 mL 分别置于 10 mL 容量瓶中，用水稀释至刻度，摇匀，制成浓度为 1 μg/mL 的吗啡、可待因标准工作液。在 4 ℃ 下避光保存，有效期 1 个月。

2. 试样制备提取及净化

取具有代表性样品约 500.00 g，充分粉碎混匀，均分成 2 份，分别装入洁净容器作为试样和留样，密封并标记，在常温下保存。

（1）取样：准确称取试样（1±0.1）g 于 15 mL 具塞离心管中。

（2）提取：加 2~3 mL 水，大力振摇至均匀（必要时置约 70 ℃ 水浴加热），静置 5~10 min。

（3）制备待测液：吸取水层（尽量避免吸取油脂层或沉淀）测定。当层析展不开时，先用 0.45 μm 微孔滤膜过滤后再测定。

3. 试样测定

测试前，将未开封的检测卡恢复至室温。缓慢滴加 3~4 滴待测溶液至检测卡加样孔中，静置，5~10 min 内对结果进行判定。注意：测定步骤建议参照试剂盒说明书。

（1）质控实验。每批样品应同时进行空白实验和加标质控实验。

（2）空白实验。称取空白试样，按照与样品相同的步骤操作。

（3）加标质控实验。称取空白试样，分别添加适量标准工作液，使火锅底料试样中吗啡、可待因含量均为 40 μg/kg，按照与样品相同操作步骤操作。

（4）结果判定要求。采用目视法对结果进行判定。结果判定也可使用胶体金读数仪，具体操作与判定原则参照读数仪使用说明书。进行结果判定时建议参照试剂盒说明书。

三、数据记录与处理

将火锅底料中吗啡、可待因含量快速测定结果的原始数据填入表 1-24 中。

表 1-24　胶体金免疫层析法快速检测火锅底料中吗啡、可待因原始记录表

胶体金免疫层析法快速检测火锅底料中吗啡、可待因原始记录表								
样品名称	样品状态	检测方法依据	检测仪器		环境状况	检测地点	检测日期	备注
			名称	编号				
					温度：　　℃ 相对湿度：　　%		年　月　日	
样品编号	实验	测试结果并判定（阴性/阳性）						
	样品检测							
	空白实验							
	加标质控实验							
	样品检测							
	空白实验							
	加标质控实验							
检测					校核			

四、注意事项

（1）本方法参比方法为《火锅食品中罂粟碱、吗啡、那可丁、可待因和蒂巴因的测定液相色谱-串联质谱法》（DB 31/2010—2012）（包括所有的修改单）。

（2）实验记录和数据分析：及时记录实验过程中的关键信息，包括样品标志、操作步骤、结果等。对数据进行准确的分析和解释，确保结果的可靠性。

五、评价与反馈

实验结束后，请按照表 1-25 中的评价要求填写考核结果。

表 1-25　吗啡、可待因快速检测考核评价表

学生姓名：　　　　　　　班级：　　　　　　　日期：

考核项目		评价项目	评价要求	得分
知识储备		了解胶体金测定的工作原理	相关知识输出正确（1分）	
		掌握吗啡、可待因胶体金免疫层析检测卡的构成及功能	能够说出吗啡、可待因胶体金免疫层析检测卡的构成及功能（3分）	
检验准备		能够正确准备仪器	仪器准备正确（6分）	
技能操作		能够熟练应用胶体金定量测定仪进行测定（样品的称量、移液枪的准确移取液体、涡旋仪的使用、离心机的使用、胶体金免疫层析检测卡的使用等）且操作规范	操作过程规范、熟练（15分）	
		能够正确、规范记录结果并进行数据处理	原始数据记录准确、处理数据的方法正确（5分）	
课前	通用能力	课前预习任务	课前任务完成认真（5分）	
课中	专业能力	实际操作能力	能够按照操作规范进行胶体金试纸条操作，能够准确进行样品的提取、稀释，移液枪移取样品准确（10分）	
			涡旋仪、离心机使用方法正确，调节使用方法正确（10分）	
			胶体金试纸条的正确使用（10分）	
			微孔滤膜的使用及维护方法正确（10分）	
	工作素养	发现并解决问题的能力	善于发现并解决实验过程中的问题（5分）	
		时间管理能力	合理安排时间，严格遵守时间安排（5分）	
		遵守实验室安全规范	（仪器的使用、实验台整理等）遵守实验室安全规范（5分）	
课后	技能拓展	气相色谱法的测定前处理	正确、规范地完成操作（5分）	
		液相色谱法的测定观察	正确、规范地完成操作（5分）	
总分（100分）				

备注：不合格（<60分），合格（60~70分），良好（70~90分），优秀（>90分）。

◉ **问题思考**

（1）火锅底料中吗啡、可待因的来源是什么？

（2）在实验过程中，需要注意哪些事项以保证结果的准确性？

（3）如果实验结果呈阳性，应该如何处理？

◎ **案例介绍**

通过手机扫码获取相关违禁添加物的相关安全事件案例，通过网络资源总结违禁添加物的危害，做好食品安全知识宣传工作。

◎ **拓展资源**

利用互联网、国家标准、微课等拓展所学任务，查找资料，加深对相关知识的理解。

模块一案例

模块一拓展资源

模块二　食品中真菌毒素的快速检测

真菌（Fungi）是一种具真核的、产孢的、无叶绿体的真核生物，包含霉菌、酵母、蕈菌及其他人类所熟知的菌菇类。真菌能通过无性繁殖和有性繁殖的方式产生孢子。虽然真菌被广泛应用于食品工业，如酿酒、制酱、面包制造等，给人类生产生活带来益处，但有些真菌也能通过产生真菌毒素污染食品给人体健康带来危害。

真菌毒素是真菌在适宜的环境中产生的次级代谢产物，在农作物、食品、饲料及中药中的污染较为普遍，目前已知的真菌毒素有 400 多种，常见的真菌毒素有黄曲霉毒素、赭曲霉毒素、展青霉素、脱氧雪腐镰刀菌烯醇（简称呕吐毒素）、伏马毒素等。真菌毒素是天然存在而非人为添加的，尽管污染量小，但危害性大。在适宜的环境因素（如温度、相对湿度）条件下，食品可以直接感染真菌并被其产生的毒素污染，且这种污染可以发生在食品链的任何阶段如生产、加工处理、运输和储藏过程等。据联合国粮食及农业组织（Food and Agriculture Organization of the United Nations，FAO）（简称联合国粮农组织）统计，全球每年有 25% 的食品会受到不同程度的真菌毒素污染。

大多数真菌毒素可抑制动物体内蛋白的合成，破坏细胞结构，进而影响动物体肝脏、肾脏等器官的正常运作。人或动物摄入被真菌毒素污染的农、畜产品或通过吸入及皮肤接触真菌毒素可引发多种毒害作用，如致幻、催吐、皮炎、中枢神经受损，甚至死亡；许多真菌毒素还可在体内积累后产生致癌、致畸、致突变和免疫毒性，对人和动物的生命与健康均构成重大威胁。

《食品安全国家标准　食品中真菌毒素限量》（GB 2761—2017）中规定了 6 种真菌毒素在不同类别食品中的限量值。由于真菌毒素污染的普遍性和危害的严重性，每年的食品安全监督抽检均包含真菌毒素的检测项目，《国家食品安全监督抽检实施细则》（2022 年版）中检测的真菌毒素种类与 GB 2761—2017 一致，食品涉及粮食加工品、食用油、油脂及其制品、调味品、饮料、罐头等 17 大类食品。目前常用的真菌毒素检测方法有薄层色谱法（TLC）、酶联免疫法（ELISA）、胶体金法、液相色谱法（HPLC）及液质联用法（LC-MS/MS）。

模块二
课件 PPT

项目一 谷物及其制品真菌毒素的快速检测

任务一 粮食中呕吐毒素的快速检测

◎ 学习目标

【知识目标】

（1）了解呕吐毒素检验新技术和新方法。

（2）了解呕吐毒素检测相关标准。

【能力目标】

（1）掌握真菌毒素快速检测仪器的使用和维护。

（2）能够利用真菌毒素快速检测仪独立完成小麦中呕吐毒素的检测

【素养目标】

（1）注重"术道结合"，培养学生"为耕者谋利、为食者造福、为业者护航"的担当精神。

（2）培养学生良好的心理素质、职业道德素质和科学严谨的工作态度。

◎ 任务描述

联合国粮食及农业组织估计，全球 1/4 的粮食受到霉菌毒素的污染。由于呕吐毒素对人和动物都具有安全风险隐患，因此，世界各国针对不同小麦及其制品均制定了严格的限量标准。《食品安全国家标准 食品中真菌毒素限量》（GB 2761—2017）中规定，小麦及其制品中呕吐毒素的限量指标为 1 000 μg/kg。与美国、欧盟等国际标准相比较，我国毒素限量较为严格。小麦中呕吐毒素检测方法有胶体金定性卡法、胶体金定量分析卡法、酶联免疫吸附测定法、液相或气相串联质谱法等。本任务要求根据胶体金定量分析卡法测定小麦中呕吐毒素，此方法样品处理简单，5~10 min 就可以得到检测结果。

◎ 知识准备

小麦中霉菌毒素的污染主要由小麦赤霉病发生流行所致。赤霉病是由镰刀菌侵染小麦引起的一种重要的真菌病害，广泛分布于世界湿润和半湿润地区。近年来，受全球气候变化和农作物耕作制度改变的影响，我国小麦赤霉病发生呈流行趋势。小麦赤霉病流行不仅会造成产量的减少，还会产生多种真菌毒素污染，无论食用或饲用，对人和动物都有安全风险隐患。常见的镰刀菌毒素种类繁多，包括呕吐毒素、玉米赤霉烯酮和伏马毒素等。

呕吐毒素可引起动物拒食、呕吐，并具有一定的细胞毒性和免疫毒性，对于成长较快的细胞具有损伤作用，表现为抑制蛋白质和 DNA 的合成，化学名为 3α、7α、15-三羟基草镰孢菌-9-烯-8-酮，属单端孢霉烯族化合物，可以引起猪的呕吐，对人体也有一定的危害，在欧盟分类标准中属于三级致癌物。

呕吐毒素测定原理：试样提取液中的呕吐毒素与检测条中的胶体金微粒发生呈色反应，颜色深浅与试样中的呕吐毒素含量相关，即呕吐毒素含量越高，检测线颜色越浅。用读数仪测定检测条的颜色深浅，根据颜色深浅和读数仪内置曲线自动计算出试样中的呕吐毒素的含量。执行标准为《粮油检验 粮食中脱氧雪腐镰刀菌烯醇测定 胶体金快速定量法》（LS/T 6113—2015）本标准适用于小麦、玉米等粮食及其制品中的呕吐毒素的快速定量检测。该方法检出限为 120 μg/kg。

任务实施

一、仪器设备和材料

（1）电子天平：分度值 0.01 g。

（2）粉碎机：可使试样粉碎后全部通过 20 目筛。

（3）离心机：转速 ≥4 000 r/min。

（4）涡旋振荡器。

（5）孵育器：可进行 40 ℃恒温孵育，具有时间调整功能。

（6）读数仪：可测定并显示胶体金定量检测试纸条的测定结果。

（7）呕吐毒素胶体金快速定量检测试纸条：需 2~8 ℃冷藏保存。

（8）呕吐毒素样品稀释液：需 2~8 ℃冷藏保存。

（9）移液器：20~200 μL、100~1 000 μL。

（10）移液管或量筒：20 mL。

（11）耗材：枪头、一次性手套、离心管。

（12）移液管：1 mL、2 mL、5 mL。

二、操作步骤

1. 检测仪准备

打开全封闭式孵育器，调节温度至 40 ℃并保持恒温。打开胶体金读数仪，预热 5 min。单击"曲线管理"键，取曲线二维码，靠近仪器的指示位置，成功读取曲线后单击"返回"键，然后单击"单机定量"键，依次单击并选择"产品名称""批次号""检测样本"等键。

2. 试样的制备

（1）粉碎：将要检测的小麦样品倒入粉碎机，每次粉碎样品量大于 20 g 并小于粉碎机内容量的 2/3，盖上粉碎机上盖并扣固定，打开开关，开始粉碎，为防止粉碎机过热工作，每次粉碎 30 s 后需暂停 10 s 再次启动，粉碎 4~6 次，保证样品达到规定过 20 目筛的细度，将粉碎好的小麦样品全部转移到标记好的样品袋中。

（2）称量：先将样品进行充分混匀，打开电子天平，放上称量纸，去皮清零，用干净的不锈钢称量勺将准备好的小麦样品放在称量纸上，称取 5.00 g（误差≤0.02 g），转移到做好标记的 50 mL 离心管中。

（3）提取：用 20 mL 移液管或 20 mL 量筒移取 20 mL 纯净水加入盛有样品的离心管中，盖紧离心管盖，反复摇晃，疏松开离心管底部的样品结块，然后在振荡器上充分振荡 1 min，振荡时样品与提取液应充分接触，无黏在离心管壁上或底部的积块，确保毒素可以充分提取。

（4）离心：取用两个 2 mL 离心管，做好标记，将振荡后的液体转移到对应的 2 mL 离心管中，再取等重的任意液体转移到另外一个做好标记的 2 mL 离心管中，将离心管配平放入迷你离心机中，以 4 000 r/min 转速离心 3 min，完成后，小心取出离心管并将其放在离心管架上。

　　注：若使用实验室大型离心机，则不需要转移，直接配平离心即可。

　　（5）稀释：取一个 7 mL 离心管，做好标记。用 100~1 000 μL 移液器取 600 μL 摇匀的样品稀释液至 7 mL 离心管中，用 20~200 μL 移液器取 100 μL 离心后得到的上清液，加入装有样品稀释液的离心管中，枪头插到液面下 2~3 mm 处，轻轻吸打 3~5 次，盖紧离心管盖，使用振荡器充分混匀后，放在离心管架上，待检。

　　3. 样品的测定

　　取出所需数量的试纸条，做好标记，并将所需数量的微孔试剂放在 40 ℃ 全封闭式孵育器上。

　　（1）加液：用 20~200 μL 移液器取 200 μL 待检液于微孔试剂中，采用半枪吸打方式，吸打 6~8 次并伴随搅拌，使微孔试剂充分溶解，并防止其产生气泡。

　　（2）孵育：紧闭孵育器上盖，按下计时器，孵育 3 min。

　　（3）插条反应：将试纸条印有标志的手柄端向上，另一端向下并充分浸入到微孔溶液中，紧闭孵育器上盖，按下计时器，在 40 ℃ 条件下反应 5 min。

　　（4）读数：去掉试纸条下端的样品垫，装入专用试纸条卡槽，保证两条色带在卡壳视窗中间，注意不要触碰或损坏试纸条中部的检测区域。将样品卡壳视窗面向上，插入读数仪中，按下 TEST 按钮或单击屏幕"检测"键，读取结果，如需要打印，则单击"打印"键即可。检测结果应在反应结束后 1 min 内读取。

　　（5）再次测定：若检测结果超出曲线范围上限，需要再次检测时，则可取离心后得到的上清液，先用纯净水对倍稀释，再按后续步骤进行稀释和检测。

　　再次检测时，检测结果的数值需乘以稀释倍数 2。

三、数据记录与处理

视频资源 2-1-1

　　将呕吐毒素含量快速测定结果的原始数据填入表 2-1 中。

表 2-1　呕吐毒素含量快速测定原始记录表

呕吐含量快速测定原始记录表								
样品名称	样品状态	检测方法依据	检测仪器		环境状况	检测地点	检测日期	备注
			名称	编号				
					温度：　　℃ 相对湿度：　　%		年　月　日	
样品编号	实验次数	样品质量 m/g	稀释倍数 B	仪器显示读数测定结果 $X/(\text{mg}\cdot\text{kg}^{-1})$	平均值/$(\text{mg}\cdot\text{kg}^{-1})$	修约值/$(\text{mg}\cdot\text{kg}^{-1})$	平行允差/$(\text{mg}\cdot\text{kg}^{-1})$	实测差/$[(\mu\text{g}\cdot\text{kg}^{-1})$ 或 $(\mu\text{g}\cdot\text{L}^{-1})]$
检测					校核			

四、注意事项

（1）检测试纸条应在有效期内使用，使用前将试纸条和待检样本温度恢复至室温。

（2）检测过程中请勿触碰试纸条中央的白色膜面，如不小心接触后请遗弃。

（3）枪头与离心管等耗材不可混用，以免交叉污染。

（4）孵育后，务必立即去掉试纸条下端的样品垫，并在 1 min 内读取结果，否则试纸条干燥后颜色深度会有变化，影响最后的结果。

（5）仪器读取结果必须使用试纸条配套读数仪和样品卡槽。

（6）试剂从试剂桶取出后，请立即盖好试剂桶盖，如果一次用不完 8 个微孔，则可用微孔的孔盖去盖住剩余微孔，并立即放回到装有干燥剂的试剂桶中密封保存。请小心开启微孔盖，以保证全部试剂保留在微孔中。

（7）如发现阳性检测结果，检测结果需要使用法定的确证方法进行确证。

（8）《食品安全国家标准　食品中真菌毒素限量》（GB 2761—2017）中规定了小麦、玉米及其制品中呕吐毒素的限量指标是 1 000 μg/kg，参考本实验的重复要求（≤20%），当呕吐毒素含量≥800 μg/kg，即处于可疑的临界超标水平时，可参照《食品中脱氧雪腐镰刀菌烯醇及其乙酰化衍生物的测定》（GB 5009.111—2016）中规定的高效液相色谱法进行结果确认。为保证结果的可靠性，建议参照《粮油检测　粮食中脱氧雪腐镰刀菌烯醇测定　胶体金快速定量法》（LS/T 6113—2015）附录 A.1 中的准确性评价方法，用质控样品定期或不定期对检验方法进行确认。

五、评价与反馈

实验结束后，请按照表 2-2 中的评价要求填写考核结果。

表 2-2　呕吐毒素含量快速检测评价表

学生姓名：　　　　　　　班级：　　　　　　　日期：

考核项目		评价项目	评价要求	得分
知识储备		了解胶体金测定的工作原理	相关知识输出正确（1分）	
		掌握真菌毒素快速检测仪流程及使用仪器的功能	能够说出真菌毒素快速检测各部分的仪器和作用（3分）	
检验准备		能够正确准备仪器	仪器准备正确（6分）	
技能操作		能够熟练应用胶体金定量测定仪进行测定（样品的称量、移液枪的准确移取液体、涡旋仪的使用、离心机的使用、孵育器和真菌毒素测定仪的使用、清洁维护等）且操作规范	操作过程规范、熟练（15分）	
		能够正确、规范记录结果并进行数据处理	原始数据记录准确、处理数据的方法正确（5分）	
课前	通用能力	课前预习任务	课前任务完成认真（5分）	

考核项目		评价项目	评价要求	得分
课中	专业能力	实际操作能力	能够按照操作规范进行胶体金试纸条操作，能够准确进行样品的提取、稀释，移液枪移取样品准确（10分）	
			涡旋仪、离心机使用方法正确，调节方法正确（10分）	
			正确使用孵育器、胶体金试纸条（10分）	
			真菌毒素测定的使用及维护方法正确（10分）	
	工作素养	发现并解决问题的能力	善于发现并解决实验过程中的问题（5分）	
		时间管理能力	合理安排时间，严格遵守时间安排（5分）	
		遵守实验室安全规范	（仪器的使用、实验台整理等）遵守实验室安全规范（5分）	
课后	技能拓展	酶联免疫法的测定前处理	正确、规范地完成操作（5分）	
		胶体金定性法的测定观察	正确、规范地完成操作（5分）	
总分（100分）				

备注：不合格（<60分），合格（60~70分），良好（70~90分），优秀（>90分）。

问题思考

（1）使用胶体金定量分析卡法测定时，为什么要将样品在40℃条件下孵育5 min？

（2）实验误差主要来自哪几个方面？

（3）小麦中呕吐毒素超标的危害有哪些？

任务二　粮食中黄曲霉毒素 B_1 的快速检测

学习目标

【知识目标】

（1）了解黄曲霉毒素 B_1 检测新技术和新方法。

（2）了解黄曲霉毒素 B_1 检测相关标准。

【能力目标】

（1）掌握酶标记免疫层析法测定的原理、样品的制备、溶液的稀释。

（2）掌握在检测过程中使用仪器的方法。

（3）能够利用真菌毒素快速检测仪独立完成稻谷中黄曲霉毒素 B_1 的检测。

【素养目标】

（1）继承并发扬"宁流千滴汗、不坏一粒粮"的精神，在艰巨的任务中冲在前、当表率，用实际行动践行储粮报国的初心使命。

（2）提升"舍我其谁"的格调，汇聚自身"担当食粮"，尽职尽责地做好检验工作。

任务描述

黄曲霉毒素（AFT）是黄曲霉和寄生曲霉等某些菌株产生的双呋喃环类毒素，黄曲霉毒素主要污染粮油及其制品，各种植物性与动物性食品也能被污染。产毒素的黄曲霉菌很容易在水分含量较高（水分含量低于12%则不能繁殖）的禾谷类作物、油料作物籽实及其加工副产品中寄生繁殖和产生毒素，使其发霉变质，人们通过误食这些食品或其加工副产品，又经消化道吸收毒素进入人体而中毒。AFT 的产生需要一定的条件，不同的菌株产毒能力差异很大，除基质以外，温度、相对湿度、空气均是 AFT 生长繁殖及产毒的必要条件。研究者发现黄曲霉和寄生曲霉的最佳生长条件温度为 $33 \sim 38$ ℃，pH 值为 5.0 和 A_w（水分活性）为 0.99。温度为 $24 \sim 28$ ℃，相对湿度在 80% 以上，黄曲霉菌产毒量最高。故南方及温湿地区在春夏两季易发生 AFT 中毒，有的作物甚至在收获前或收获期就可能被 AFT 污染。由于黄曲霉毒素 B_1 对人和动物都具有安全风险隐患，因此，世界各国针对不同稻谷黄曲霉毒素 B_1 均制定了严格的限量标准，目前不同国家、地区对黄曲霉毒素检测的种类要求均不同，如欧盟除了规定了黄曲霉毒素 B_1 外，还规定了 $B_1+B_2+G_1+G_2$ 总和的限量要求。《食品安全国家标准　食品中真菌毒素限量》（GB 2761—2017）规定，稻谷、糙米、大米中黄曲霉毒素 B_1 的限量指标为 10 μg/kg。稻谷中黄曲霉毒素 B_1 检测方法有胶体金定性卡法，酶联免疫吸附测定法，胶体金定量分析卡法，液相或气相串联质谱法等。根据《饲料中黄曲霉毒素 B_1 的测定　酶联免疫吸附法》（GB/T 17480—2008）的规定，本任务要求依据 ELISA 法测定样品中黄曲霉毒素 B_1。

知识准备

黄曲霉毒素 B_1 对包括人和若干动物具有强烈的毒性，其半数致死量为 0.36 mg/kg 体重，属特剧毒的毒物范围，黄曲霉毒素 B_1 的代谢主要发生在肝脏。从 1993 年开始黄曲霉毒素被认定为世界卫生组织（WHO）的癌症研究机构划定的一类致癌物，是世界公认三大强致癌物质之一，而黄曲霉毒素 B_1 因毒性最大、污染最重，是危害最大的一种黄曲霉毒素。黄曲霉毒素 B_1 污染的食物主要是花生、玉米、稻谷等粮油食品和饲料原料、饲料成品，且以南方高温、高湿地区受污染最为严重，已严重影响食品和饲料质量安全。

测定原理：试样中的黄曲霉毒素 B_1 用甲醇水溶液提取，经均质、涡旋、离心（过滤）等处理获取上清液。被辣根过氧化物酶标记或固定在反应孔中的黄曲霉毒素 B_1 与试样上清液或标准品中的黄曲霉毒素 B_1 竞争性结合特异性抗体。在洗涤后加入相应显色剂显色，经无机酸终止反应，在 450 nm 或 630 nm 波长下检测。样品中的黄曲霉毒素 B_1 含量与吸光度在一定浓度范围内成反比。

任务实施

一、仪器设备和材料

（1）微孔板酶标仪，内置 450 nm 与 630 nm（可选）滤光片。
（2）研磨机、均质器。

（3）涡旋振荡器。

（4）离心机：转速≥4 000 r/min。

（5）快速定量滤纸：孔径 11 μm。

（6）筛网：1~2 mm 孔径。

（7）移液器：单道 20~200 μL，100~1 000 μL、多道 300 μL 等试剂盒所要求的其他仪器。

（8）配制溶液所需试剂均为分析纯，水为《分析实验室用水规格和试验方法》（GB/T 6682—2008）中规定的二级水。

（9）甲醇、正己烷、三氯甲烷或二氯甲烷。

（10）按照试剂盒说明书所述，配制所需溶液。

（11）所用商品化的试剂盒需验证合格后方可使用。

酶联免疫试剂盒质量判定方法：选取小麦粉或其他阴性样品，根据所购酶联试剂盒的检出限，在阴性基质中添加三个浓度水平的 $AFTB_1$ 标准溶液（2 μg/kg、5 μg/kg、10 μg/kg）。按照说明书操作方法，用读数仪读数，做三次平行试验，针对每个加标浓度，若回收率为 50%~129%，该批产品方可使用。

（12）耗材：枪头、一次性手套、离心管。

二、操作步骤

1. 试样制备

样品处理：称取至少 100 g 样品，用研磨机进行粉碎，粉碎后的样品过 1~2 mm 孔径实验筛。取 5.00 g 样品于 50 mL 离心管中，加入试剂盒要求的提取液，按照试剂盒说明书所述方法进行检测。

示例 1：称取 5.00 g 样品（如大米、玉米、小米等低脂含量样品）于 50 mL 离心管中，加 25 ml 样品提取液（三份甲醇加两份去离子水，混合均匀），振荡 5 min，在室温下用离心机以 4 000 r/min 的转速离心 10 min；取 0.2 mL 上清液，加入 1 ml 复溶液，混匀；取 50 μL 进行分析。

示例 2：称取 5.00 g 样品（如花生、花生饼等高脂含量样品）于 50 mL 离心管中，加 20 mL 正己烷和 25 mL 样品提取液（三份甲醇加两份去离子水，混合均匀），振荡 5 min，在室温下用离心机以 4 000 r/min 的转速离心 10 min；去除上层液体，取 0.2 mL 下层液体加入 1 mL 复溶液，混匀；取 50 μL 进行分析。

示例 3：称取 5.00 g 样品（如麦类、饼干、糕点等样品）于 50 mL 离心管中，加 25 mL 样品提取液（三份甲醇加两份去离子水，混合均匀），振荡 5 min，在室温下用离心机以 4 000 r/min 的转速离心 10 min；取 5 mL 上清液，加入 10 mL 三氯甲烷（或二氯甲烷），振荡 5 min，4 000 r/min 离心 10 min；转移上层液体到另一容器中，下层液留置备用，向上层液中再加入 10 mL 三氯甲烷（或二氯甲烷），充分振荡混 5 min，在室温下用离心机以 4 000 r/min 的转速离心 10 min；去除上层液体，合并两次的下层液体并充分混匀；取合并后的下层液体 4 mL 于 50~60 ℃氮气下吹干；加入 1 mL 样品提取液充分溶解干燥物后再加入 5 mL 复溶液进行稀释并充分混匀；取 50 μL 进行分析。

2. 试样提取

称取试样 5.0 g（精确至 0.1 g），加入 25 mL 提取液，在多功能旋转混合器中振荡提取 10 min 或高速均质器均质提取 3 min 或摇床振荡 40 min。过滤提取液，移取 200 μL 滤液置于 1.5 mL 离心管中，加入 200 μL 黄曲霉毒素 B_1 稀释缓冲液后涡旋混匀，作为提取试样，备用。

3. 试样的测定

（1）样品的测定。

① 将所需试剂从 4 ℃冷藏环境中取出，置于室温平衡 30 min 以上，洗涤液冷藏时可能会有结晶，需恢复到室温以充分溶解，每种液体试剂使用前均须摇匀。取出需要数量的微孔板及框架，将不用的微孔板放入自封袋，保存于 2~8 ℃的环境中。

② 实验开始前，将 20×浓缩洗涤液用去离子水按 1∶19 稀释成工作洗涤液。

③ 编号：将样本和标准品对应微孔按序编号，每个样本和标准品做两孔平行，并记录标准孔和样本孔所在的位置。

④ 加样反应：加标准品或样本 50 μL/孔到各自的微孔中，然后加酶标记物 50 μL/孔，再加抗体工作液 50 μL/孔，轻轻振荡 5 s 混匀，在 25 ℃下避光反应 30 min。

⑤ 洗涤：将孔内液体甩干，用工作洗涤液 250 μL/孔充分洗涤 5 次，每次间隔 30 s，最后用吸水纸拍干。

⑥ 显色：加底物液 A 50 μL/孔，再加底物液 B 50 μL/孔，轻轻振荡 5 s 混匀，在 25 ℃下避光显色 15 min。

⑦ 终止：加终止液 50 μL/孔，轻轻振荡混匀，终止反应。

⑧ 测吸光值：用酶标仪于 450 nm 处测定每孔吸光度值（建议使用双波长 450/630 nm）。测定应在终止反应后 10 min 内完成。

（2）标准曲线的制作。

① 酶联免疫试剂盒定量检测的标准工作曲线绘制。在仪器最佳工作条件下，测定黄曲霉毒素 B_1 标准工作液的吸光度，以黄曲霉毒素 B_1 标准品浓度值（ng/mL）的对数值为横坐标，以百分吸光度值为纵坐标，绘制标准工作曲线。用标准工作曲线对样品进行定量，要求样品溶液中待测物的吸光度值均应在仪器测定的线性范围内。

② 待测液浓度计算。按照试剂盒说明书提供的计算方法及计算机软件，将待测液吸光度代入标准工作曲线并计算待测液浓度（ρ）。

三、数据记录与处理

1. 结果计算

样品中赭曲霉毒素 A 的含量按式（2-1）计算：

$$X = \rho V \frac{f}{m} \tag{2-1}$$

式中，X——试样中黄曲霉毒素 B_1 的含量，μg/kg；

ρ——待测液中黄曲霉毒素 B_1 的浓度，μg/L；

V——提取液体积（固态样品为加入提取液体积，液态样品为样品和提取液总体积），L；

f——前处理过程中的稀释倍数；

m——试样的称样量，kg。

计算结果保留小数点后两位。阳性样品需进一步确认。

2. 精密度

每个试样称取两份进行平行测定，以其算术平均值为分析结果。其分析结果的相对误差应≤20%。

将黄曲霉毒素 B_1 含量快速测定结果的原始数据填入表2-3中。

表2-3 黄曲霉毒素 B_1 含量快速测定原始记录表

<table>
<tr><th colspan="11">黄曲霉毒素 B_1 含量快速测定原始记录表</th></tr>
<tr><td rowspan="2">样品名称</td><td rowspan="2">样品状态</td><td rowspan="2">检测方法依据</td><td colspan="2">检测仪器</td><td rowspan="2">环境状况</td><td rowspan="2">检测地点</td><td rowspan="2">检测日期</td><td rowspan="2">备注</td></tr>
<tr><td>名称</td><td>编号</td></tr>
<tr><td></td><td></td><td></td><td></td><td></td><td>温度：　　℃
相对湿度：　　%</td><td></td><td>年　月　日</td><td></td></tr>
<tr><td>样品编号</td><td>实验次数</td><td>样品质量 m/g</td><td>稀释倍数 B</td><td colspan="2">仪器显示读数测定结果 $X/(\mu g \cdot L^{-1})$</td><td>平均值/ $(\mu g \cdot L^{-1})$</td><td>修约值/ $(\mu g \cdot L^{-1})$</td><td>平行允差/ $(\mu g \cdot L^{-1})$</td><td>实测差/ $(\mu g \cdot L^{-1})$</td></tr>
<tr><td></td><td></td><td></td><td></td><td colspan="2"></td><td></td><td></td><td></td><td></td></tr>
<tr><td></td><td></td><td></td><td></td><td colspan="2"></td><td></td><td></td><td></td><td></td></tr>
<tr><td></td><td></td><td></td><td></td><td colspan="2"></td><td></td><td></td><td></td><td></td></tr>
<tr><td>检测</td><td colspan="4"></td><td colspan="2">校核</td><td colspan="4"></td></tr>
</table>

四、注意事项

（1）如果在洗板过程中出现板孔干燥的情况，则会出现标准曲线不成线性、重复性不好的现象，所以在洗板拍干后，应立即进行下一步操作。

（2）混合要均匀，洗板要彻底，在 ELISA 法分析中的重现性，很大程度上取决于洗板的一致性。

（3）在所有孵育过程中应用盖板膜封住微孔板，以避免光线照射。

（4）若显色液产生任何颜色，则表示试剂可能变质，应当弃掉。当0标准的吸光度值小于0.5个单位（A450 nm< 0.5）时，表示试剂可能变质。

（5）由于反应终止液具有腐蚀性，如不慎接触皮肤或衣物，请立即用大量自来水冲洗。

五、评价与反馈

实验结束后，请按照表2-4中的评价要求填写考核结果。

表 2-4　黄曲霉毒素 B_1 快速检测考核评价表

学生姓名：　　　　　　　　班级：　　　　　　　　日期：

考核项目		评价项目	评价要求	得分
知识储备		了解 ELISA 测定的工作原理	相关知识输出正确（1分）	
		掌握酶标仪检测流程及使用仪器的功能	能够说出酶联免疫检测各部分的仪器和作用（3分）	
检验准备		能够正确准备仪器	仪器准备正确（6分）	
技能操作		能够熟练应用酶标仪进行测定（样品的称量、移液枪的准确移取液体、涡旋仪的使用、离心机的使用、酶标仪的使用、清洁维护等）且操作规范	操作过程规范熟练（15分）	
		能够正确、规范记录结果并进行数据处理	原始数据记录准确、处理数据的方法正确（5分）	
课前	通用能力	课前预习任务	课前任务完成认真（5分）	
课中	专业能力	实际操作能力	能够按照操作规范进行酶联免疫操作，能够准确进行样品的提取、稀释，移液枪移取样品准确（10分）	
			涡旋仪、离心机使用方法正确，调节方法正确（10分）	
			酶标板的正确使用（10分）	
			酶标仪的使用及维护方法正确（10分）	
	工作素养	发现并解决问题的能力	善于发现并解决实验过程中的问题（5分）	
		时间管理能力	合理安排时间，严格遵守时间安排（5分）	
		遵守实验室安全规范	（仪器的使用、实验台整理等）遵守实验室安全规范（5分）	
课后	技能拓展	胶体金定量法的测定观察	正确、规范地完成操作（5分）	
		胶体金定性法的测定观察	正确、规范地完成操作（5分）	
总分（100分）				

备注：不合格（<60分），合格（60~70分），良好（70~90分），优秀（>90分）。

问题思考

（1）在用酶联免疫法测定时孵育过程中，为什么要用盖板膜封住微孔板的方法来避免光线照射？

（2）测试终止液的作用是什么？

（3）稻谷中黄曲霉毒素 B_1 含量超标的危害有哪些？

任务三 粮食中玉米赤霉烯酮的快速检测

学习目标

【知识目标】

（1）了解玉米赤霉烯酮检测新技术和新方法。

（2）了解玉米赤霉烯酮检测的相关标准。

【能力目标】

（1）掌握免疫竞争法测定的原理、样品的制备、溶液的稀释。

（2）掌握在检测过程中仪器的正确操作方法。

（3）能够利用真菌毒素快速检测仪独立完成玉米中玉米赤霉烯酮的检测。

【素养目标】

（1）深刻认识"粮食安全事关国家安全与稳定的大局"，敢于制止餐饮浪费的行为，养成节约的习惯，积极营造浪费可耻、节约为荣的氛围，树立良好的节约意识。

（2）深刻理解"抱德炀和，讲信修睦"的内涵，感悟"食品人"肩负为中国食品安全保驾护航的使命，激励将个人理想信念融入国家和民族的事业中，提升专业认同感，激发探索性学习欲望。

任务描述

玉米赤霉烯酮又名 F-2 毒素，化学式为 $C_{18}H_{22}O_5$，也是一种霉菌毒素，最先从有赤霉病的玉米中分离得到。2017 年 10 月 27 日，世界卫生组织下属的国际癌症研究机构公布的致癌物清单初步整理参考，源于禾谷镰刀菌、大刀镰刀菌和克地镰刀菌的毒素（玉米赤霉烯酮、脱氧雪腐镰刀菌烯醇、瓜萎镰菌醇和镰刀菌酮 X）在三类致癌物清单中。玉米赤霉烯酮主要由禾谷镰刀菌产生，粉红镰刀菌、串珠镰刀菌、三线镰刀菌等多种镰刀菌也能产生这种毒素。李季伦在 1980 年研究中发现，许多农作物，如小麦、大豆等植物中也存在玉米赤霉烯酮。玉米赤霉烯酮有许多种衍生物，如 7-脱氢玉米赤霉烯酮、玉米赤霉烯酸、8-羟基玉米赤霉烯酮。同时，植物中的玉米赤霉烯酮结构和对生物体的影响与霉菌产生的玉米赤霉烯酮作用是一致的。玉米赤霉烯酮主要污染玉米、小麦、大米、大麦、小米和燕麦等谷物，其中玉米的阳性检出率很高，接近 45%；小麦次之。玉米赤霉烯酮的耐热性较强，在 110 ℃下处理 1 h 才能被完全破坏。

玉米赤霉烯酮具有雌激素作用，其强度为雌激素的 1/10，主要作用于生殖系统，可导致家禽和家畜的雌激素水平提高，患上雌激素亢进症。这会造成动物急慢性中毒，引起动物繁殖机能异常甚至死亡，从而给畜牧业造成巨大经济损失。玉米赤霉烯酮在机体内有一定的残留和蓄积，一般毒素代谢出体外的时间为半年之久，造成的损失大、时间长，所以，做好必要的防毒措施十分必要。一般玉米赤霉烯酮中毒的直接原因是制品由霉变的玉米、小麦、大豆等制作而成，所以在使用这些原料时应当注意检测，一旦发现就不能使用了。

玉米赤霉烯酮是一种酚的二羟基苯酸的内酯结构，不溶于水、二硫化碳和四氯化碳，溶于碱性水溶液、乙醚、苯、氯仿、二氯甲烷、乙酸乙酯和酸类，微溶于石油醚。目前，玉米赤霉烯酮的检测方法有液相色谱、气相色谱和液质联用等。液相色谱、气相色谱测定方法前处理较为复杂，对仪器的灵敏度要求也很高。液质联用方法灵敏度高，准确快速，是现今检测玉米赤霉烯酮主要选用的检测方法。《食品安全国家标准　食品中玉米赤霉烯酮的测定》（GB 5009.209—2016）和《粮油检验 粮食中玉米赤霉烯酮测定　胶体金快速定量法》（LST6112—2015）中都规定了玉米赤霉烯酮测定的标准，因此本任务要求根据胶体金快速定量法测定玉米中玉米赤霉烯酮的含量。

知识准备

胶体金定量测定原理。

胶体金免疫层析技术是指以胶体金为显色媒介，以微孔膜为固相载体，利用免疫学中抗原抗体能够特异性结合的原理，在层析过程中完成某一反应，从而达到检测目的。抗原（Antigen）是指能够刺激机体产生（特异性）免疫应答，并能与免疫应答产物抗体和致敏淋巴细胞在体内外结合，发生免疫效应（特异性反应）的物质。例如，病毒、细菌、异种蛋白等。抗体（Antibody）指机体的免疫系统在抗原刺激下，由 B 淋巴细胞或记忆细胞增殖分化成的浆细胞产生的、可与相应抗原发生特异性结合的免疫球蛋白。抗体能特异性地识别相应的抗原，并与之结合。这种结合在体外也能发生，这种特性就是免疫检测方法的基础。

胶体金：1~100 nm 大小的金颗粒，并由于静电作用成为一种稳定的胶体状态。

胶体金标记的原理：胶体金在碱性条件下带负电荷，与蛋白质分子的正电荷由于静电吸引而牢固结合。胶体金定量测定试纸条如图 2-1 所示。

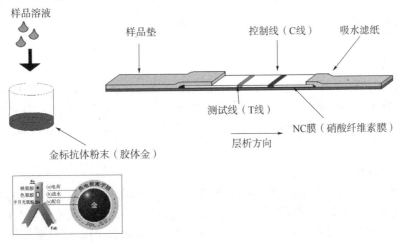

图 2-1　胶体金定量测定试纸条

有三份样本，抗原含量分别为0个、50个、100个

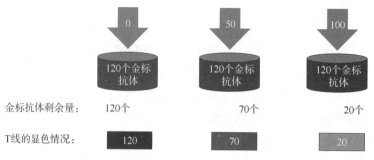

金标抗体剩余量：　　　　120个　　　　　　　70个　　　　　　　20个

T线的显色情况：

图2-1　胶体金定量测定试纸条（续）

任务实施

一、仪器设备和材料

视频资源2-1-3

（1）电子天平：分度值0.01 g。
（2）粉碎机：可使试样粉碎后全部通过20目筛。
（3）离心机：转速≥4 000 r/min。
（4）涡旋振荡器。
（5）孵育器：可进行40 ℃恒温孵育，具有时间调整功能。
（6）读数仪：可测定并显示荧光定量检测试纸条的测定结果。
（7）玉米赤霉烯酮快速定量检测试纸条（16条/桶）。
（8）玉米赤霉烯酮快速定量检测微孔试剂（16个/桶）。
（9）样品稀释液（1瓶/盒）。
（10）移液器：20～200 μL、100～1 000 μL、1～10 mL。
（11）耗材：枪头、一次性手套、离心管。
（12）样品提取液：50%乙醇-水溶液（500 mL无水乙醇+500 mL水）。

二、操作步骤

1. 检测仪准备

打开全封闭式孵育器，调节温度至40 ℃，闭合状态并保持恒温。打开便携式读数仪，预热5 min。单击"曲线管理"键，取曲线二维码，靠近仪器指示位置，成功读取曲线后单击"返回"键，然后单击"单机定量"键，依次单击并选择"产品名称""批次号""检测样本"等键。

2. 试样的制备

（1）玉米、小麦（面粉、面饼）处理方法。称取（5.00±0.02）g均质（过20目筛网）样本于离心管中，加入20 mL样品提取液，具塞，充分振荡1 min，用离心机以4 000 r/min的转速离心3 min得上清液，取1 000 μL样品稀释液，加入上清液50 μL，充分振荡混匀后，待检。

（2）植物油处理方法。称取（5.0±0.02）g均质样本于离心管中，加入2.5 mL样品提取液，具塞，充分振荡1 min，用离心机以4 000 r/min的转速离心3 min得下清液，取

1 000 μL 样品稀释液，加入下清液 50 μL，充分振荡混匀后，待检。

3. 样品的测定

（1）样品检测。

① 使用前将试纸条、微孔试剂和待检样品恢复至室温 25 ℃；将所需微孔试剂置于 40 ℃ 孵育器上的微孔中，将试纸条从桶中取出待用；一次检测样品数量不要超过 4 个；如超出，可按照 4 个一组，分批检测。

② 用移液器移取 200 μL 回温后的待检液于微孔试剂中，缓慢抽吸至样品溶液与微孔试剂充分混匀，紧密闭合孵育器，按下计时器，在 40 ℃ 条件下保持 3 min。

（2）孵育。

① 孵育结束后，停止计时，立即将试纸条插入微孔试剂中，使手柄端向上，另一端向下并充分浸入溶液中，紧密闭合孵育器，再次按下计时器，进行反应 5 min。

② 反应结束后，停止计时，取出试纸条，去掉下端的样品垫，立即使用读数仪读取检测结果。注意不要接触或损坏测试条中部检测区域，并在 1 min 内读取检测结果。

（3）结果。检验完毕，剩余试纸条和微孔试剂放回试剂桶并盖紧桶盖，将剩余样品稀释液盖紧，一起放回试剂盒中，在 2~8 ℃ 条件下保存。

三、数据记录与处理

（1）打开样品卡壳，将定量试纸条插入样品卡壳槽内，保证白色 NC 膜表面的两条色带在卡壳视窗中间。

（2）将样品卡壳视窗向上插入读数仪样品卡槽中，按照仪器操作程序，单击触屏"检测"键或 TEST 按钮，读取结果。

（3）若进行"实验步骤"中的"样品准备 c"步骤，当再次检测时，检测结果需乘以稀释倍数 2，结果仅供参考。

将玉米赤霉烯酮含量快速测定结果的原始数据填入表 2-5 中。

表 2-5　玉米赤霉烯酮含量快速测定原始记录表

玉米赤霉烯酮含量快速测定原始记录表								
样品名称	样品状态	检测方法依据	检测仪器		环境状况	检测地点	检测日期	备注
			名称	编号				
					温度：　　℃ 相对湿度：　　%		年　月　日	
样品编号	实验次数	样品质量 m/g	稀释倍数 B	仪器显示读数测定结果 X/(μg·L^{-1})	平均值/(μg·L^{-1})	修约值/(μg·L^{-1})	平行允差/(μg·L^{-1})	实测差/(μg·L^{-1})
检测					校核			

四、注意事项

（1）使用前，将检测试纸条和待检样本恢复至室温；已开封的试剂请密封后按照要求储存，避免剩余试剂吸潮，并建议尽快使用完毕。

（2）不同批次试纸条、微孔、样品稀释液均不能混用，产品为一次性消耗品，请在有效期内使用；枪头与离心管等耗材不可混用，以免交叉污染。

（3）打开微孔试剂时，请轻轻揭开密封膜，切勿用力过猛，以免有粉末飞出；检测时避免阳光直射和电风扇直吹；检测过程中请勿触摸检测试纸条中央的白色膜面。

（4）样品要与微孔中试剂充分混合均匀，避免产生泡沫。

（5）反应后，务必立即去掉试纸条下端的样品垫，并在 1 min 内读取结果。

（6）仪器读取结果必须使用配套读数仪和样品卡槽（卡槽需定期用水清洗并擦干）。

（7）阴性加标样本和真实样本因毒素结合方式不同，结果略有差异。

（8）如发现阳性检测结果，检测结果需要使用法定的确证方法进行确证。

五、评价与反馈

实验结束后，请按照表 2-6 中的评价要求填写考核结果。

表 2-6　玉米赤霉烯酮快速定量检测考核评价表

学生姓名：　　　　　　班级：　　　　　　日期：

考核项目		评价项目	评价要求	得分
知识储备		了解胶体金定量测定的工作原理	相关知识输出正确（1分）	
		掌握玉米赤霉烯酮快速定量检测流程及使用仪器的功能	能够说出玉米赤霉烯酮快速定量检测各部分的仪器和作用（3分）	
检验准备		能够正确准备仪器	仪器准备正确（6分）	
技能操作		能够熟练应用真菌毒素快速检测仪进行测定（样品的称量、移液枪的准确移取液体、涡旋仪的使用、离心机的使用、真菌毒素快速检测仪的使用、清洁维护等）且操作规范	操作过程规范、熟练（15分）	
		能够正确、规范记录结果并进行数据处理	原始数据记录准确、处理数据的方法正确（5分）	
课前	通用能力	课前预习任务	课前任务完成认真（5分）	
课中	专业能力	实际操作能力	能够按照操作规范进行胶体金定量操作，能够准确进行样品的提取、稀释，移液枪移取样品准确（10分）	
			涡旋仪、离心机使用方法正确，调节方法正确（10分）	

考核项目		评价项目	评价要求	得分
课中	专业能力	实际操作能力	胶体金定量试纸条的正确使用（10分）	
			真菌毒素快速检测仪的使用及维护方法正确（10分）	
	工作素养	发现并解决问题的能力	善于发现并解决实验过程中的问题（5分）	
		时间管理能力	合理安排时间，严格遵守时间安排（5分）	
		遵守实验室安全规范	（仪器的使用、实验台整理等）遵守实验室安全规范（5分）	
课后	技能拓展	ELISA法测定的前处理	正确、规范地完成操作（5分）	
		胶体金定性法的测定观察	正确、规范地完成操作（5分）	
总分（100分）				

备注：不合格（<60分），合格（60~70分），良好（70~90分），优秀（>90分）。

问题思考

（1）使用植物油样品处理方法称取样本于离心管中，离心后为什么取出清液？

（2）测试结果超出曲线范围上限的原因有哪些？应如何处理？

任务四　粮食中赭曲霉毒 A 的快速检测

学习目标

【知识目标】

（1）了解赭曲霉毒检验的新技术和新方法。

（2）了解赭曲霉毒检测的相关标准。

【能力目标】

（1）掌握赭曲霉毒快速检测仪器的使用和维护。

（2）能够利用真菌毒素快速检测仪独立完成赭曲霉毒 A 的检测。

【素养目标】

（1）深入理解"洪范八政，食为首政"，谨守"民以食为天，国以农为本"的原则。

（2）充分认识"团结协作"在农产品检验员职业活动中的重要性，增强团队合作意识和人际交往能力。

任务描述

赭曲霉毒素包括 7 种结构类似的化合物，结构通式：R_1＝C_1 或 H；R_2＝H、CH_3 或 C_2H_5。其中，赭曲霉毒素 A（R_1＝C_1，R_2＝H）毒性最大，在霉变谷物、饲料中等最为常见。

赭曲霉毒素是继黄曲霉毒素后又一个引起世界广泛关注的霉菌毒素。它是由曲霉属的7种曲霉和青霉属的6种青霉菌产生的一组重要的、污染食品的真菌毒素，其中毒性最大、分布最广、产毒量最高、对农产品的污染最重、与人类健康关系最密切的是赭曲霉毒素A。赭曲霉毒素A是一种无色结晶化合物。可溶于极性有机溶剂和稀碳酸氢钠溶液，微溶于水。其紫外吸收光谱随pH值和溶剂极性不同而有别，在乙醇溶液中最大吸收波长为213 nm和332 nm，有很强的化学稳定性和热稳定性。赭曲霉毒素A是由多种生长在粮食（如小麦、玉米、大麦、燕麦、黑麦、大米和黍类等）、花生、蔬菜（如豆类）等农作物上的曲霉和青霉产生的。动物摄入霉变的饲料后，这种毒素也可能出现在猪和鸡等的肉中。赭曲霉毒素主要侵害动物肝脏与肾脏，这种毒素主要是引起肾脏损伤，大量的毒素也可能引起动物的肠黏膜炎症和坏死，还在动物实验中观察到它的致畸作用。Hamilton等人（1982年）首次报道了大规模的火鸡赭曲霉毒素中毒症，此后在美国、加拿大及欧洲各国的家禽和猪场也有报道。赭曲霉毒素（Ochratoxins）是由多种曲霉和青霉菌产生的一类化合物，依其发现顺序分别称为赭曲霉毒素A（OTA）、赭曲霉毒素B（OTB）和赭曲霉毒素C（OTC）。赭曲霉毒素A是苯丙氨酸与异香豆素结合的衍生物。

赭曲霉毒素A进入体后在肝微粒体混合功能氧化酶的作用下，转化为4-羟基赭曲霉毒素A和8-羟甚赭曲霉毒素A，其中以4-羟基赭曲霉毒素A为主。赭曲霉毒素的毒性强弱顺序是：OTA>OTC>OTB。这在最大限度上取决于分子中第八位羟基的电离常数大小。OTB和OTC在被污染饲料中的含量一般较低，对大多数动物的毒性较OTA小。因此，检测饲料时可以不考虑OTB和OTC的含量，主要分析OTA的含量。《食品安全国家标准 食品中真菌毒素限量》（GB 2761—2017）中详细地规定了谷物及其制品、豆类及其制品、葡萄酒等共5大类7小类食品中赭曲霉毒素A的限量标准，限量范围为2~10 μg/kg。我国现行的赭曲霉毒素A检测标准共有8个，包括3个国家标准和5个行业标准，适用样本包括玉米、小麦、大麦、大米、大豆及其制品、稻谷、油菜籽、油料、葡萄酒、咖啡、酱油、葡萄干、胡椒粉等。测定方法包括免疫亲和净化-仪器分析、酶联免疫和薄层色谱等5种检测方法。这些检测标准基本涵盖了国内赭曲霉毒素A的检测技术。本任务要求根据《食品中赭曲霉毒素A的快速检测 胶体金免疫层析法》（KJ 202101）测定大豆中赭曲霉毒素A的含量。

知识准备

测定原理：本方法采用竞争抑制免疫层析原理，样品中的赭曲霉毒素A经提取与胶体金标记的特异性抗体结合，抑制了抗体和试纸条中检测线（T线）上抗原的结合，从而导致检测线颜色深浅的变化。通过检测线（T线）与控制线（C线）颜色深浅比较，对样品中赭曲霉毒素A进行定性判定。

病变机理如下。

（1）赭曲霉毒素A阻断氨基酸tRNA合成酶的作用而影响蛋白质合成，使IgA、IgG和IgM减少，从而使抗体效价降低。

（2）损伤禽类法氏囊和畜禽肠道淋巴组织，降低抗体的产量，影响体液免疫，这和赭曲霉毒素的致癌作用有关。

（3）引起粒细胞吞噬能力降低，从而影响其吞噬作用和细胞免疫。

（4）赭曲霉毒素 A 能通过胎盘影响胎儿组织器官的发育和成熟。

对食品的污染：产生赭曲霉毒素 A 的霉菌广泛分布于自然界，导致赭曲霉毒素 A 广泛分布于各种食品和饲料中。在寒带和温带地区（如欧洲和北美洲），赭曲霉毒素 A 主要来源于青霉属的疣孢青霉；在热带地区，该毒素主要来源于赭曲霉。近年来，相关人员经研究后发现，水果和果汁中的赭曲霉毒素 A 主要由炭黑曲霉和黑曲霉产生。动物食用含有赭曲霉毒素 A 的饲料后，内脏、组织及血液中含有大量赭曲霉毒素 A。

◎ 任务实施

一、仪器设备和材料

（1）电子天平：分度值分别为 0.01 g。

（2）粉碎机。

（3）涡旋混合器。

（4）离心机：转速 ≥ 4 000 r/min。

（5）移液器：100 ~ 1 000 μL、200 ~ 2 000 μL、1 ~ 5 mL。

（6）氮吹仪。

（7）pH 计。

（8）筛网：0.5 ~ 1 mm 孔。

（9）甲醇。

（10）乙腈。

（11）无水乙醇。

（12）盐酸。

（13）三羟甲基氨基甲烷（Tris 碱）。

（14）氯化钠。

（15）氯化钾。

（16）磷酸氢二钠。

（17）磷酸二氢钾。

（18）标准品：赭曲霉毒素 A（$C_{20}H_{18}ClNO_6$，CAS 号：303-47-9），纯度 ≥ 99%，或经国家认证并授予标准物质证书的标准物质。

（19）赭曲霉毒素 A 胶体金免疫层析试剂盒：金标微孔（含胶体金标记的特异性抗体）、试纸条。需在阴凉、干燥、避光条件下保存。

（20）耗材：枪头、一次性手套、离心管。

二、操作步骤

1. 试剂配制

（1）提取液：甲醇-乙腈（50+50）：分别量取 50 mL 甲醇、50 mL 乙腈，混合均匀。

（2）盐酸溶液（1+1）：量取 50 mL 盐酸缓慢倒入 40 mL 水中，定容至 100 mL，混匀。

（3）样谷物稀释液：称取 Tris 碱 242.28 g，加入 600 mL 水，充分搅拌溶解后用盐酸

（1+1）溶液将pH值调节至8.0，向溶液中加入氯化钠20.00 g充分搅拌至溶解，加水定容至1 L，或使用胶体金免疫层析检测试剂盒配套稀释液。

（4）赭曲霉毒素A标准储备溶液（100 μg/mL）：准确称取适量的赭曲霉毒素A标准品于烧杯中溶解后转移至10 mL容量瓶中，用甲醇-乙腈（50+50）溶解并稀释至刻度，摇匀，配成100 μg/mL的赭曲霉毒素A标准储备液。在-20 ℃下保存，有效期3个月。

（5）赭曲霉毒素A标准工作液A（1 μg/mL）：准确量取赭曲霉毒素A标准储备溶液（100 μg/mL）1 mL，置于100 mL容量瓶中，用甲醇-乙腈（50+50）稀释至刻度，摇匀。在4 ℃下避光保存，有效期7天。

（6）赭曲霉毒素A标准工作液B（0.1 μg/mL）：准确量取赭曲霉毒素A标准工作液A（1 μg/mL）10 mL，置于100 mL容量瓶中，用甲醇-乙腈（50+50）稀释至刻度，摇匀。临用现配。

2. 试样的制备

（1）试样粉碎混匀。

谷物、烘焙咖啡豆：取具有代表性样品约1 kg，用高速粉碎机将其粉碎，全部通过0.5~1 mm孔径实验筛，过筛，混合均匀并均匀分成两份，分别装入洁净容器作为试样和留样，密封并标记。

（2）试样提取。谷物准确称取试样5.00 g（精确至0.01 g），置于50 mL离心管中，依次加入200 mL水，10 mL谷物稀释液，涡漩混匀1 min后静置30 min，用离心机以4 000 r/min的转速离心3 min，上清液即为待测液。

注：试样提取过程可按照试剂盒说明书操作。

视频资源2-1-4

3. 样品的测定

（1）待测样的测定。吸取200 μL上述待测液于金标微孔中，抽吸至孔底颗粒完全溶解，室温条件下进行孵育：谷物孵育3 min。从微孔中取出试纸条，先弃去试纸条下端的样品垫，观察显色情况，再进行结果判定。若试剂盒冷藏保存，则使用前需恢复至实验环境温度。

（2）质控实验。每批样品应同时进行空白实验和加标质控实验。

（3）空白实验。称取空白试样，与样品的操作步骤相同操作。

（4）加标质控实验。谷物样品：准确称取空白样品5.00 g（精确至0.01 g）置于50 mL具塞离心管中，加入250 μL赭曲霉毒素A标准中间液B（0.1 μg/mL），使谷物中的赭曲霉毒素A浓度为5 μg/kg，与样品的操作步骤相同操作。

三、数据记录与处理

（1）结果判定。通过对比质控线（C线）和检测线（T线）的颜色深浅进行结果判定，如图2-2所示。

无效：控制线（C线）不显色，无论检测线（T线）是否显色，表明操作不正确或试纸条已失效，检测结果无效。

阳性结果：控制线（C线）显色，检测线（T线）不显色或颜色浅于控制线（C线），表明样品中赭曲霉毒素A高于方法检测限，判为阳性。

阴性结果：控制线（C线）显色，检测线（T线）颜色深于控制线（C线）或与控制线（C线）颜色基本一致，表明样品中赭曲霉毒素 A 低于方法检测限，判为阴性。

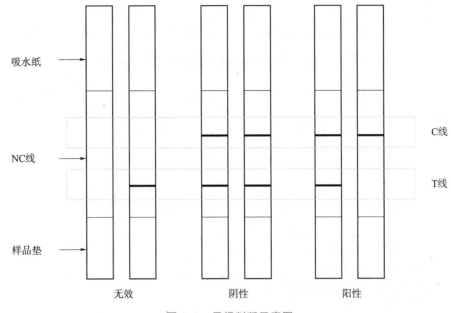

图 2-2　目视判断示意图

（2）将赭曲霉毒素 A 含量快速测定结果的原始数据填入表 2-7 中。

表 2-7　赭曲霉毒素 A 含量快速测定原始记录表

赭曲霉毒素 A 快速测定原始记录表								
样品名称	样品状态	检测方法依据	检测仪器		环境状况	检测地点	检测日期	备注
			名称	编号				
					温度：　　　℃ 相对湿度：　　%		年　月　日	
样品编号	样品基质	样品名称	检测卡判读		结果判定			
			C 线： T 线：		阳性或者阴性			
			C 线： T 线：		阳性或者阴性			
检测			校核					

四、注意事项

（1）称样前应充分混合样品，保证待测样品的代表性。

（2）检测卡在每次检测时应出现质控色带，质控色带最迟在加样后 2 min 内显现。

（3）需要对本方法筛查出来的阳性样品进行确认时，应采用《食品安全国家标准　食品中赭曲霉毒素 A》（GB 5009.96—2016）中规定的测定方法验证。

五、评价与反馈

实验结束后，请按照表 2-8 中的评价要求填写考核结果。

表 2-8　赭曲霉毒素 A 快速测定考核评价表

学生姓名：　　　　　　班级：　　　　　　日期：

考核项目		评价项目	评价要求	得分
知识储备		了解竞争抑制免疫层析测定的工作原理	相关知识输出正确（1分）	
		掌握胶体金定性检测流程及使用仪器的功能	能够说出赭曲霉毒素 A 快速测定检测各部分的仪器和作用（3分）	
检验准备		能够正确准备仪器	仪器准备正确（6分）	
技能操作		能够熟练应用真菌毒素快速检测仪进行测定（样品的称量、移液枪的准确移取液体、涡旋仪的使用、离心机的使用、真菌毒素快速检测仪的使用、清洁维护等）且操作规范	操作过程规范、熟练（15分）	
		能够正确、规范记录结果并进行数据处理	原始数据记录准确、处理数据的方法正确（5分）	
课前	通用能力	课前预习任务	课前任务完成认真（5分）	
课中	专业能力	实际操作能力	能够按照操作规范进行样品的提取、稀释，移液枪移取样品准确（10分）	
			涡旋仪、离心机使用方法正确，调节方法正确（10分）	
			胶体金试纸条的正确使用（10分）	
			真菌毒素快速检测仪的使用及维护方法正确（10分）	
	工作素养	发现并解决问题的能力	善于发现并解决实验过程中的问题（5分）	
		时间管理能力	合理安排时间，严格遵守时间安排（5分）	
		遵守实验室安全规范	（仪器的使用、实验台整理等）遵守实验室安全规范（5分）	
课后	技能拓展	胶体金定量法的测定观察	正确、规范地完成操作（5分）	
		ELISA 的测定前处理	正确、规范地完成操作（5分）	
总分（100分）				

备注：不合格（<60分），合格（60~70分），良好（70~90分），优秀（>90分）。

问题思考

（1）实验误差主要来自哪几个方面？

（2）胶体金免疫层析法与胶体金快速定量法的区别是什么？

项目二　果蔬及其制品真菌毒素的快速检测

任务　水果及其制品中展青霉素的快速检测

◎ 学习目标

【知识目标】

（1）了解展青霉素检验的新技术和新方法。

（2）了解展青霉素检测的相关标准。

【能力目标】

（1）掌握高效液相色谱仪器的使用和维护。

（2）能够利用高效液相色谱仪独立完成苹果汁中展青霉素的检测。

【素养目标】

（1）培养学生自觉遵守检验规则，不盲目操作，树立规则意识，拥有严谨、认真的工作态度。

（2）培养学生良好的心理素质和职业道德素质，以及科学严谨的工作态度。

◎ 任务描述

展青霉素是一种由曲霉和青霉等真菌产生的一种次级代谢产物，对人及动物均具有较强的毒性作用，因此，《食品安全国家标准　食品中真菌毒素限量》（GB 2761—2017）中规定，果蔬汁类及其饮料的限量指标为 50 μg/kg。检测果蔬汁中展青霉素方法有同位素稀释法、液相色谱法、串联质谱法和高效液相色谱法等。本任务根据高效液相色谱法测定苹果汁中的展青霉素，此方法是国家标准检测方法，准确度高、重复性佳。

◎ 知识准备

展青霉素具有广谱抗生素的特点，易溶于水、氯仿、丙酮、乙醇及乙酸乙酯等有机溶剂，微溶于乙醚、苯，不溶于石油醚。在酸性环境中展青霉素非常稳定，在碱性条件下活性降低，具有不饱和内酯的某些特性，易与含巯基（—SH）的化合物发生反应。水果及其制品，尤其是苹果、山楂、梨、番茄、苹果汁和山楂片容易受到展青霉素的污染。进入人体内的展青霉素会通过细胞膜的透过性变化使膜的物质移动而出现异常，从而间接地引起呼吸异常。

展青霉素的测定原理：样品中的展青霉素经过提取，固相净化柱净化浓缩后，用液相色谱分离，紫外检测器检测，外标法定量。

执行标准：《食品安全国家标准　食品中展青霉素的测定》（GB 5009.185—2016）第二法高效液相色谱法，适用于以苹果为原料的水果及果蔬汁类和酒类食品中展青霉素含量的测定。本方法测定苹果汁检出限为 6 μg/kg，定量限为 20 μg/kg。

任务实施

一、仪器设备和材料

（1）高效液相色谱仪：配紫外检测器。
（2）展青霉素多功能净化柱。
（3）电子天平：分度值 0.1 g。
（4）展青霉素标准品：10 μg/mL。
（5）匀浆机。
（6）粉碎机。
（7）分样筛：1 mm。
（8）涡旋振荡器：2 500 r/min。
（9）旋转蒸发仪。
（10）离心机：转速≥4 000 r/min。
（11）氮吹仪。
（12）量筒：1 000 mL。
（13）移液器或移液管。
（14）离心管：50 mL。
（15）容量瓶：5 mL/100 mL。
（16）四氢呋喃：色谱纯。
（17）乙腈：色谱纯。
（18）乙酸：色谱纯。
（19）耗材：离心管、一次性手套、枪头。

二、操作步骤

1. 溶液配置

（1）0.8%四氢呋喃水溶液：用量筒量取 992 mL 水，加入 8 mL 四氢呋喃混匀。
（2）标准系列工作溶液：分别准确移取标准品溶液至 5 mL 容量瓶，用乙酸溶液定容至刻度，配制展青霉素浓度为 5 ng/mL、10 ng/mL、25 ng/mL、50 ng/mL、100 ng/mL、150 ng/mL、200 ng/mL、250 ng/mL 系列标准溶液。

2. 试样的制备

（1）提取：准确称取 4.00 g 样品于 50 mL 离心管中，加入 21 mL 乙腈，混合均匀，用离心机在 4 000 r/min 转速下离心 5 min，待净化。
（2）净化：移取 10 mL 净化液过多功能净化柱，收集流出液；取 6.25 mL 流出液加入

10 μL 乙酸；在 40 ℃下氮气吹干；用 1 mL 流动相溶解残渣，涡旋 30 s，经 0.22 μm 滤膜过滤后，转移至样品瓶用于高效液相色谱分析。

3. 样品的测定

（1）高效液相色谱仪器条件。色谱柱：C18，5 μm，4.6×250 mm；流动相：0.8%四氢呋喃水溶液；流速：1.5 mL/min；柱温：30 ℃；进样量：50 μL；紫外检测器波长：276 nm。

（2）标准曲线的制作：将标准系列溶液由低到高浓度依次进样检测，以标准溶液的浓度为横坐标，以峰面积为纵坐标绘制标准曲线。

（3）测定：将样品溶液注入高效液相色谱仪中可测得响应的峰面积，由标准曲线得到样品溶液中的展青霉素的浓度。

三、数据记录与处理

样品中展青霉素的含量计算式为

$$X = \frac{\rho V}{m} f \qquad (2-2)$$

式中，X——样品中展青霉素的含量，μg/kg 或 μg/L；

ρ——由标准曲线得到的样品溶液中展青霉素的浓度，ng/mL；

V——最终定容体积，mL；

m——样品的称样量，g；

f——稀释倍数。

计算结果保留三位有效数字。

将展青霉素测定结果的原始数据填入表 2-9 中。

表 2-9　果汁中展青霉素测定原始记录表

果汁中展青霉素测定原始记录表			
样品名称			
检查项目	展青霉素	检测方法依据	GB 5009.185—2016
检验环境	温度：　　℃　相对湿度：　　%		
仪器条件	（1）色谱柱：＿＿＿＿＿＿＿＿＿＿ （2）温度　进样口：＿＿＿＿＿＿＿　检测器：＿＿＿＿＿＿＿ 柱温：＿＿＿＿＿＿＿＿＿＿ （3）气体及流量 载气：＿＿＿＿＿＿，流速为＿＿＿＿＿＿ 燃气：＿＿＿＿＿＿，流速为＿＿＿＿＿＿ 助燃气：＿＿＿＿＿＿，流速为＿＿＿＿＿＿ （4）检测器：＿＿＿＿＿＿，进样量：＿＿＿＿＿＿μL 进样方式：＿＿＿＿＿＿＿＿＿＿		
重复次数	1	2	3
取样量 m/g	10.00	10.00	10.00
提取溶剂总体积 V_1/mL			

吸取出用于检测的提取溶液的体积 V_2/mL				
样品溶液定容体积 V_3/mL				
标准溶液中展青霉素的质量浓度/(μg·mL^{-1})				
展青霉素	标样峰保留时间/min			
	样品峰保留时间/min			
	标样峰面积 A 标			
	空白样品峰面积 A_0			
	样品峰面积 A 样			
	测定值 ω/(mg·kg^{-1})			
	平均值 ω/(mg·kg^{-1})			
	RSD(%)			

四、注意事项

（1）选择流动相时应注意过滤溶剂。在使用溶剂前，一定要用 0.5 μm 的过滤器过滤，如果使用固体化学试剂（缓冲盐）配制流动相，则过滤特别重要，不能让固体微粒污染泵，阻塞进样器和柱头过滤片。实验室有水溶性和脂溶性两种过滤膜供选择（反光面朝上），过滤水溶性流动相时（如甲醇/水），先用 1~2 mL 甲醇润湿过滤膜，有助于快速抽滤。

（2）注意保持储液瓶的清洁。用普通溶剂瓶作流动相储液器应不定期废弃瓶子，最后一次应用 HPLC 级的水或溶剂清洗，不能在清洗过程中留下污迹。

（3）注意保证溶剂的质量。一定要用 HPLC 级的溶剂，水也应达到 HPLC 级，还要使用高纯度的缓冲盐。

（4）注意流动相脱气不充分。

（5）毒素对人体有害，操作时应戴手套，做好防护。

（6）使用过的容器及展青霉素溶液需用次氯酸钠溶液（5%体积分数）浸泡过夜。

五、评价与反馈

实验结束后，请按照表 2-10 中的评价要求填写考核结果。

表 2-10　展青霉素检测考核评价表

学生姓名：　　　　　　　班级：　　　　　　　日期：

考核项目	评价项目	评价要求	得分
知识储备	了解展青霉素测定的工作原理	相关知识输出正确（1分）	
	掌握高效液相测定的检测流程	能够说出高校液相测定展青霉素的仪器和作用（3分）	

考核项目		评价项目	评价要求	得分
检验准备		能够正确准备仪器	仪器准备正确（6分）	
技能操作		能够熟练应用高效液相色谱进行测定（样品的称量、移液枪的准确移取液体、离心机的使用、免疫亲和柱的使用、液相色谱的使用、清洁维护等）且操作规范	操作过程规范、熟练（15分）	
		能够正确、规范记录结果并进行数据处理	原始数据记录准确、处理数据的方法正确（5分）	
课前	通用能力	课前预习任务	课前任务完成认真（5分）	
课中	专业能力	实际操作能力	能够按照操作规范进行液相色谱的操作，能够准确进行样品的提取、稀释，移液枪移取样品准确（10分）	
			离心机使用方法正确，调节方法正确（10分）	
			免疫亲和柱的操作正确（10分）	
			液相色谱的使用及维护方法正确（10分）	
	工作素养	发现并解决问题的能力	善于发现并解决实验过程中的问题（5分）	
		时间管理能力	能够准确识别展青霉素的特征峰并区分其他成分（5分）	
		遵守实验室安全规范	（仪器的使用、实验台整理等）遵守实验室安全规范（5分）	
课后	技能拓展	胶体金定量法的测定观察	正确、规范地完成操作（5分）	
		胶体金定性法的测定观察	正确、规范地完成操作（5分）	
总分（100分）				

备注：不合格（<60分），合格（60~70分），良好（70~90分），优秀（>90分）。

◎ **问题思考**

（1）样品为什么需要经过净化处理？

（2）实验误差主要来自哪几个方面？

（3）苹果汁中展青霉素超标的危害有哪些？

项目三 动物源食品真菌毒素的快速检测

任务 乳及乳制品中黄曲霉毒 M_1 的快速检测

◎ 学习目标

【知识目标】

(1) 了解黄曲霉毒素 M_1 检验的新技术和新方法。

(2) 了解黄曲霉毒素 M_1 检测的相关标准。

【能力目标】

(1) 掌握酶标仪的使用和维护。

(2) 能够利用酶标仪独立完成牛奶中黄曲霉毒素 M_1 的检测。

【素养目标】

(1) 严格执行标准，真实记录结果，树立检验规则意识，团结协作，拥有严谨、认真的工作态度和公正求实的职业道德，增强心理素质并提高职业道德。

(2) 充分理解"量变会产生质变"，凡事都要讲究适度原则，增强逻辑思维、理论联系实际的能力，出具科学、可靠、真实、准确的检验数据。

◎ 任务描述

众所周知，奶及奶制品不仅能提供脂肪和蛋白质等营养成分，还能提供促进人体健康的功能活性物质，具有基础营养和活性营养双重营养功能。2022 年，中国人均乳制品消费量折合生鲜乳为 42 kg，按照《中国居民膳食指南（2022）》中推荐的每日 300 g 奶制品摄入量的最低水平计算，也仅达到推荐量的 38.4%，乳制品消费量仍有巨大的增长空间。因此，乳及乳制品的质量安全则十分重要。

奶牛的饲料（如玉米、棉籽、花生粕、饲草、青储玉米等）容易受到黄曲霉毒素的污染，黄曲霉毒素通过肠道吸收，在泌乳牛体内，黄曲霉毒素 B_1 可转化成黄曲霉毒素 M_1 存在于奶中。《食品安全国家标准 食品中真菌毒素限量》（GB 2761—2017）中规定，乳及乳制品中黄曲霉毒素 M_1 的限量指标为 0.5 μg/kg。牛奶中黄曲霉毒素 M_1 检测方法有液相色谱-串联质谱法、高效液相色谱法、酶联免疫吸附法、胶体金免疫层析试纸条法等。本任务要求根据酶联免疫吸附法测定牛奶中黄曲霉毒素 M_1，此方法样品处理简单、检测结果准确。

◎ 知识准备

黄曲霉毒素 M_1 测定原理：本试剂盒采用间接竞争 ELISA 方法，在酶标板微孔上预包被黄曲霉毒素 M_1 抗原，样本中黄曲霉毒素 M_1 和此抗原竞争黄曲霉毒素 M_1 抗体（抗试剂），同时黄曲霉毒素 M_1 抗体与酶标二抗（酶标物）相结合，经 TMB 底物显色，样本吸光度值与其含有的黄曲霉毒素 M_1 的量呈负相关，将其与标准曲线比较再乘以其对应的校准系数即可得出样本中黄曲霉毒素 M_1 的含量。执行标准：《食品安全国家标准　食品中黄曲霉毒素 M 族的测定》（GB 5009.24—2016）中的酶联免疫吸附筛查法。本方法适用于乳及乳制品中黄曲霉毒素 M_1 的筛查测定，牛奶样本方法检出限为 5 ng/kg。

任务实施

一、仪器设备和材料

（1）酶标仪：450/630 nm。

（2）振荡器。

（3）恒温培养箱：（室温能达到 25 ℃ 可不选）

（4）天平：分度值 0.01 g。

（5）刻度移液管：10 mL。

（6）洗耳球。

（7）超声波清洗机。

（8）聚苯乙烯离心管：2 mL、7 mL、50 mL。

（9）微量移液器：单道 10~100 μL、100~1 000 μL，多道 30~300 μL。

（10）耗材：枪头、一次性手套。

视频资源 2-3-1

二、操作步骤

1. 检测仪准备

（1）仪器：打开酶标仪，设置检测样本信息等内容。

（2）洗涤液：用去离子水将浓缩洗涤液（10×）按 1∶9 体积比进行稀释，即 1 份浓缩洗涤液（10×）加 9 份去离子水，混匀备用。

2. 试样的制备

取生鲜乳或成品奶样本于 25 ℃ 环境放置 30 min 左右，待样本回温充分后，取 30 μL 用于分析。

3. 样品的测定

将所需试剂从冷藏环境中取出，置于室温（20~25 ℃）平衡 30 min 以上。注意，每种液体试剂在使用前均须摇匀。

取出需要数量的微孔板，将不用的微孔板放进原锡箔袋中，并且与提供的干燥剂一起重新密封，保存于 2~8 ℃ 环境中，切勿冷冻。

（1）编号：将样本和标准品对应微孔按序编号，每个样本和标准品做两孔平行，并记录标准孔和样本孔所在的位置。

（2）加标准品/样品：加标准品/样本 30 μL 到对应的微孔中，然后加入黄曲霉毒素 M_1 抗试剂 70 μL/孔，轻轻振荡混匀，用盖板膜盖板后，置 25 ℃ 避光环境中反应 15 min。

（3）洗板：小心揭开盖板膜，将孔内液体甩干，用洗涤液 250 μL/孔，充分洗涤 4~5

次，每次间隔 10 s，用吸水纸拍干（拍干后未被清除的气泡可用未使用过的枪头戳破）。

（4）加酶标物：加入黄曲霉毒素 M_1 酶标物 100 μL/孔，轻轻振荡混匀，用盖板膜盖板后，置 25 ℃ 避光环境中反应 15 min。

取出后重复洗板步骤。

（5）显色：加入底物液 100 μL/孔，轻轻振荡混匀，用盖板膜盖板后，置 25 ℃ 避光环境中反应 15 min。

（6）测定：加入终止液 50 μL/孔，轻轻振荡混匀，设定酶标仪于 450 nm 处（建议用双波长 450/630 nm 检测，请在 5 min 内读完数据），测定每孔的 OD 值。

三、数据记录与处理

使用 4 参数方法（4P）构建标准曲线，从标准曲线中读出稀释后样本中黄曲霉毒素 M_1 的浓度，再乘以其相应的校准系数即可得到样本中黄曲霉毒素 M_1 的含量。将黄曲霉毒素 M_1 含量快速测定结果的原始数据填入表 2-11 中。

表 2-11　黄曲霉毒素 M_1 酶联免疫试剂盒快速测定原始记录表

黄曲霉毒素 M_1 酶联免疫试剂盒快速测定原始记录表								
样品名称	样品状态	检测方法依据	检测仪器		环境状况	检测地点	检测日期	备注
			名称	编号				
					温度：　　℃ 相对湿度：　　%		年　月　日	
样品编号	实验次数	样品质量 m/g	稀释倍数 B	测定结果 X/(mg·kg^{-1})	平均值/ (μg·kg^{-1})	修约值/ (μg·kg^{-1})	平行允差/ (μg·kg^{-1})	实测差/ (μg·kg^{-1})
检测					校核			

四、注意事项

（1）反应终止液为 1 mol/L 硫酸，避免接触皮肤。

（2）发色试剂有任何颜色，均表明发色剂变质，应当弃之。当 0 标准的吸光度（450/630 nm）值小于 0.5（A450 nm<0.5）时，表示试剂可能变质。

（3）在加入底物液后，一般显色时间为 15 min 即可。若颜色较浅，则可延长反应时间到 20 min（不能超过 20 min）。反之，则减短反应时间。

（4）如果发现阳性检测结果，需要使用法定的确证方法对检测结果进行确证。

五、评价与反馈

实验结束后，请按照表 2-12 中的评价要求填写考核结果。

表 2-12 黄曲霉毒素 M_1 酶联免疫试剂盒考核评价表

学生姓名： 班级： 日期：

考核项目		评价项目	评价要求	得分
知识储备		了解黄曲霉毒素 M_1 测定的工作原理	相关知识输出正确（1分）	
		掌握黄曲霉毒素 M_1 检测流程及使用仪器的功能	能够说出黄曲霉毒素 M_1 酶联免疫检测各部分的仪器和作用（3分）	
检验准备		能够正确准备仪器	仪器准备正确（6分）	
技能操作		能够熟练应用酶标仪进行测定（样品的称量、移液枪的准确移取液体、涡旋仪的使用、离心机的使用、酶标仪的使用、清洁维护等）且操作规范	操作过程规范、熟练（15分）	
		能够正确、规范记录结果并进行数据处理	原始数据记录准确、处理数据正确（5分）	
课前	通用能力	课前预习任务	课前任务完成认真（5分）	
课中	专业能力	实际操作能力	能够按照操作规范进行酶联免疫操作，能够准确进行样品的提取、稀释，移液枪移取样品准确（10分）	
			涡旋仪、离心机使用方法正确，调节方法正确（10分）	
			准确完成加标准品/样品→洗板→加酶标物→显色→测定的过程（10分）	
			酶标仪的使用及维护方法正确（10分）	
	工作素养	发现并解决问题的能力	善于发现并解决实验过程中的问题（5分）	
		时间管理能力	合理安排时间，严格遵守时间安排（5分）	
		遵守实验室安全规范	（仪器的使用、实验台整理等）遵守实验室安全规范（5分）	
课后	技能拓展	胶体金定量法的测定观察	正确、规范地完成操作（5分）	
		胶体金定性法的测定观察	正确、规范地完成操作（5分）	
总分（100分）				

备注：不合格（<60分），合格（60~70分），良好（70~90分），优秀（>90分）。

问题思考

（1）实验误差主要来自哪几个方面？

（2）牛奶中黄曲霉毒素 M_1 的来源是什么？

（3）牛奶中黄曲霉毒素 M_1 超标的危害有哪些？

案例介绍

通过手机扫描二维码获取真菌毒素的相关安全事件案例，利用网络资源总结真菌毒素的产生条件，预防真菌毒素的污染。

拓展资源

利用互联网、国家标准、微课等拓展所学任务，查找资料，加深对相关知识的理解。

模块二案例

模块二拓展资源

模块三　食品中微生物的快速检测

　　食品微生物检测作为食品卫生管理和安全性评价的指标越来越受到重视。食品微生物检测是指运用微生物学、化学、统计学的理论和方法，检测食品中微生物的总量、种类、性质或者某种微生物的数量、性质，并作为人体健康的评价指标，判断食品是否符合质量标准及可否食用的方法。同时，食品微生物检测也可根据对特定的食物中微生物的检测分析，制定出预防食物中毒的对策，提高食品安全标准。

　　食品微生物检测的范围主要包括生产环境的检测，原材料、辅料的检测，食品加工、运输、销售、储存环境的检测，食品本身的微生物检测。其中，生产环境包括生产食品的车间，包括车间的地面、空气、水、墙壁，车间内的流水线、仪器设备及其他接触面等；原材料、辅料包括食品生产环节中用到的一些动物、植物原料及其他食品添加剂等；食品加工、运输、销售、储存环境包括相关从业人员卫生和健康状况，加工用工具、器具，食品包装用材料、器具，运输用设备、车辆，销售及储存的环境；对食品本身的检测包括出厂时的检测及引起食物中毒食品的检测。

　　《食品安全国家标准　预包装食品中致病菌限量》（GB 29921—2021）中规定了预包装食品中致病菌指标及其限量要求和检验方法；《食品安全国家标准 散装即食食品中致病菌限量》（GB 31607—2021）中规定了散装即食食品中致病菌指标及其限量要求和检验方法。

　　由于微生物污染的普遍性和危害的严重性，每年的食品安全监督抽检均包含微生物的检测。《国家食品安全监督抽检实施细则》（2023 年版）中规定检测的微生物种类主要有菌落总数、大肠菌群、霉菌酵母、金黄色葡萄球菌、副溶血性弧菌、单核细胞增生李斯特氏菌、阪崎肠杆菌、致泻性大肠埃希菌等，涉及乳与乳制品、肉与肉制品、粮食加工品、水产品、婴幼儿食品、调味品、饮料、罐头等17 大类食品。目前常用的检测微生物的方法有传统培养及生化法、测试片法、免疫法、分子检测方法、自动化微生物快速培养与鉴定系统等，其中，传统培养法、测试片法和 PCR 法最为常用。

模块三
课件 PPT

项目一 食品中微生物的检测——测试片法

任务一 食品中菌落总数的测定——测试片法

◎ 学习目标

【知识目标】

(1) 了解哪些食品需要检测菌落总数。

(2) 了解菌落总数测试片的技术原理。

【能力目标】

(1) 掌握菌落总数测试片操作流程。

(2) 掌握菌落总数测试片结果的判读。

(3) 能够熟练使用菌落总数测试片测定食品中的菌落总数。

【素养目标】

(1) 注重团队合作，在实验中相互配合，共同完成任务。通过实践中的团队合作，提高团队合作精神和沟通协调能力，增强团队意识和合作能力。

(2) "博学之、审问之、慎思之、明辨之、笃行之"，不断强化实践能力和专业素养。

◎ 任务描述

菌落总数是指食品经过处理，在一定条件下（如培养基、培养温度和培养时间等）培养后，所得每 g（mL）食品中形成的微生物菌落总数。菌落总数测定是用来判定食品样品被微生物污染的程度及卫生质量的，尤其某些对环境因素（如干燥、加热等）抵抗力强的微生物（如芽孢类）可在食品样品中长期存活，此检测结果常常是食品样品生产加工过程中卫生状况的客观记录，且检测结果可用于评价被检样品的卫生状况，菌落总数的多少在一定程度上标志着食品样品在生产、运输、储存等环节卫生质量的优劣。

我国标准法规中规定了 30 多种（类）食品中菌落总数的限量要求，涉及乳制品、肉制品、饼干、蛋制品、淀粉制品、豆制品、方便食品、蜂产品、糕点、可可及焙烤咖啡产品、冷冻饮品、粮食加工品、食品添加剂、薯类和膨化食品、水产制品、速冻食品、特殊膳食食品、调味品、饮料、婴幼儿配方食品、特殊医学用途配方食品、糖果制品等产品。本任务要求使用菌落总数测试片测定食品中菌落总数，此方法操作简单，无须配置培养基，结果容易判读。

◎ 知识准备

测定原理： 菌落总数测试片和快速菌落总数测试片为预制型的培养基，主要营养成分与平板计数琼脂培养基一致，添加了功能性成分（显色剂、冷水可凝胶等），微生物在测试片上生长时产生的代谢产物与测试片培养基中的指示剂发生化学反应，从而使形成的微生物菌落着色。

操作流程：使用菌落总数测试片测定样本，操作流程如图 3-1 所示。

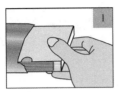
沿虚线剪开，打开封口，取出适量测试片

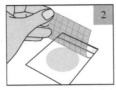
测试片平放在水平实验台上，缓慢揭开上膜

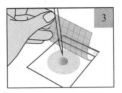
将1 mL样品匀液垂直滴加在测试片中心区域

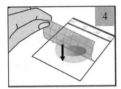
缓慢盖上上膜，尽量避免气泡的产生

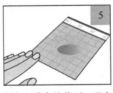
允许上膜直接落下，避免上膜的上下运动

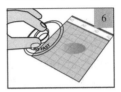
将压板放在测试片中央。加样后即刻压板，加一片压一片

轻轻压下，使样液均匀分布于圆形培养基上

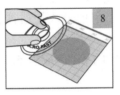
拿起压板，至少静置2 min，再移动测试片

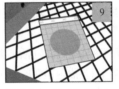
将测试片正置于培养箱中培养，最多可堆放20片

图 3-1　菌落总数测试片操作流程

任务实施

一、仪器设备和材料

除微生物实验室中的常规灭菌及培养设备外，需要准备的其他设备和材料如下。

（1）恒温培养箱：（36±1）℃，（30±1）℃。

（2）电子天平：分度值 0.1 g。

（3）均质器。

（4）冰箱：2~8 ℃。

（5）涡旋混匀仪。

（6）pH 计或精密 pH 试纸。

（7）微量移液器。

（8）菌落计数装置。

（9）MicroFast® Premium 系列快速菌落总数测试片和快速菌落总数测试片。

（10）无菌磷酸盐缓冲液。

（11）无菌生理盐水。

（12）1 mol/L NaOH 溶液。

（13）1 mol/L HCl 溶液。

（14）无菌吸管：1 mL（具 0.01 mL 刻度）、10 mL（具 0.1 mL 刻度）。

（15）无菌均质杯或均质袋。

（16）测试片压板。

（17）无菌吸头 1 mL。

（18）无菌锥形瓶：250 mL、500 mL。

二、操作步骤

1. 样品的制备

固体和半固体样品：称取 25.0 g 样品置于盛有 225 mL 磷酸盐缓冲液或生理盐水的无菌均质杯内，8 000~10 000 r/min 均质 1~2 min，或放入盛有 225 mL 磷酸盐缓冲液或生理盐水的无菌均质袋中，用拍击式均质器拍打 1~2 min，制成 1：10 的样品匀液。

液体样品：以无菌吸管吸取 25 mL 样品置于盛有 225 mL 磷酸盐缓冲液或生理盐水的无菌锥形瓶（瓶内预置适当数量的无菌玻璃珠）中，充分混匀，或放入盛 225 mL 磷酸盐缓冲液或生理盐水的无菌均质袋中，用拍击式均质器拍打 1~2 min，制成 1：10 的样品匀液。

样品匀液（液体样品包括原液）的 pH 值应为 5.0~8.5，必要时用 1 mol/L NaOH 或 1 mol/L HCl 调节样品匀液的 pH 值。

2. 样品的稀释

无菌操作，吸取 1：10 样品匀液 1 mL，沿管壁缓慢注于盛有 9 mL 磷酸盐缓冲液或生理盐水的无菌试管中（注意吸管或吸头尖端不要触及液面），在涡旋混匀仪上混匀，制成 1：100 的样品匀液，以此类推，制备 10 倍系列稀释样品匀液，每稀释一次，换用 1 支 1 mL 无菌吸管或吸头。

3. 接种

根据对样品微生物污染状况的估计，选择 2~3 个适宜的连续稀释度样品匀液进行接种检测（液体样品包括原液）。每个稀释度接种两张测试片。

测试片使用前，平衡至室温。测试片平放在水平实验台上，缓慢揭开上膜。将 1 mL 样品匀液垂直滴加在测试片中心区域。缓慢盖上上膜，尽量避免气泡的产生。将压板放在测试片中央，轻轻压下，使样液均匀分布于圆形培养基上，拿起压板，静置 2 min，再移动测试片。从样品稀释开始至测试片接种完毕的时长不应超过 20 min。吸取 1 mL 磷酸盐缓冲液或生理盐水接种两张测试片作空白对照。

4. 培养

（1）菌落总数测试片法。将测试片正置于培养箱内，最多可堆叠至 20 片。置于（36±1）℃下，培养（48±2）h，水产品置于（30±1）℃下，培养（72±3）h。

（2）快速菌落总数测试片法。将测试片正置于培养箱内，最多可堆叠至 20 片。置于（36±1）℃下，培养（24±2）h。

5. 计数

肉眼观察，必要时使用菌落计数装置，计数菌落总数测试片上的红色菌落或快速菌落总数测试片上的红色和蓝色菌落。记录稀释倍数和相应的菌落数量，菌落计数以菌落形成单位（Colony Forming Unit，CFU）表示。

选取菌落数在30~300 CFU的测试片进行计数；低于30 CFU的测试片记录具体菌落数；当测试片上菌落数多至无法计数时，即菌落总数测试片整片变成红色，快速菌落总数测试片整片变成红色或蓝色，记录为"多不可计"。

6. 结果与报告

结果的计算方法和报告规则按照《食品安全国家标准　食品微生物学检验菌落总数测定》（GB 4789.2—2022）中的规定执行。

视频资源 3-1-1

三、数据记录与处理

将菌落总数快速测定结果的原始数据填入表3-1中。

表3-1　菌落总数快速测定原始记录表

菌落总数快速测定原始记录表								
样品名称	样品状态	检测方法依据	检测仪器		环境状况	检测地点	检测日期	备注
			名称	编号				
					温度：　　℃ 相对湿度：　　%		年　月　日	
样品编号	样品基质	样品名称	稀释梯度	测试片结果 $X/(CFU \cdot g^{-1})$	计算结果/$(CFU \cdot g^{-1})$			
乳制品	巴氏杀菌乳	1-1	10 倍-1					
			10 倍-1					
			100 倍-1					
			100 倍-1					
检测				校核				

四、注意事项

（1）揭开上膜时，不要触碰培养基检测区域。

（2）测试片正置培养，叠放片数不宜超过20片。

（3）计数时，可使用记号笔或菌落计数器，当菌落数量过多，计数困难时，可选择几个具有代表性菌落的小方格，计算平均菌落数，再乘以24，即可估算到整个测试片的估算菌落数。

（4）请勿将测试片放置于紫外线或日光下直射，也不要将测试片长时间放置于荧光灯下。

（5）不要使用已污染的测试片。

（6）使用后的测试片请高压蒸汽灭菌后再按照相关法律法规处理。

五、评价与反馈

实验结束后，请按照表3-2中的评价要求填写考核结果。

表 3-2 菌落总数快速测定考核评价表

学生姓名：　　　　　　　　班级：　　　　　　　　日期：

考核项目		评价项目	评价要求	得分
知识储备		了解菌落总数测试片的技术原理	相关知识输出正确（1分）	
		了解哪些食品需要检测菌落总数	能够说出需要检测菌落总数的食品种类（3分）	
检验准备		能够正确准备仪器	仪器准备正确（6分）	
技能操作		能够熟练掌握测试片法的各个操作步骤，包括样品的采集、处理、接种、培养、计数等，能够独立完成食品中菌落总数的测定工作	操作过程规范、熟练（15分）	
		能够通过观察菌落形态、数量等特征，分析不同食品中菌落总数的差异，了解食品卫生质量状况，为食品安全监管提供科学依据	能够准确记录菌落形态、数量等特征（5分）	
课前	通用能力	课前预习任务	课前任务完成认真（5分）	
课中	专业能力	实际操作能力	能够熟练掌握食品样品的采集方法，包括正确的采样工具、采样部位和采样量等（10分）	
			能够正确使用测试片法所需的实验设备，如培养箱、显微镜等（10分）	
			能够按照测试片法的操作步骤进行实验，包括接种、培养、菌落计数等（10分）	
			菌落计数装置的使用及维护方法正确（10分）	
	工作素养	团队协作和沟通能力	在实验过程中，学生能够与团队成员有效沟通，协作完成实验任务，培养团队协作和沟通能力（5分）	
		环保意识	正确处理实验废弃物，保护环境和自身安全（5分）	
		遵守实验室安全规范	（仪器的使用、实验台整理等）遵守实验室安全规范（5分）	
课后	技能拓展	倾注法的测定前处理	正确、规范地完成操作（5分）	
		涂布法的测定观察	正确、规范地完成操作（5分）	
总分（100分）				

备注：不合格（<60分），合格（60~70分），良好（70~90分），优秀（>90分）。

（1）菌落总数测试片计数范围是多少？如果菌落过多，则应如何计数？

（2）实验误差主要来自哪几个方面？

（3）食品中菌落总数超标的危害有哪些？

任务二　食品中大肠菌群计数——测试片法

⚙ 学习目标

【知识目标】

（1）了解哪些食品需要检测大肠菌群。

（2）了解大肠菌群测试片的技术原理。

【能力目标】

（1）掌握大肠菌群测试片操作流程。

（2）掌握大肠菌群测试片结果的判读。

（3）能够熟练使用大肠菌群测试片测定食品中菌落总数。

【素养目标】

（1）树立创新思维，大肠菌群的测定是一项需要进行实验设计和数据分析的实验，需要运用创新思维，设计出更好的实验方案。

（2）大肠菌群的测定是一项涉及肠道指示菌的实验，需要正确处理大肠菌群，树立卫生环保意识。

⚙ 任务描述

大肠菌群是一些具有与粪便污染物产生的细菌相似特征的细菌，它由肠杆菌科（Enterobacteriaceae）4个菌属组成，包括埃希氏菌属（Escherichia）、柠檬酸杆菌属（Citrobacter）、克雷伯菌属（Klebsiella）、肠杆菌属（Enterobacter）。它是在食品分析检验工作中衡量食品卫生状况的重要微生物指标。若食品中有粪便污染，则食品中存在着肠道致病菌污染的可能性，潜伏着食物中毒和流行病的威胁，对人体健康具有潜在的危险性，因此，检测食品中大肠菌群的状况具有特殊意义。本任务要求使用大肠菌群测试片测定食品中大肠菌群，大肠菌群测试片检测法具有操作简单、检验效率高的特点。

⚙ 知识准备

测定原理：大肠菌群测试片为预制型的培养基，菌株利用乳糖发酵产酸、产气，中性红遇酸变红，产生带气泡的菌落。

操作流程：使用大肠菌群测试片测定样本，操作流程如图3-2所示。

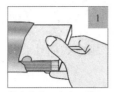
沿虚线剪开，打开封口，取出适量测试片

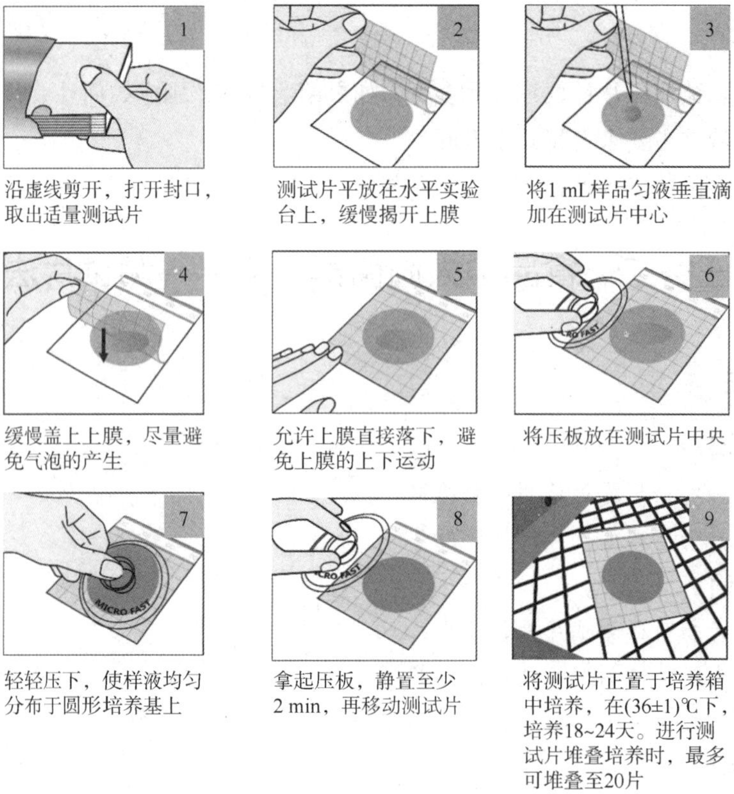

测试片平放在水平实验台上，缓慢揭开上膜

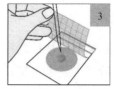
将1 mL样品匀液垂直滴加在测试片中心

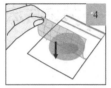
缓慢盖上上膜，尽量避免气泡的产生

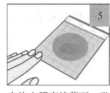
允许上膜直接落下，避免上膜的上下运动

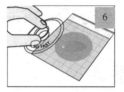
将压板放在测试片中央

轻轻压下，使样液均匀分布于圆形培养基上

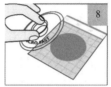
拿起压板，静置至少2 min，再移动测试片

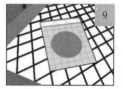
将测试片正置于培养箱中培养，在(36±1)℃下，培养18~24天。进行测试片堆叠培养时，最多可堆叠至20片

图 3-2　大肠菌群测试片操作流程

◎ 任务实施

一、仪器设备和材料

除微生物实验室中的常规灭菌及培养设备外，需要准备的其他设备和材料如下。

（1）恒温培养箱：（36±1）℃，（30±1）℃。

（2）电子天平：分度值0.1 g。

（3）均质器。

（4）冰箱：2~8 ℃。

（5）涡旋混匀仪。

（6）pH 计或精密 pH 试纸。

（7）移液器。

（8）菌落计数装置。

（9）MicroFast® 大肠菌群测试片。

（10）无菌磷酸盐缓冲液。

（11）无菌生理盐水。

（12）1 mol/L NaOH 溶液。

（13）1 mol/L HCl 溶液。

（14）无菌吸管：1 mL（具 0.01 mL 刻度）、10 mL（具 0.1 mL 刻度）。

（15）无菌均质杯或均质袋。

（16）测试片压板。

（17）无菌吸头 1 mL。

（18）无菌锥形瓶：250 mL、500 mL。

二、操作步骤

1. 样品的制备

固体和半固体样品：称取 25.0 g 样品置于盛有 225 mL 磷酸盐缓冲液或生理盐水的无菌均质杯内，8 000~10 000 r/min 均质 1~2 min，或放入盛有 225 mL 磷酸盐缓冲液或生理盐水的无菌均质袋中，用拍击式均质器拍打 1~2 min，制成 1∶10 的样品匀液。

液体样品：以无菌吸管吸取 25 mL 样品置于盛有 225 mL 磷酸盐缓冲液或生理盐水的无菌锥形瓶（瓶内预置适当数量的无菌玻璃珠）中，充分混匀，或放入盛 225 mL 磷酸盐缓冲液或生理盐水的无菌均质袋中，用拍击式均质器拍打 1~2 min，制成 1∶10 的样品匀液。

样品匀液（液体样品包括原液）的 pH 值应为 5.0~8.5，必要时用 1 mol/L NaOH 或 1 mol/L HCl 调节样品匀液的 pH 值。

2. 样品的稀释

无菌操作，吸取 1∶10 样品匀液 1 mL，沿管壁缓慢注于盛有 9 mL 磷酸盐缓冲液或生理盐水的无菌试管中（注意吸管或吸头尖端不要触及液面），在涡旋混匀仪上混匀，制成 1∶100 的样品匀液，以此类推，制备 10 倍系列稀释样品匀液，每稀释一次，换用 1 支 1 mL 无菌吸管或吸头。

3. 接种

根据对样品微生物污染状况的估计，选择 2~3 个适宜的连续稀释度样品匀液进行接种检测（液体样品包括原液）。每个稀释度接种两张测试片。

测试片使用前，平衡至室温。测试片平放在水平实验台上，缓慢揭开上膜。将 1 mL 样品匀液垂直滴加在测试片中心区域。缓慢盖上上膜，尽量避免气泡的产生。将压板放在测试片中央，轻轻压下，使样液均匀分布于圆形培养基上，拿起压板，静置 2 min，再移动测试片。从样品稀释开始至测试片接种完毕的时长不应超过 20 min。吸取 1 mL 磷酸盐缓冲液或生理盐水接种两张测试片作空白对照。

4. 培养

将测试片正置于培养箱内，最多可堆叠至 20 片。置于（36±1）℃下，培养 18~24 h。

5. 计数

培养后，大肠菌群显示红色菌落并带有气泡。肉眼观察，必要时使用菌落计数装置，计数范围为 15~150 CFU。菌落计数以菌落形成单位 CFU 表示。

6. 大肠菌群产气说明

（1）菌落产生的气泡，有多种情况，具体表现如下。

① 两个菌落可能与一个气泡相连。

② 一个菌落可以与一个气泡或 2~3 个气泡或多个气泡相连。

③ 可以在菌落的周边产生气泡，且不与菌落相连。

④ 气泡与菌落在同一位置，有可能会将菌落撑破，导致菌落在气泡边缘生长。

（2）其他产生气泡情况。

① 由于操作不当会产生气泡，此时气泡不与菌落相连，且气泡偏大，边缘不规则。 视频资源 3-1-2

② 泡沫丰富的样品，会导致测试片产生气泡。

7. 结果与报告

结果的计算方法和报告规则按照《食品安全国家标准 食品微生物学检验 大肠菌群计数》（GB 4789.3—2016）中规定执行。

三、数据记录与处理

将大肠菌群快速测定结果的原始数据填入表 3-3 中。

表 3-3 大肠菌群快速测定原始记录表

大肠菌群快速测定原始记录表								
样品名称	样品状态	检测方法依据	检测仪器		环境状况	检测地点	检测日期	备注
			名称	编号				
					温度： ℃ 相对湿度： %		年 月 日	
样品编号	样品基质	样品名称	稀释梯度	测试片结果 $X/(CFU \cdot g^{-1})$		计算结果/$(CFU \cdot g^{-1})$		
乳制品	巴氏杀菌乳	1-1	10 倍-1					
			10 倍-1					
			100 倍-1					
			100 倍-1					
检测					校核			

四、注意事项

（1）揭开上膜时，不要触碰培养基检测区域。

（2）尽量避免污染泡棉防溢圈内的培养基。

（3）测试片正置培养尺寸，叠放片数不宜超过 20 片。

（4）计数时，可使用记号笔或菌落计数器，当菌落数量过多，计数困难时，可选择几个具有代表性菌落的小方格，计算平均菌落数，再乘以 24，即可估算到整个测试片的菌落数。

（5）请勿将测试片放置于紫外线或日光下直射，也不要将测试片长时间放置于荧光灯下。

（6）不要使用已污染的测试片。

（7）杂菌过多时，会影响目标菌的生长与计数。

（8）用于耐热大肠菌群测定时的培养温度为 （44.5±0.2）℃。

（9）使用后的测试片请高压蒸汽灭菌后再按照相关法律法规处理。

五、评价与反馈

实验结束后，请按照表3-4中的评价要求填写考核结果。

表3-4 大肠菌群快速测定考核评价表

学生姓名：　　　　　　　　班级：　　　　　　　　日期：

考核项目		评价项目	评价要求	得分
知识储备		了解大肠菌群测试片的技术原理	相关知识输出正确（1分）	
		了解哪些食品需要检测大肠菌群	能够说出需要检测大肠菌群的食品种类（3分）	
检验准备		能够正确准备仪器	仪器准备正确（6分）	
技能操作		能够熟练掌握测试片法的各个操作步骤，包括样品的采集、处理、接种、培养、计数等，能够独立完成食品中大肠菌群的测定工作	操作过程规范、熟练（15分）	
		能够准确观察菌落形态、数量等特征	能够准确记录菌落形态、数量等特征（5分）	
课前	通用能力	课前预习任务	课前任务完成认真（5分）	
课中	专业能力	实际操作能力	能够熟练掌握食品样品的采集方法，包括正确的采样工具、采样部位和采样量等（10分）	
			能够正确使用测试片法所需的实验设备，如培养箱、显微镜等（10分）	
			能够按照测试片法的操作步骤进行实验，包括接种、培养、菌落计数等（10分）	
			菌落计数装置的使用及维护方法正确（10分）	
	工作素养	团队协作和沟通能力	在实验过程中，学生能够与团队成员有效沟通，协作完成实验任务，培养团队协作和沟通能力（5分）	
		环保意识	正确处理实验废弃物，保护环境和自身安全（5分）	
		遵守实验室安全规范	（仪器的使用、实验台整理等）遵守实验室安全规范（5分）	
课后	技能拓展	乳糖胆盐多管发酵法的测定前处理	正确、规范地完成操作（5分）	
		VRBA平板计数法的测定观察	正确、规范地完成操作（5分）	
总分（100分）				

备注：不合格（<60分），合格（60~70分），良好（70~90分），优秀（>90分）。

（1）大肠菌群测试片计数范围是多少？如果菌落过多，则应如何计数？

（2）实验误差的来源主要来自哪几个方面？

（3）食品中大肠菌群超标的危害有哪些？

任务三　食品中霉菌和酵母菌计数——测试片法

⊚ **学习目标**

【知识目标】

（1）了解哪些食品需要检测霉菌和酵母菌。

（2）了解霉菌和酵母菌测试片的技术原理。

【能力目标】

（1）掌握霉菌和酵母菌测试片操作流程。

（2）掌握霉菌和酵母菌测试片结果的判读。

（3）能够熟练使用霉菌和酵母菌测试片测定食品中菌落总数。

【素养目标】

（1）树立"食品安全责任重于泰山"的理念，提高食品安全责任感，明确自己在食品安全中的责任和义务，提高其对食品安全的责任感和使命感，积极参与食品安全工作。

（2）增强卫生环保意识，应该积极探索环保和可持续发展的实践路径，为促进社会和谐发展做出贡献。

⊚ **任务描述**

霉菌广泛分布于自然界中，是一种常见的真核微生物，可以形成各种微小的孢子，极易污染食物。霉菌的污染会导致食品营养价值下降、腐败变质，有些霉菌能够合成霉菌毒素（一种有毒的代谢产物），会引起人体各种急性和慢性中毒，有些甚至具有强烈的致癌性。因此，对食品中霉菌的检测与控制十分必要。目前，国内外对霉菌和酵母的检查方法主要有平板计数法、显色培养基计数法、流式细胞仪计数法和测试片法。其中，测试片法是一项微生物快速的检测方法，该方法操作简便，检测周期短，极大地提高了检测效率。本任务要求使用霉菌酵母测试片测定食品中的霉菌和酵母菌含量。

⊚ **知识准备**

测定原理：霉菌酵母测试片为预制型的培养基，微生物在测试片上生长时产生的代谢产物与测试片培养基中的指示剂发生化学反应，从而使形成的微生物菌落着色。采用两种特异性酶底物显色方法，并添加了显色促进因子加快菌落显色，缩短测试片检测时间；并控制霉菌菌丝蔓延生长，使菌落大小适中，霉菌和酵母菌均呈色清晰、计数准确。

操作流程：使用霉菌酵母测试片测定样本，操作流程如图3-3所示。

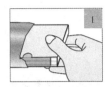
沿虚线剪开，打开封口，取出适量测试片

测试片平放在水平实验台上，缓慢揭开上膜

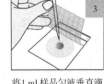
将1 mL样品匀液垂直滴加在测试片中心区域

缓慢盖上上膜，尽量避免气泡的产生

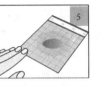
允许上膜直接落下，避免上膜的上下运动

将压板放在测试片中央。轻轻压下，使样液均匀分布于圆形培养基上

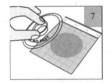
拿起压板，静置至少2 min，再移动测试片

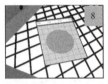
将测试片透明面向上，正置于培养箱中，在(28±1)℃下培养48 h。测试片堆叠培养时，最多不宜超过20片

图3-3　霉菌酵母测试片操作流程

任务实施

一、仪器设备和材料

除微生物实验室中的常规灭菌及培养设备外，需要准备的其他设备和材料如下。

（1）恒温培养箱：（28±1）℃。

（2）电子天平：分度值0.1 g。

（3）均质器。

（4）冰箱：2~8 ℃。

（5）涡旋混匀仪。

（6）pH 计或精密 pH 试纸。

（7）移液器。

（8）菌落计数装置。

（9）MicroFast®霉菌酵母测试片。

（10）无菌磷酸盐缓冲液。

（11）无菌生理盐水。

（12）1 mol/L NaOH 溶液。

（13）1 mol/L HCl 溶液。

（14）无菌吸管：1 mL（具 0.01 mL 刻度）、10 mL（具 0.1 mL 刻度）。

（15）无菌均质杯或均质袋。

（16）测试片压板。

（17）无菌吸头 1 mL。

（18）无菌锥形瓶：250 mL、500 mL。

二、操作步骤

1. 样品的制备

固体和半固体样品：称取 25.0 g 样品置于盛有 225 mL 磷酸盐缓冲液或生理盐水的无菌均质杯内，8 000~10 000 r/min 均质 1~2 min，或放入盛有 225 mL 磷酸盐缓冲液或生理盐水的无菌均质袋中，用拍击式均质器拍打 1~2 min，制成 1∶10 的样品匀液。

液体样品：以无菌吸管吸取 25 mL 样品置于盛有 225 mL 磷酸盐缓冲液或生理盐水的无菌锥形瓶（瓶内预置适当数量的无菌玻璃珠）中，充分混匀，或放入盛 225 mL 磷酸盐缓冲液或生理盐水的无菌均质袋中，用拍击式均质器拍打 1~2 min，制成 1∶10 的样品匀液。

样品匀液（液体样品包括原液）的 pH 值应为 5.0~8.5，必要时用 1 mol/L NaOH 或 1 mol/L HCl 调节样品匀液的 pH 值。

2. 样品的稀释

无菌操作，吸取 1∶10 样品匀液 1 mL，沿管壁缓慢注于盛有 9 mL 磷酸盐缓冲液或生理盐水的无菌试管中（注意吸管或吸头尖端不要触及液面），在涡旋混匀仪上混匀，制成 1∶100 的样品匀液，以此类推，制备 10 倍系列稀释样品匀液，每稀释一次，换用 1 支 1 mL 无菌吸管或吸头。

3. 接种

根据对样品微生物污染状况的估计，选择 2~3 个适宜的连续稀释度样品匀液进行接种检测（液体样品包括原液）。每个稀释度接种两张测试片。

测试片使用前，平衡至室温。测试片平放在水平实验台上，缓慢揭开上膜。将 1 mL 样品匀液垂直滴加在测试片中心区域。缓慢盖上上膜，尽量避免气泡的产生。将压板放在测试片中央，轻轻压下，使样液均匀分布于圆形培养基上，拿起压板，静置 2 min，再移动测试片。从样品稀释开始至测试片接种完毕的时长不应超过 20 min。吸取 1 mL 磷酸盐缓冲液或生理盐水接种两张测试片作空白对照。

4. 培养

将测试片正置于培养箱内，最多可堆叠至 20 片。置于（28±1）℃下，培养 48 h，可以根据需要延长时间加强判读。

5. 计数

培养后，酵母菌菌落较小，边界清晰，菌落显示蓝绿色，计数范围≤150 CFU。霉菌菌落较大，边缘不规则，呈蓝绿色，计数范围≤80 CFU。随培养时间延长，可能会伴随黑色、紫色等其他颜色。记录稀释倍数和相应的菌落数量，菌落计数以菌落形成单位 CFU 表示。

视频资源 3-1-3

（1）霉菌、酵母菌计数要点如下。

① 酵母菌菌落较小、颜色均一，菌落显示蓝绿色。

② 霉菌菌落较大、边缘不规则，有扩散现象，呈蓝绿色，但随着培养时间的延长，可能会出现黑色、紫色等其他颜色。

③ 测试片整片变色时，应注意观察下一稀释度的表现。若下一稀释梯度有明显菌落

（包含霉菌或酵母菌）且在最佳计数范围内，则应计数下一稀释梯度的菌落数；若无菌落，则测试片出现了污染，或者样品基质对测试片产生影响。

④ 某些食品本身含有大量的酶，与测试片发生酶反应，会产生均一的蓝色背景，但菌落的生长显色仍然可见和计数。

⑤ 某些低 pH 值环境的食品，霉菌、酵母菌的生长显色可能会受到影响，但菌落仍然可以生长并计数。此外，可以根据需要用无菌 1 mol/L NaOH 或 1 mol/L HCl 溶液调节样品溶液 pH 值至 5.5~6.8。

6. 结果与报告

结果的计算方法和报告规则按照《食品安全国家标准　食品微生物学检验　霉菌和酵母计数》（GB 4789.15—2016）中的规定执行。

三、数据记录与处理

将霉菌、酵母菌快速测定结果的原始数据填入表 3-5 中。

表 3-5　霉菌、酵母菌快速测定原始记录表

霉菌、酵母菌快速测定原始记录表								
样品名称	样品状态	检测方法依据	检测仪器		环境状况	检测地点	检测日期	备注
			名称	编号				
					温度：　　℃ 相对湿度：　　%		年　月　日	
样品编号	样品基质	样品名称	稀释梯度	霉菌测试片 结果 X/（CFU·g^{-1}）		霉菌计算结果/ （CFU·g^{-1}）	酵母菌测试片结果 X/（CFU·g^{-1}）	酵母菌计算结果/ （CFU·g^{-1}）
乳制品	发酵乳	1-1	10 倍-1					
			10 倍-1					
			100 倍-1					
			100 倍-1					
检测				校核				

四、注意事项

（1）揭开上膜时，不要触碰培养基检测区域。

（2）测试片正置培养，叠放片数不宜过多。

（3）计数时，可使用记号笔或菌落计数器，当酵母菌数量过多，计数困难时，可选择几个具有代表性菌落的小方格，计算平均菌落数，再乘以 24，即可估算到整个测试片的酵母菌数。

（4）请勿将测试片放置于紫外线或日光下直射，也不要将测试片长时间放置于荧光灯下。

（5）不要使用已污染的测试片。

（6）使用后的测试片请高压蒸汽灭菌后再按照相关法律法规处理。

（7）加样后，培养区域可能出现气泡，这是正常现象，不影响检测结果。

五、评价与反馈

实验结束后，请按照表 3-6 中的评价要求填写考核结果。

表 3-6 霉菌酵母菌快速测定考核评价表

学生姓名：　　　　　　　　　班级：　　　　　　　　　日期：

考核项目		评价项目	评价要求	得分
知识储备		了解霉菌酵母菌测试片的技术原理	相关知识输出正确（1 分）	
		了解哪些食品需要检测霉菌和酵母菌	能够说出需要检测霉菌和酵母菌的食品种类（3 分）	
检验准备		能够正确准备仪器	仪器准备正确（6 分）	
技能操作		能够熟练掌握测试片法的各个操作步骤，包括样品的采集、处理、接种、培养、计数等，能够独立完成食品中霉菌和酵母菌群的测定工作	操作过程规范、熟练（15 分）	
		能够准确观察菌落形态、数量等特征	能够准确记录菌落形态、数量等特征（5 分）	
课前	通用能力	课前预习任务	课前任务完成认真（5 分）	
课中	专业能力	实际操作能力	能够熟练掌握食品样品的采集方法，包括正确的采样工具、采样部位和采样量等（10 分）	
			能够正确使用测试片法所需的实验设备，如培养箱、显微镜等（10 分）	
			能够按照测试片法的操作步骤进行实验，包括接种、培养、菌落计数等（10 分）	
			菌落计数装置的使用及维护方法正确（10 分）	
	工作素养	团队协作和沟通能力	在实验过程中，学生能够与团队成员有效沟通，协作完成实验任务，培养团队协作和沟通能力（5 分）	
		环保意识	正确处理实验废弃物，保护环境和自身安全（5 分）	
		遵守实验室安全规范	（仪器的使用、实验台整理等）遵守实验室安全规范（5 分）	
课后	技能拓展	PCR 检测法的测定前处理	正确、规范地完成操作（5 分）	
		直接镜检法的测定观察	正确、规范地完成操作（5 分）	
总分（100 分）				

备注：不合格（<60 分），合格（60~70 分），良好（70~90 分），优秀（>90 分）。

（1）测试片上酵母数量较多时可以如何快速计数？

（2）实验误差的来源主要来自哪几个方面？

（3）酸奶中如果酵母菌超标会出现哪些变质特征？危害有哪些？

项目二 食品中微生物的检测——实时荧光 PCR 法

任务一 食品中沙门氏菌的快速检验——实时荧光 PCR 法

学习目标

【知识目标】

（1）了解哪些食品需要检测沙门氏菌。

（2）了解实时荧光 PCR 检测沙门氏菌的技术原理。

【能力目标】

（1）掌握实时荧光 PCR 检测沙门氏菌的操作流程。

（2）掌握实时荧光 PCR 检测沙门氏菌的结果判读。

（3）能够熟练使用实时荧光 PCR 检测食品中沙门氏菌。

【素养目标】

（1）在化学实验中，需要注意资源的节约利用，合理使用化学试剂。认识到环境保护和资源利用的重要性，从小事做起，从自我做起，做一个环保和资源节约的行动者。

（2）培养责任感和担当精神。在实验测定中，需要仔细观察实验现象，进行数据处理和分析，保证实验结果的准确性，具备严谨的科学态度和对待工作的责任感。

任务描述

沙门氏菌（*Salmonella*）属于革兰氏阴性兼性厌氧菌，分为邦戈沙门氏菌（*S. bongori*）和肠道沙门氏菌（*S. enterica*）两个种属，肠道亚种（*Enterica*）、萨拉姆亚种（*Salamae*）、亚利桑那亚种（*Arizonae*）、双亚利桑那亚种（*Diarizonae*）、豪顿亚种（*Houtenae*）和印度亚种（*Indica*）6 个亚种，2 600 多种血清型，是导致食源性疾病的重要致病菌之一。沙门氏菌一直是欧盟第二常见的人畜共患病致病菌，且大多数血清型来源于动物性食品。蛋、家禽和肉类产品是沙门氏菌病的主要传播媒介。沙门氏菌感染能够引发胃肠炎型、类伤寒型、败血症型、感冒型和霍乱型食物中毒，主要症状以急性肠胃炎为主，伴有发热、发冷、恶心、头痛、全身乏力、腹泻、呕吐等症状。

《食品安全国家标准 食品中改病菌限量》（GB 29921—2013）和《食品安全国家标

准　散装即食食品中改病菌限量》（GB 31607—2021）中分别对预包装食品和散装即食食品中的沙门氏菌进行了限量要求，涉及肉制品、水产制品、即食蛋制品、粮食制品、即食豆类制品、巧克力类及可可制品、即食果蔬制品、饮料、冷冻饮品、即食调味品和坚果籽实制品等食品，沙门氏菌限量要求均为 25 g（mL）不得检出。

《食品安全国家标准　食品微生物学检验　沙门氏菌检验》（GB 4789.4—2016）是目前的金标准，检验流程通常为 3～7 天。此标准在食品安全领域和保障人们健康中做出突出贡献。但是，此类方法操作较为烦琐、耗时长，不能满足快速检测需求，且其在培养基制备和接种等步骤的操作过程中对人员的技术要求较高。实时荧光 PCR 法具有准确性高、操作和判读简单的特点，可减少实验室操作步骤，降低操作不当造成的误差。本任务要求使用实时荧光 PCR 法定性测定食品中沙门氏菌。

🔘 知识准备

测定原理：采用实时荧光 PCR 技术，针对金黄色葡萄球菌特异性基因设计引物和探针。在 PCR 扩增过程中，与模板结合的探针被 Taq 酶分解产生荧光信号，荧光定量 PCR 仪根据检测到的荧光信号绘制出实时扩增曲线，从而实现金黄色葡萄球菌在核酸水平上的定性检测。相关术语如下。

Ct（Cycle Threshold）值：每个实时荧光 PCR 反应管内的荧光信号达到设定阈值时所经历的循环数。

PCR（Polymerase Chain Reaction）：聚合酶链式反应。

实时荧光 PCR（Real Time Polymerase Chain Reaction）：实时荧光聚合酶链式反应。

操作流程：使用实时荧光 PCR 法检测定食品中沙门氏菌的操作流程如图 3-4 所示。

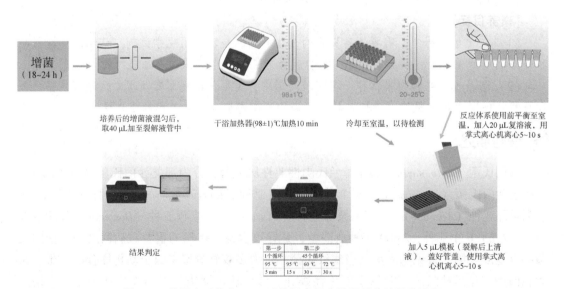

图 3-4　使用实时荧光 PCR 法检测食品中沙门氏菌的操作流程

任务实施

一、仪器设备和材料

除微生物实验室常规灭菌及培养设备外，其他设备和材料如下。

(1) 恒温培养箱：（36±1）℃。

(2) 电子天平：分度值0.1 g。

(3) 均质器（旋刀或拍击式）或等效设备。

(4) pH计或精密pH试纸：精密度0.1。

(5) 微量移液器及无菌带滤芯吸头：1~10 μL、10~100 μL、100~1 000 μL。

(6) 金属浴：（98±1）℃。

(7) 掌式离心机：转速≥3 000 r/min。

(8) 实时荧光定量PCR仪：具有FAM荧光通道。

(9) 低温冰箱：-20 ℃。

(10) MicroFast®沙门氏菌快速增菌培养基。

(11) BPW缓冲蛋白胨水。

(12) MicroFast®沙门氏菌核酸检测试剂盒。

(13) 1 mol/L NaOH溶液。

(14) 1 mol/L HCl溶液。

注：确证实验需要的其他仪器设备参照《食品安全国家标准　食品微生物学检验　沙门氏菌检验》（GB 4789.4—2016）。

二、操作步骤

1. 样品的制备和增菌

将样品平衡至室温，无菌操作称取25.0 g（mL）样品置于盛有225 mL MicroFast®沙门氏菌快速增菌培养基（或BPW缓冲蛋白胨水）的无菌均质袋或其他无菌容器中，若样品是固态或半固态，则用拍击式均质器拍打1~2 min混匀（或用旋转式均质器8 000~10 000 r/min均质1~2 min）；若样品是液态，则不需要均质，振荡混匀即可。如需调整pH值，则用1 mol/L NaOH或HCl调整pH值至6.8±0.2，如使用均质袋，则可直接进行培养；如使用均质杯或其他容器，则无菌操作将样品转移到其他培养容器内，在（36±1）℃环境下培养（24±2）h。留存的增菌液，可保存在2~8 ℃下，直至确证实验完成。

2. 实时荧光PCR检测

(1) 模板制备。

将培养后的增菌液混匀后，用移液器移取40 μL至沙门氏菌核酸检测试剂盒的裂解液管中（裂解液可在开盖前采用合适方式将管中液体集中至底部），盖好管盖，使用干浴加热器（98±1）℃加热10 min，冷却至室温，取上清液以待检测。如无法立即检测，则上清液可置于 2~8 ℃保存不超过 24 h。

（2）PCR 反应体系配置。

沙门氏菌 PCR 反应体系预制在 0.2 mL PCR 反应管中，使用前平衡至室温，用掌式离心机以 3 000 r/min 的转速离心 5~10 s，加入 5 μL 模板，盖好管盖，使用掌式离心机以 3 000 r/min 的转速离心 5~10 s，即可上机检测。

（3）PCR 扩增。

推荐反应程序如下设定：反应体系为 25 μL，在第二步每个循环在 60 ℃时检测荧光信号，检测通道选择 FAM。Ct 值是指每个实时荧光 PCR 反应管内的荧光信号达到设定阈值时所经历的循环数，PCR 的结果可根据 Ct 值大小进行判定。

3. 对照设置

每次实验都应设置空白对照、阴性对照和阳性对照。

空白对照：不含有 DNA 酶的灭菌去离子水。

阴性对照：不含沙门氏菌的样品按照检验程序进行处理后获得的核酸。

阳性对照：沙门氏菌基因组 DNA。

4. 质量控制

空白对照和阴性对照均未出现典型的扩增曲线或 Ct 值 ≥40，阳性对照出现典型的扩增曲线并且 Ct 值 <30，则检测系统正常。如果任何一种对照出现非上述正常结果，均应重做实验。

5. 结果判定

在检测系统正常的情况下，检测样品 Ct 值 ≤35 时，判定 PCR 结果为阳性；当 Ct 值 ≥40 或无 Ct 值时，判定 PCR 结果为阴性；当 Ct 值在 35~40 之间时，重复检测一次，如果 Ct 值 <40 并且曲线有明显的对数增长期，则判定 PCR 结果为阳性，否则判定 PCR 结果为阴性。

如果 PCR 结果为阴性，则直接报告阴性结果。根据《食品安全国家标准 食品微生物学检验 沙门氏菌检验》（GB 4789.4—2016）进行确证实验。

6. 确证实验

PCR 结果呈阳性的样品，按照《食品安全国家标准 食品微生物学检验 沙门氏菌检验》（GB 4789.4—2016）中规定的方法进行确证实验。

如不能及时进行确证实验，可将增菌液在 2~8 ℃下保存，不超过 72 h。

7. 结果与报告

根据 PCR 检测结果及《食品安全国家标准 食品微生物学检验 沙门氏菌检验》（GB 4789.4—2016）确证实验结果，报告 25.0 g（mL）样品中检出或未检出沙门氏菌。

8. 核酸污染防控措施

实验过程中的核酸污染防控及扩增产物处理可参考《实验室质量控制规范 食品分子生物学检测》（GB/T 27403—2008）执行。

三、数据记录与处理

将沙门氏菌快速测定结果的原始数据填入表 3-7 中。

表 3-7　沙门氏菌快速测定原始记录表

样品名称	样品状态	检测方法依据	检测仪器		环境状况	检测地点	检测日期	备注
			名称	编号				
					温度：　　℃ 相对湿度：　　%		年　月　日	

样品编号	样品基质	样品名称	是否加标菌株	PCR 结果 X （Ct 值）	结果判定 （检出/未检出）	阴性对照结果 （Ct 值）	阳性对照结果 （Ct 值）
禽肉	生禽肉/生牛肉	1-1	自然样本平行 1				
			自然样本平行 2				
			加标样本平行 1				
			加标样本平行 2				
检测				校核			

四、注意事项

（1）在实验前，请仔细阅读说明书，规范操作。

（2）本品各组成成分均不得与其他产品或不同批号产品中的相应组成成分进行混用。

（3）基因变异可能会导致假阴性结果。

（4）实验室环境污染、试剂污染、样品交叉污染都可能会造成假阳性结果。

（5）恰当处理实验过程中的废弃物和扩增产物。

五、评价与反馈

实验结束后，请按照表 3-8 中的评价要求填写考核结果。

表 3-8　沙门氏菌快速测定考核评价表

学生姓名：　　　　　　　　班级：　　　　　　　　日期：

考核项目	评价项目	评价要求	得分
知识储备	了解实时荧光 PCR 检测沙门氏菌的技术原理	相关知识输出正确（1分）	
	了解哪些食品需要检测沙门氏菌	能够说出需要检测沙门氏菌的食品种类（3分）	
检验准备	能够正确准备仪器	仪器准备正确（6分）	
技能操作	能够熟练掌握实时荧光 PCR 检测沙门氏菌操作流程，包括样品处理与增菌培养、DNA 提取、PCR 扩增、实时荧光检测等	操作过程规范、熟练（15分）	
	能够监测循环过程的荧光，及时收集荧光数据	能够分析 PCR 扩增的结果（5分）	

考核项目		评价项目	评价要求	得分
课前	通用能力	课前预习任务	课前任务完成认真（5分）	
课中	专业能力	实际操作能力	能够熟练样品处理与增菌培养等（10分）	
			能够正确使用培养箱、均质器等（10分）	
			能够熟练完成模板制备（10分）	
			实时荧光定量 PCR 仪的使用及维护方法正确（10分）	
	工作素养	团队协作和沟通能力	在实验过程中，学生能够与团队成员有效沟通，协作完成实验任务，培养团队协作和沟通能力（5分）	
		环保意识	正确处理实验废弃物，保护环境和自身安全（5分）	
		遵守实验室安全规范	（仪器的使用、实验台整理等）遵守实验室安全规范（5分）	
课后	技能拓展	PCR 技术法的测定前处理	正确、规范地完成操作（5分）	
		酶联免疫吸附法的测定观察	正确、规范地完成操作（5分）	
总分（100分）				

备注：不合格（<60分），合格（60~70分），良好（70~90分），优秀（>90分）。

◎ 问题思考

（1）哪些食品在增菌前需要调整 pH 值？

（2）实验误差主要来自哪几个方面？

（3）如果检测结果为疑似阳性，那么哪些操作有助于更准确地判定结果？

任务二　贝类中诺如病毒的检验——实时荧光 PCR 法

◎ 学习目标

【知识目标】

（1）了解哪些食品需要检测诺如病毒。

（2）了解实时荧光 PCR 检测诺如病毒的技术原理。

【能力目标】

（1）掌握实时荧光 PCR 检测诺如病毒的操作流程。

（2）掌握实时荧光 PCR 检测诺如病毒的结果判读。

（3）能够熟练使用实时荧光 PCR 检测贝类中的诺如病毒。

【素养目标】

（1）在化学实验中，需要注意资源的节约利用，合理使用化学试剂。学生应认识到环境保护和资源利用的重要性，从小事做起，从自我做起，成为节约资源和保护环保的行动者。

任务描述

诺如病毒属于杯状病毒科诺如病毒属，能广泛感染人、猪、鼠、牛等多种哺乳动物，是主要的食源性致病源，可引起以呕吐、腹泻为主的急性胃肠炎。诺如病毒在世界范围内均有流行，具有季节性高发、全人群普遍易感、高度变异、感染性强等特点。诺如病毒主要经粪—口途径传播，被污染的食品（如贝类等水产品、蓝莓、生菜等果蔬）是常见的传播媒介。由于食品中的诺如病毒含量低，且基质复杂，富含各种 PCR 抑制物，导致难以富集检出。

对于诺如病毒，《食品安全国家标准 食品微生物学检验 诺如病毒检验》（GB 4789.42—2016）中采用的呈实时荧光 PCR 法。本任务要求使用实时荧光 PCR 法测定贝类中诺如病毒。

知识准备

测定原理：采用实时荧光 PCR 技术，针对诺如病毒特异性基因设计引物和探针。在 PCR 扩增过程中，与模板结合的探针被 Taq 酶分解产生荧光信号，荧光定量 PCR 仪根据检测到的荧光信号绘制出实时扩增曲线，从而实现诺如病毒在核酸水平上的定性检测。相关术语如下。

Ct（Cycle Threshold）值：每个实时荧光 PCR 反应管内的荧光信号达到设定阈值时所经历的循环数。

PCR（Polymerase Chain Reaction）：聚合酶链式反应。

实时荧光 PCR（Real Time Polymerase Chain Reaction）：实时荧光聚合酶链式反应。

操作流程：使用实时荧光 PCR 法测定食品中诺如病毒的操作流程如图 3-5 所示。

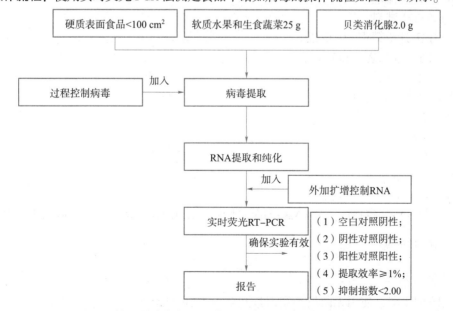

图 3-5 使用实时荧光 PCR 法测定食品中诺如病毒的操作流程

◎ 任务实施

一、仪器设备和材料

除微生物实验室常规灭菌及培养设备外，其他设备和材料如下。

（1）实时荧光 PCR 仪。

（2）冷冻离心机。

（3）无菌刀片或等效均质器。

（4）涡旋仪。

（5）电子天平：分度值为 0.1 g。

（6）振荡器。

（7）水浴锅。

（8）离心机：转速≥3 000 r/min。

（9）高压灭菌锅。

（10）低温冰箱：-80 ℃。

（11）移液器。

（12）MicroFast® 诺如病毒（GI/GII）核酸检测试剂盒（含 MS2）。

（13）病毒 RNA 提取试剂盒。

（14）外加扩增控制 RNA。

（15）Tris/甘氨酸/牛肉膏（TGBE）缓冲液。

（16）5×PEG/NaCl 溶液（500 g/L 聚乙二醇 PEG8 000，1.5 mol/L NaCl）。

（17）磷酸盐缓冲液（PBS）。

（18）氯仿/正丁醇的混合液。

（19）蛋白酶 K 溶液。

（20）75% 乙醇。

（21）Trizol 试剂。

（22）pH 计或精密 pH 试纸。

（23）网状过滤袋：400 mL。

（24）无菌棉拭子。

（25）无菌贝类剥刀。

（26）橡胶垫。

（27）无菌剪刀。

（28）无菌钳子。

（29）无菌培养皿。

（30）无 RNase 玻璃容器。

（31）无 RNase 离心管、无 RNase 移液器吸嘴、无 RNase 药匙、无 RNasePCR 薄壁管。

二、操作步骤

1. 贝类前处理

戴上防护手套，使用无菌贝类剥刀打开至少 10 种贝类。

使用无菌剪刀、手术钳或其他等效器具在胶垫上解剖出贝类软体组织中的消化腺，置于干净培养皿中。收集 2.0 g。使用无菌刀片或等效均质器将消化腺匀浆后，转移至离心管。

加入 10 μL 过程控制病毒，加 2.0 mL 蛋白酶 K 溶液，混匀。使用恒温摇床或等效装置，在 37 ℃ 下，速度为 320 次/min，振荡 60 min。

将试管放入水浴或等效装置，温度为 60 ℃，放置 15 min。室温下，用离心机以 3 000 r/min 的转速离心 5 min，将上清液转移至干净试管，测定并记录上清液 mL 数，用于后续 RNA 提取。

2. 病毒的提取和纯化

（1）病毒裂解。将病毒提取液加入离心管，加入病毒提取液等体积的 Trizol 试剂，混匀，激烈振荡，室温放置 5 min，加入 0.2 倍体积的氯仿，涡旋剧烈混匀 30 s（不能过于强烈，以免产生乳化层，也可用手颠倒混匀），用离心机以 12 000 r/min 的转速离心 5 min，上层水相移入新离心管中，不能吸出中间层。

（2）病毒 RNA 提取。离心管中加入等体积的异丙醇，颠倒混匀，室温放置 5 min，用离心机以 12 000 r/min 的转速离心 5 min，弃上清液，倒置于吸水纸上，沾干液体（不同样品须在吸水纸不同地方沾干）。

（3）病毒 RNA 纯化。样品加入等体积的 75% 乙醇，颠倒洗涤 RNA 沉淀 2 次。于 4 ℃，用离心机以 12 000 r/min 的转速离心 10 min，小心弃上清液，倒置于吸水纸上，沾干液体。或小心倒去上清液，用微量加样器将其吸干，室温干燥 3 min，不能过于干燥，以免 RNA 不溶。加入 16 μL 无 RNase 超纯水，轻轻混匀，溶解管壁上的 RNA，用离心机以 2 000 r/min 的转速离心 5 s，冰上保存备用。

3. PCR 反应操作

（1）过程控制病毒。取 20 μL MS2 过程控制（该过程控制必须与前面样本中添加的 MS2 为同一管），于 95 ℃ 加热 5 min 后在冰上冷却至室温。按照 1∶9 的比例使用标准物质稀释液进行梯度稀释（做 3 个稀释梯度），一共 4 个浓度，用于制作过程控制标准曲线。

（2）PCR 扩增。从试剂盒中取出 Nov 预混液与 Nov 酶混合液，充分融化，短暂离心。按照等比例（预混液 19 μL + 酶混液 1 μL）配置反应体系，取 20 μL 置于 PCR 管或 PCR 板中，然后将阴性对照、样品 RNA 提取液、阳性对照各取 5 μL 分别加入 PCR 管或 PCR 板中，盖好管盖或板膜，短暂离心后立即进行 PCR 扩增反应。PCR 管置于实时荧光 PCR 仪上，设定反应程序，进行 PCR 扩增反应。

4. 结果判定

满足以下条件本次检测有效。

（1）空白对照和阴性对照无扩增曲线。

（2）阳性对照在相应的检测通道有 S 形扩增曲线。

（3）过程控制病毒标准曲线 $R_2 \geq 0.98$。

（4）提取效率 ≥1%。

（5）抑制指数 <2.00（抑制指数计算参考《食品安全国家标准 食品微生物学检验 诺如病毒检验》（GB 4789.42—2016））。

视频资源 3-2-2

抑制指数计算方法：抑制指数通过比较含过程控制病毒食品样品 RNA 加入外加扩增控制 RNA 后的 Ct 值得到。具体的计算公式为：抑制指数 =（含过程控制病毒食品样品 RNA + 外加扩增控制 RNA）Ct 值 −（无 RNase 超纯水 + 外加扩增控制 RNA）Ct 值。

提取效率计算如下。

当样本原液抑制指数 <2 时，使用样本原液中 MS2 的浓度来计算提取效率；当样本原液抑制指数 ≥2 时，使用样本原液 10 倍稀释液中 MS2 的浓度来计算，对应的 MS2 初始浓

度要低 10%。

设初始 MS2 浓度为 1，实际样本中 MS2 浓度为 C，提取效率 $= CV_1V_3/(10V_2 \cdot 1) \times 100\%$（其中，$V_1$、$V_2$、$V_3$分别为病毒富集液体积、提取体积及洗脱体积）。

注 1：如果对照满足质量控制要求，提取效率与抑制指数不满足质量控制要求，则检测结果为阳性时也可酌情判定为阳性。

注 2：设样本经过前处理后获得的液体体积为 V_1，从 V_1 中取出进行 RNA 提取的液体体积为 V_2，最终溶解或洗脱 RNA 时使用的液体体积为 V_3。将 MS2 初始浓度设为 1，假设样本提取 RNA 后外加扩增控制的抑制指数小于 2，实际样本检测时 MS2 的 Ct 值在标准曲线上对应的浓度为 C，则提取效率 $=(CV_1V_3)/(10V_2 \cdot 1)$。

在检测有效的情况下，结果判定见表 3-9，其中，FAM 通道为诺如病毒 GII 检测结果，HEX 通道为诺如病毒 GI 检测结果。

表 3-9　结果判定表

通道	Ct 值	结果判断
FAM/HEX	Ct≥40	诺如病毒核酸阴性
FAM/HEX	Ct≤35	诺如病毒核酸阳性
FAM/HEX	35<Ct<40	建议重新检测，结果 Ct≥40，诺如病毒核酸阴性，否则为诺如病毒核酸阳性

5. 结果与报告

根据检测结果，报告"检出诺如病毒基因"或"未检出诺如病毒基因"。

6. 核酸污染防控措施

实验过程中的核酸污染防控及扩增产物处理可参考《实验室质量控制规范　食品分子生物学检测》（GB/T 27403—2008）执行。

三、数据记录与处理

将贝类中诺如病毒检验结果的原始数据填入表 3-10 中。

表 3-10　贝类中诺如病毒检验原始记录表

贝类中诺如病毒检验原始记录表								
样品名称	样品状态	检测方法依据	检测仪器		环境状况	检测地点	检测日期	备注
			名称	编号				
					温度：　　℃ 相对湿度：　　%		年　月　日	
样品编号	样品基质	样品名称	PCR（Ct 值）	PCR 结果（Ct 值）	结果判定（检出/未检出）	阴性对照结果（Ct 值）	阳性对照结果（Ct 值）	
1	牡蛎	1-1						
检测					校核			

四、注意事项

（1）在实验前，请仔细阅读说明书，规范操作。

（2）本品中的各组成成分均不得与其他产品或不同批号产品中的相应组成成分混用。

（3）基因变异可能会导致假阴性结果。

（4）实验室环境污染、试剂污染、样品交叉污染都可能会造成假阳性结果。

（5）恰当处理实验过程中的废弃物和扩增产物。

五、评价与反馈

实验结束后，请按照表3-11中评价要求填写考核结果。

表3-11 贝类中诺如病毒检验考核评价表

学生姓名：　　　　　　班级：　　　　　　日期：

考核项目		评价项目	评价要求	得分
知识储备		实时荧光PCR检测诺如病毒的技术原理	相关知识输出正确（1分）	
		了解哪些食品需要检测诺如病毒	能够说出需要检测诺如病毒的食品种类（3分）	
检验准备		能够正确准备仪器	仪器准备正确（6分）	
技能操作		能够熟练掌握贝类中诺如病毒检验－实时荧光PCR法操作流程，包括样品处理病毒RNA提取、纯化、实时荧光检测等	操作过程规范、熟练（15分）	
		能够根据实时荧光PCR仪提供的数据	能够分析PCR扩增的结果（5分）	
课前	通用能力	课前预习任务	课前任务完成认真（5分）	
课中	专业能力	实际操作能力	能够熟练样品处理、病毒RNA的提取等（10分）	
			能够正确使用培养箱、均质器等（10分）	
			能够熟练完成病毒RNA的纯化（10分）	
			实时荧光定量PCR仪的使用及维护方法正确（10分）	
	工作素养	团队协作和沟通能力	在实验过程中，学生能够与团队成员有效沟通，协作完成实验任务，培养团队协作和沟通能力（5分）	
		环保意识	正确处理实验废弃物，保护环境和自身安全（5分）	
		遵守实验室安全规范	（仪器的使用、实验台整理等）遵守实验室安全规范（5分）	
课后	技能拓展	荧光定量PCR法的测定前处理	正确、规范地完成操作（5分）	
		巢氏PCR法的前处理	正确、规范地完成操作（5分）	
总分（100分）				

备注：不合格（<60分），合格（60~70分），良好（70~90分），优秀（>90分）。

（1）为什么要添加过程控制病毒并计算提取效率？

（2）满足诺如病毒检验的 PCR 仪器需要具备哪几个荧光通道？

（3）在判读结果前，当提取效率和抑制率分别为多少时，实验才有效？

项目三　食品中微生物的检测——免疫法

任务　乳品中金黄色葡萄球菌肠毒素总量的检测——ELISA 法

学习目标

【知识目标】

（1）了解金黄色葡萄球菌肠毒素的主要风险。

（2）了解金黄色葡萄球菌肠毒素 ELISA 方法的技术原理。

【能力目标】

（1）掌握金黄色葡萄球菌肠毒素总量 ELISA 试剂盒操作流程。

（2）掌握金黄色葡萄球菌肠毒素总量 ELISA 试剂盒结果的判读。

（3）能够熟练使用金黄色葡萄球菌肠毒素总量 ELISA 试剂盒测定乳品中金黄色葡萄球菌肠毒素总量。

【素养目标】

（1）培养食品安全的责任心和责任感。

（2）培养学生对待食品微生物检测一丝不苟的工作态度。

任务描述

引起食源性疾病的致病因子并不是食品中污染的金黄色葡萄球菌本身，其产生的肠毒素才是罪魁祸首。肠毒素的产生与食品基质、温度、水活性、菌浓度（一般认为 105 CFU/g 以上）密切相关。金黄色葡萄球菌产生毒素的条件是必须携带产生毒素的基因，且需要达到一定的数量。其产生毒素应具备的条件如下。

（1）先决条件——携带产生毒素的基因。

（2）营养成分——食品基质有利于细菌生长和产生毒素。

（3）繁殖条件——适宜细菌生长的温度、相对湿度和充足的时间。

（4）活菌数量，如金黄色葡萄球菌一般要达到 10^5 CFU/g 或 10^5 CFU/mL 以上数量。

金黄色葡萄球菌主要污染的食品有乳制品、糕点、即食熟肉、烧烤、沙拉等。其主要污染来源是食品制作人员的鼻腔（咽喉、皮肤）、化脓部位，患乳房炎的牛、羊，土壤等。

污染食品的途径主要有以下几种。

（1）食品加工人员、炊事员或销售人员带菌，造成食品污染。

（2）食品在加工前本身带菌，或在加工过程中受到了污染，产生了肠毒素，引起食物中毒。

（3）熟食制品包装不密封，运输过程中受到污染。

（4）奶牛患化脓性乳房炎或禽畜局部化脓时，对原奶、胴体的污染。

《食品安全国家标准　预包装食品中致病菌限量》（GB 29921—2021）中规定了 8 类（种）食品需要检测金黄色葡萄球菌。虽然没有规定肠毒素的检测要求，但越来越多的食品加工企业认识到其风险，会对其原料进行检测。

本任务要求使用金黄色葡萄球菌肠毒素总量试剂盒测定乳及乳制品中的肠毒素。

◎ 知识准备

测定原理：采用双抗体夹心 ELISA 方法，在酶标板微孔上预包被金黄色葡萄球菌肠毒素总量抗体，预包被的肠毒素总量抗体与抗试剂同时与样本中的肠毒素结合，再与酶标物结合，最终形成抗体—肠毒素—抗体—酶标物复合物，经 TMB 底物显色，样本吸光度值与金黄色葡萄球菌肠毒素的含量呈正相关。

◎ 任务实施

一、仪器设备和材料

除微生物实验室常规灭菌及培养设备外，其他设备和材料如下。

（1）微孔板酶标仪 450/630 nm。

（2）涡旋仪。

（3）恒温培养箱。

（4）电子天平：分离值 0.01 g。

（5）低温离心机：转速 ≥10 000 r/min。

（6）移液器：单道 10~100 μL、100~1 000 μL，多道 30~300 μL。

（7）金黄色葡萄球菌肠毒素总量试剂盒。

（8）去离子水。

（9）聚苯乙烯离心管：2 mL、7 mL、15 mL、50 mL。

（10）枪头：10~100 μL、100~1 000 μL、30~300 μL。

二、操作步骤

1. 溶液的配制

配置洗涤工作液，用去离子水将浓缩洗涤液（10×）按 1∶9 体积比进行稀释，即 1 份浓缩洗涤液（10×）中加 9 份去离子水。

2. 样本前处理

（1）生鲜奶、成品奶样本处理方法：取适量样本于 50 mL 聚苯乙烯离心管中；在低温（4~10 ℃）下，用离心机以 10 000 r/min 的转速离心 10 min；取中间层奶样 100 μL

用于分析。

（2）发酵乳样本处理方法：称取 1.00 g 样本于 50 mL 聚苯乙烯离心管中；加入 5 mL 去离子水后振荡混匀；在低温（4～10 ℃）下，用离心机以 10 000 r/min 的转速离心 10 min；取中间层乳清于新的离心管中，用氢氧化钠溶液将乳清 pH 值调至 7.0 左右；取 100 μL 用于分析。

（3）乳饮料样本处理方法：称取 1.00 g 样本于 7 mL 聚苯乙烯离心管中；加入 1 mL 去离子水，振荡混匀；用氢氧化钠溶液将上述混合液的 pH 值调至 7.0 左右；取 100 μL 用于分析。

（4）乳清粉样本处理方法：称取 1.00 g 样本于 50 mL 聚苯乙烯离心管中；加入 4 mL 去离子水，振荡混匀；在低温（4～10 ℃）下，用离心机以 10 000 r/min 的转速离心 10 min；取中间层乳清 100 μL 用于分析。

（5）奶粉样本处理方法：称取 1.00 g 样本于 50 mL 聚苯乙烯离心管中；加入 7 mL 去离子水，振荡混匀；取 100 μL 用于分析。

3. 样品的检测

（1）将所需试剂从冷藏环境中取出，置于室温（20～25 ℃）平衡 1 h 或 37 ℃恒温箱平衡 30 min 以上，注意每种液体试剂使用前均须完全溶解摇匀。

（2）取出需要数量的微孔板，将不用的微孔板放进原锡箔袋中并且与提供的干燥剂一起重新密封，保存于 2～8 ℃环境中。切勿冷冻。

（3）洗涤工作液在使用前也需回温。

（4）编号：将样本和对照品对应微孔按序编号，每个样本和对照品做 2 孔平行，并记录对照孔和样本孔所在的位置。

视频资源 3-3-1

（5）加样本/对照品：加 100 μL 样本或阴性/阳性对照品到对应的微孔中，轻轻振荡混匀，用盖板膜盖板后置 37 ℃环境中反应 60 min。

（6）洗板：小心揭开盖板膜，将孔内液体甩干，用洗涤液 250 μL/孔，充分洗涤 5 次，每次间隔 10 s，用吸水纸拍干（拍干后未被清除的气泡可用未使用过的枪头戳破）。

（7）加抗试剂：加金黄色葡萄球菌肠毒素总量抗试剂 100 μL 到对应的微孔中，轻轻振荡混匀，用盖板膜盖板后置 37 ℃环境中反应 30 min。取出，重复（6）洗板。

（8）加酶标物：加金黄色葡萄球菌肠毒素总量酶标物 100 μL 到对应的微孔中，轻轻振荡混匀，用盖板膜盖板后置 37 ℃环境中反应 15 min。取出，重复（6）洗板。

（9）显色：加入底物液 A 50 μL/孔，再加入底物液 B 50 μL/孔，轻轻振荡混匀，用盖板膜盖板后置 37 ℃环境中反应 15 min。

（10）测定：加入终止液 50 μL/孔，轻轻振荡混匀，设定酶标仪于 450 nm 处（建议用双波长 450/630 nm 检测，请在 5 min 内读完数据），测定每孔 OD 值。

4. 结果判读

阴性对照孔 OD 值应低于 0.2，阳性对照孔 OD 值应高于 0.5。两个阴性对照孔的平均值加上 0.2 为阈值（T）；$T=(NC_1+NC_2)/2+0.2$。

如果样品吸光度值大于或等于阈值，则结果为阳性，表示样品中检测出金黄色葡萄球菌肠毒素。

如果样品吸光度值小于阈值，则结果为阴性，表示样品中未检测出金黄色葡萄球菌肠毒素。

如果阴性对照孔 OD 值大于 0.2 或阳性对照孔 OD 值小于 0.5，则实验需重做。

5. 结果与报告

结果报告样品中检出或未检测出金黄色葡萄球菌肠毒素。

三、数据记录与处理

将生鲜乳中金黄色葡萄球菌肠毒素总量测定结果的原始数据填入表 3-12 中。

表 3-12　金黄色葡萄球菌肠毒素总量测定原始记录表

金黄色葡萄球菌肠毒素总量测定原始记录表								
样品名称	样品状态	检测方法依据	检测仪器		环境状况	检测地点	检测日期	备注
			名称	编号				
					温度：　　　℃ 相对湿度：　　　%		年　月　日	
样品编号	实验次数	样品质量 m/g	稀释倍数 B	仪器显示读数测定结果 X/(mg·kg^{-1})	平均值/ (mg·kg^{-1})	修约值/ (mg·kg^{-1})	平行允差/ (mg·kg^{-1})	实测差/ (mg·kg^{-1})
检测					校核			

四、注意事项

（1）若试剂及样本没有回温至室温（20~25 ℃），会导致所有标准的 OD 值偏低。

（2）在洗板过程中如果出现板孔干燥的情况，则会出现重复性不好的现象。所以洗板拍干后应立即进行下一步操作。

（3）每加一种试剂前需将其摇匀。

（4）反应终止液为 2 mol/L 硫酸，避免接触皮肤。

（5）不要使用过期的试剂盒；也不要使用过期的试剂盒中的任何试剂，掺杂使用过期的试剂盒会引起灵敏度的降低；不要交换使用不同批号试剂盒中的试剂。

（6）储存条件，保存试剂盒于 2~8 ℃环境中，不要冷冻，将不用的酶标板微孔板放进原锡箔袋中重新密封。由于无色的发色剂对光敏感，因此，要避免直接暴露在光线下。

（7）发色试剂有任何颜色表明发色剂变质，应当弃掉。

（8）在加入底物液 A 和底物液 B 后，一般显色时间为 15 min 即可。若颜色较浅，则可延长反应时间到 20 min；反之，则要缩短反应时间。

（9）若浓缩洗涤液及其他试剂组分出现结晶，请加热（温度不超 60 ℃）至其溶解后使用。

五、评价与反馈

实验结束后，请按照表 3-13 中的评价要求填写考核结果。

表 3-13　金黄色葡萄球菌肠毒素总量测定考核评价表

学生姓名：　　　　　　　班级：　　　　　　　日期：

考核项目		评价项目	评价要求	得分
知识储备		了解金黄色葡萄球菌肠毒素 Elisa 方法的技术原理	相关知识输出正确（1分）	
		了解金黄色葡萄球菌肠毒素的主要风险	能够说出金黄色葡萄球菌肠毒素的主要风险（3分）	
检验准备		能够正确准备仪器	仪器准备正确（6分）	
技能操作		能够掌握金黄色葡萄球菌肠毒素总量 Elisa 试剂盒操作流程	操作过程规范、熟练（15分）	
		能够掌握金黄色葡萄球菌肠毒素总量 Elisa 试剂盒结果的判读	能够做出正确的结果判读（5分）	
课前	通用能力	课前预习任务	课前任务完成认真（5分）	
课中	专业能力	实际操作能力	能够熟练样品处理，稀释、过滤等（10分）	
			能够正确使用培养箱、涡旋仪等（10分）	
			能够熟练使用金黄色葡萄球菌肠毒素总量试剂盒。（10分）	
			微孔板酶标仪的使用及维护方法正确（10分）	
	工作素养	团队协作和沟通能力	在实验过程中，学生能够与团队成员有效沟通，协作完成实验任务，培养团队协作和沟通能力（5分）	
		环保意识	正确处理实验废弃物，保护环境和自身安全（5分）	
		遵守实验室安全规范	（仪器的使用、实验台整理等）遵守实验室安全规范（5分）	
课后	技能拓展	免疫荧光法测定的前处理	正确、规范地完成操作（5分）	
		聚合酶链式反应（PCR）的操作流程	正确、规范地完成操作（5分）	
总分（100分）				

备注：不合格（<60分），合格（60~70分），良好（70~90分），优秀（>90分）。

（1）酶联免疫法测定时孵育过程中，为什么要用盖板膜封住微孔板，避免光线照射？

（2）测试终止液的功能是什么？

（3）乳制品中金黄色葡萄球菌肠毒素总量超标的危害有哪些？

项目四　食品中微生物的检测——免疫胶体金法

任务　食品中沙门氏菌的检验——免疫胶体金法

◉ 学习目标

【知识目标】

（1）了解哪些食品需要检测沙门氏菌。

（2）了解沙门氏菌胶体金检测技术的基本原理。

【能力目标】

（1）掌握沙门氏菌胶体金检测技术的操作流程。

（2）掌握沙门氏菌胶体金检测卡结果的判读。

（3）能够熟练使用沙门氏菌胶体金检测卡测定食品中沙门氏菌。

【素养目标】

（1）能够快速、准确地查阅微生物检验方法相关标准。

（2）能够按照微生物实验室的安全要求做好个人防护。

（3）具备良好职业道德素质和科学严谨的工作态度

◉ 任务描述

沙门氏菌（*Salmonella*）属于革兰氏阴性兼性厌氧菌，分为邦戈沙门氏菌（*S. bongori*）和肠道沙门氏菌（*S. enterica*）两个种属，肠道亚种（*Enterica*）、萨拉姆亚种（*Salamae*）、亚利桑那亚种（*Arizonae*）、双亚利桑那亚种（*Diarizonae*）、豪顿亚种（*Houtenae*）和印度亚种（*Indica*）6个亚种，2 600多种血清型，是导致食源性疾病的重要致病菌之一。沙门氏菌一直是欧盟第二常见的人畜共患病致病菌，且大多数血清型来源于动物性食品。蛋、家禽和肉类产品是沙门氏菌病的主要传播媒介。沙门氏菌感染能够引发胃肠炎型、类伤寒型、败血症型、感冒型和霍乱型食物中毒，主要症状以急性肠胃炎为主，伴有发热、发冷、恶心、头痛、全身乏力、腹泻、呕吐等症状。

主要的贸易国家和国际组织对沙门氏菌限量标准的要求均较严格，这可能与沙门氏菌具有较强的致病性有关。通过对主要国际组织和贸易国家食品标准中沙门氏菌限量比较，发现除美国外，其他国家和组织关于沙门氏菌限量标准均要求不得检出。

《食品安全国家标准　预包装食品中病菌限量》（GB 29921—2021）和《食品安全国家标准　散装即食食品中致病菌限量》（GB 31607—2021）分别对预包装食品和散装即食

食品中的沙门氏菌进行了限量要求，涉及肉制品、水产制品、即食蛋制品、粮食制品、即食豆类制品、巧克力类及可可制品、即食果蔬制品、饮料、冷冻饮品、即食调味品和坚果籽实制品等食品，沙门氏菌限量要求均为 25.0 g（mL）不得检出。

《食品安全国家标准　食品微生物学检验沙门氏菌检验》（GB 4789.4—2016）是目前检测的金标准，检验流程通常为 3~7 天。此标准在食品安全领域和保障人们健康中做出了突出贡献。但是，此类方法操作较为烦琐，耗时长，不能满足快速检测需求，且在培养基制备和接种等步骤的操作过程中对人员的技术要求较高。

沙门氏菌胶体金检测卡的特点是操作和判读简单，操作方法容易掌握。本任务要求使用沙门氏菌胶体金检测卡定性测定食品中沙门氏菌。

◉ 知识准备

测定原理：胶体金免疫层析法是以纳米金颗粒为指示标记，应用"双抗体夹心法"实现样本中致病菌快速检测。目标致病菌和金标记的特异性单克隆抗体结合及预包被于 NC 膜 T 线位置的特异性多克隆抗体结合，金颗粒的聚集而显示明显的红线。

◉ 任务实施

一、仪器设备和材料

除微生物实验室中的常规灭菌及培养设备外，需要准备的其他设备和材料如下。

（1）恒温培养箱：（36±1）℃，（30±1）℃。

（2）电子天平：分度值 0.1 g。

（3）均质器。

（4）冰箱：2~8 ℃。

（5）涡旋混匀仪。

（6）pH 计或精密 pH 试纸。

（7）移液器。

（8）沙门氏菌胶体金检测卡。

（9）缓冲蛋白胨水（BPW）。

（10）氯化镁孔雀绿大豆胨（RVS）增菌液。

（11）无菌磷酸盐缓冲液。

（12）1 mol/L NaOH 溶液。

（13）1 mol/L HCl 溶液。

（14）无菌吸管：1 mL（具 0.01 mL 刻度）、10 mL（具 0.1 mL 刻度）。

（15）无菌均质杯或均质袋。

（16）无菌吸头 1 mL。

（17）无菌锥形瓶：250 mL、500 mL。

二、操作步骤

1. 增菌

（1）前增菌。无菌操作取 25.0 g（mL）样品，置于盛有 225 mL BPW 的无菌均质杯，用均质器以 8 000~10 000 r/min 的转速均质 1~2 min，或置于盛有 225 mL BPW 的无菌均质袋内，用拍击式均质器拍打 1~2 min。

若样品为液态，也可振荡混匀。如需调整 pH 值时，则用 1 mol/L NaOH 或 HCl 调节 pH 值至 6.8±0.2。无菌操作将样品转至 500 mL 锥形瓶或其他合适容器内（如均质杯本身具有无孔盖或使用均质袋时，可不转移样品），置于（36±1）℃培养 8~18 h。

对于乳粉，无菌操作称取 25.0 g 样品，缓缓倾倒在广口瓶或均质袋内 225 mL BPW 的液体表面，暂不混匀和调节 pH 值，室温静置 1 h 后再混匀，置于（36±1）℃培养 16~18 h。

冷冻样品如需解冻，取样前在 45 ℃以下解冻不超过 15 min，或在 2~5 ℃冰箱内缓慢化冻不超过 18 h。

（2）选择性增菌。轻轻摇动预增菌的培养物，移取 0.1 mL 转种于 10 mL RVS 中，于（42±1）℃中培养 18~24 h。

2. 检测

撕开沙门氏菌胶体金卡铝箔袋，取出检测卡平放，在加样孔中垂直滴加 3~4 滴（约 100 μL）选择性增菌后的样液，等待 8 min 后，观察检测卡中部的检视窗的结果。10 min 后显示结果无效。

3. 结果判读

（1）阳性反应：C、T 线均显色。

（2）阴性反应：C 线显色，T 线不显色。

（3）失效反应：C 线不显色，测试失败或检测卡失效。

如图 3-6 所示进行结果判读。

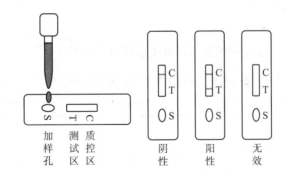

图 3-6　沙门氏菌胶体金卡结果判读示意图

4. 结果与报告

综合以上初筛检测结果，报告 25.0 g（mL）样品中疑似检出或未检出沙门氏菌。

三、数据记录与处理

将沙门氏菌快速检测结果的原始数据填入表 3-14 中。

表 3-14 沙门氏菌快速检测原始记录表

样品名称	样品状态	检测方法依据	检测仪器		环境状况	检测地点	检测日期	备注
			名称	编号				
					温度： ℃ 相对湿度： %		年 月 日	
样品编号	样品基质	样品名称	检测卡判读		结果判定			
乳制品	巴氏杀菌乳		C 线： T 线：					
检测					校核			

四、注意事项

（1）检测卡若在冰箱中储存，请充分复温后再打开包装使用。室温要求高于 15 ℃。使用时不能浸润检测板或触摸反应膜。

（2）本检测卡仅用于新鲜增菌培养液样本，样本长时间放置可能影响检测结果。

（3）使用后的金标卡按照相关要求，灭菌后妥善处理。

（4）本试纸条为一次性产品，请勿重复使用。

（5）检验环境相对湿度≤60%。

五、评价与反馈

实验结束后，请按照表 3-15 中的评价要求填写考核结果。

表 3-15 沙门氏菌快速检测考核评价表

学生姓名： 班级： 日期：

考核项目		评价项目	评价要求	得分
知识储备		了解沙门氏菌胶体金检测技术的基本原理	相关知识输出正确（1分）	
		了解哪些食品需要检测沙门氏菌	能够说出需要检测沙门氏菌的食品种类（3分）	
检验准备		能够正确准备仪器	仪器准备正确（6分）	
技能操作		熟练使用沙门氏菌胶体金检测卡测定食品中沙门氏菌	操作过程规范、熟练（15分）	
		沙门氏菌胶体金检测卡结果的判读	能够做出正确的结果判读（5分）	
课前	通用能力	课前预习任务	课前任务完成认真（5分）	

考核项目		评价项目	评价要求	得分
课中	专业能力	实际操作能力	能够熟练样品处理，增菌培养、离心等（10 分）	
			能够正确使用培养箱、涡旋仪、离心机等（10 分）	
			能够熟练使用沙门氏菌胶体金检测卡（10 分）	
			胶体金试剂的准备（10 分）	
	工作素养	团队协作和沟通能力	在实验过程中，学生能够与团队成员有效沟通，协作完成实验任务，培养团队协作和沟通能力（5 分）	
		环保意识	正确处理实验废弃物，保护环境和自身安全（5 分）	
		遵守实验室安全规范	（仪器的使用、实验台整理等）遵守实验室安全规范（5 分）	
课后	技能拓展	酶联免疫吸附法测定的前处理	正确、规范地完成操作（5 分）	
		聚合酶链式反应（PCR）的操作流程	正确、规范地完成操作（5 分）	
总分（100 分）				

备注：不合格（<60 分），合格（60~70 分），良好（70~90 分），优秀（>90 分）。

◎ 问题思考

（1）沙门氏菌前增菌选用的培养基有哪些？

（2）沙门氏菌前增菌属于几步增菌？

（3）沙门氏菌检测卡 10 min 后判读结果是否有效？

（4）沙门氏菌检测卡阳性判读是几条线？

项目五 ATP 生物荧光检测法

任务 ATP 生物荧光检测法用于表面清洁效果验证

◎ 学习目标

【知识目标】

（1）了解用 ATP（三磷酸腺苷）检测来验证清洁效果的理由。

（2）了解 ATP 检测技术的基本原理。

【能力目标】

（1）掌握 ATP 检测技术的操作流程。

（2）能够熟练操作 ATP 检测表面洁净度。

（3）能够熟练使用 ATP 荧光检测仪测定表面洁净度。

【素养目标】

树立正确的食品安全观，能在生活和食品工业生产中防止食品微生物污染，预防常见病原微生物感染所引起的疾病。

◉ 任务描述

基于三磷酸腺苷和蛋白质的卫生监测技术是一种快速、简单、易用的方法，用于确定食品加工场所内表面的卫生状况。每天均需要做出启动食品生产的高风险决策。这些测试可以在食品加工或制备前对设备和表面的清洁度进行可测量且客观地评估。

ATP 是细胞的能量分子，分解为二磷酸腺苷（ADP）并释放能量供细胞利用。除了存在于活细胞中，还存在于有机物的残留物中，如清洁后残留在表面的食物残渣，细菌产生的生物膜，操作人员接触的表面。如果清洁机制不充分或不合格，则源自有机物的残留物可能会残留在表面。在这种情况下，存在直接和间接的食品污染风险。

所以，采用 ATP 生物荧光方法对该表面进行涂抹检测，可以迅速得到量化结果，根据预先制定的合格/不合格限值，判断该表面为清洗不合格，需要重新清洗，可以及时避免污染下一批次产品。

本任务要求使用 ATP 生物荧光仪测定清洁后手部卫生洁净度，此方法操作简单，可实现即时检测。

◉ 知识准备

测定原理：ATP 为腺嘌呤核苷三磷酸，又称三磷酸腺苷。ATP 是一切生命体能量的直接来源，普遍存在于动植物、细菌、真菌细胞和食物残渣中。当细胞被裂解后，ATP 释放到体外，在有氧条件下与荧光素、荧光素酶在 Mg^{2+} 的催化下进行反应，生成氧化荧光素并发出荧光。

ATP 与荧光素的反应发出的荧光强度（RLU），与活细胞数量基本呈正比例关系。荧光值越高，表明 ATP 的量越多，也就意味着表面的残留物越多，清洁状态较差。因此，ATP 检测法就被用来快速检验物品表面是否洁净。

◉ 任务实施

一、仪器设备和材料

（1）PureTrust®智能荧光检测仪。

（2）PureTrust®表面采样拭子。

二、操作步骤

1. 采样

将装有拭子的铝箔袋在开封前于室温下放置至少 10 min。从铝箔袋中取出检测拭子，抓紧检测拭子手柄，在采样点涂抹待测区域。先从一个方向涂抹，然后将检测拭子旋转后从相反方向涂抹。在采样过程中，对检测拭子头施加一些压力，与待采表面充分接触。ATP 检测拭子头在采样过程不允许接触除待测表面外的其他材料或表面。常见采样点涂抹手法如下。

（1）人员手部：涂抹整个手掌和手指以及所有掌纹，来回涂抹手指间 2 次。

（2）平整表面：涂抹 10 cm×10 cm 的区域，随后更换方向再次 Z 字形涂抹，直至涂抹整个表面，所有折痕处来回 2~3 次加强涂抹。

（3）镂空表面：涂抹表面，累积面积达 100 cm²，边缘、镂空处加强涂抹。

（4）管状圆形接触面：在管口处，即 1~5 cm 处一圈采样，用涂抹棒在内壁顺时针向内涂抹 4 圈，逆时针向管口涂抹 4 圈。

若待测物表面有肉眼可见的污垢，或涂抹后拭子头部明显变色，即可停止后续操作。若待测物表面有多余液体存在，则应等表面液体稍许干燥后再进行检测，以免稀释试剂（无须特别干燥）。如须测试液体，则可用取样器吸取一滴样品（约 20 μL）于拭子棉签上，即可检测（不要直接涂抹或蘸取液体）。

视频资源 3-5-1

2. 样品检测

将采样后的拭子插回检测拭子装置，用力向下按压拭子手柄顶端，至手柄顶端与装置的顶端平齐。从采样完成到刺破铝箔的时间不可以超过 15 min，左右摇晃采样拭子 5~10 s（不可上下摇晃），等待 30~60 s（如果室温过低，请适当延长反应时间）后，将拭子放置在智能荧光检测仪中（仪器需要正置），关上样品舱盖并按压"测定"按钮，读取 RLU 值。

3. 阈值设置方法

（1）每清洁一次，采集一次样品，每个采样点需要从清洁后的表面至少采集 30 次测试结果。

（2）数据收集后，应进行初步审查，排除任何可能扭曲结果的明显异常值（高 RLU 值），以确认数据集是可接受的。如果结果不稳定，则说明清洗过程变化很大，应进行清洗过程检查并稳定结果。

（3）计算每个采样点可接收数据集的平均值和标准差。将平均值确定为合格值。平均值加上 3 倍标准差为不合格值。

三、数据记录与处理

将 ATP 测定结果的原始数据填入表 3-16 中。

表 3-16　ATP 测定原始记录表

ATP 测定原始记录表	
检测样品名称	检测结果（RLU）
检测	校核

四、注意事项

（1）实验前请仔细阅读说明书，规范操作。

（2）试剂需与智能荧光检测仪（同品牌的）配套使用，不可相互参考阈值。

（3）实验时应穿戴一次性手套操作，以免被外源 ATP 污染。

（4）拭子开封后不可置于光照下，也不可长时间保存于室温，未用完的拭子需要放于铝箔袋中封口后避光，在 2~8 ℃下保存。

（5）取出拭子后，首先观察拭子的完整状态，若有破损或漏液现象，请不要使用该拭子。

（6）取出含有润湿棉签的手柄，观察其润湿状态，若棉签已明显干燥，请不要使用该拭子。

（7）取样过程中不要碰触拭子或棉签，确保拭子在第一时间直接与被测的物体表面接触，整个操作过程中尽量避免接触拭子底部的反应杯，以免影响检测结果。

（8）智能荧光检测仪在检测过程中需要呈 60°以上竖直放置，否则可能影响检测结果。尽量避免在强光下进行检测（强光可能导致检测值升高）。

（9）试剂污染、采样过程污染都可能会造成不准确结果。

（10）恰当处理实验过程中的废弃物。

五、评价与反馈

实验结束后，请按照表 3-17 中的评价要求填写考核结果。

表 3-17　ATP 生物荧光检测法用于表面清洁效果验证考核评价表

学生姓名：　　　　　　班级：　　　　　　日期：

考核项目		评价项目	评价要求	得分
知识储备		了解 ATP 检测技术的基本原理	相关知识输出正确（1分）	
		了解为什么可以用 ATP 检测来验证清洁效果	能够说出为什么可以用 ATP 检测来验证清洁效果（3分）	
检验准备		能够正确准备仪器	仪器准备正确（6分）	
技能操作		使用 ATP 荧光检测仪测定表面洁净度	操作过程规范、熟练（15分）	
		掌握阈值设定的原则	能够通过某点位的检测值建立点位阈值（5分）	
课前	通用能力	课前预习任务	课前任务完成认真（5分）	
课中	专业能力	实际操作能力	能够熟练进行样品采集（10分）	
			能够正确操作仪器，进行快速检测和判读（10分）	

考核项目		评价项目	评价要求	得分
课中	专业能力	实际操作能力	能够掌握阈值设定的原则，并通过某点位的检测值建立点位阈值（10分）	·
			能够正确使用和维护 PureTtust © 智能荧光检测仪（10分）	
	工作素养	团队协作和沟通能力	在实验过程中，学生能够与团队成员有效沟通，协作完成实验任务，培养团队协作和沟通能力（5分）	
		环保意识	正确处理实验废弃物，保护环境和自身安全（5分）	
		遵守实验室安全规范	（仪器的使用、实验台整理等）遵守实验室安全规范（5分）	
课后	技能拓展	目测法的注意事项	正确、规范地完成操作（5分）	
		荧光标记法的操作流程	正确、规范地完成操作（5分）	
总分（100分）				

备注：不合格（<60分），合格（60~70分），良好（70~90分），优秀（>90分）。

◉ 问题思考

（1）不同厂家生产的试剂可以通用吗？

（2）用户确定的阈值可以相互参考吗？为什么？

（3）ATP 检测技术可以检测微生物的含量吗？为什么？

项目六　乳房炎致病菌的鉴定——显色培养基法

任务　乳房炎致病菌鉴定平板的使用

◉ 学习目标

【知识目标】

（1）了解引发奶牛乳房炎的主要微生物的种类。

（2）了解显色培养基法的技术原理。

【能力目标】

（1）掌握乳房炎致病菌鉴定平板操作流程。

（2）掌握不同种类乳房炎致病菌鉴定结果的判读。

（3）能够熟练使用乳房炎致病菌鉴定平板鉴定生乳中微生物。

【素养目标】

加强对食品安全相关法律法规和标准的学习，提高对食品安全风险的识别和评估能力，积极探索和应用先进的食品安全技术和管理方法，为保障食品安全做出贡献。

任务描述

乳房炎是奶牛常见的一种多发性疾病。其发病是因物理或者化学因素导致的乳房损伤，病原菌的侵入引起的。乳房炎的病原微生物比较复杂，包括细菌、真菌、霉形体、酵母菌、支原体等。在一般情况下，葡萄球菌、链球菌和大肠杆菌在临床型乳房炎中占70%以上，其次是化脓性棒状杆菌、绿脓杆菌、坏死杆菌、克雷伯氏菌等。

不同的病原微生物引起的临床症状有所区别，但基本症状都是患病乳房有不同程度的充血、增大、发硬、温热和疼痛，泌乳减少或停止。乳汁最初无显著变化，然后因炎症波及乳房的分泌部，乳汁变稀薄，且有絮状物或凝块，有时可见脓汁和血液。当实质排泄管及间质受波及时，乳房可发生坏死；当皮下组织及腺间结缔组织被侵害时，则呈蜂窝织性乳房炎，它与坏死性乳房炎是乳房炎中最严重的两种类型。

因为奶牛患乳房炎病会降低牛奶产量，甚至产生含有对人体有害物质的牛奶；还会增加奶牛的治疗费用，如果治疗效果不佳，则直接会将奶牛淘汰，造成经济损失；患乳房炎的奶牛会降低繁殖能力，后代乳房炎发病率也会提高。所以，确认乳房炎致病菌种类，了解其来源和传播途径，对降低乳房炎的发病率有重要意义。

本任务要求使用乳房炎致病菌鉴定平板鉴定革兰氏阴性菌、金黄色葡萄球菌、B族链球菌，此方法操作简单，一块平板检测多种结果，结果判读容易掌握。

知识准备

测定原理：显色培养基是一类利用微生物自身代谢产生的酶与相应显色底物反应显色的原理来检测微生物的新型培养基。显色培养基中添加了显色剂，这些相应的显色底物是由产色基因和微生物部分可代谢物质组成，在特异性酶作用下，游离出产色基因显示一定颜色，如图3-7所示，直接观察菌落颜色即可对菌种做出鉴定。它是一种新型分离培养基，利用显色培养基进行微生物的筛选分离，其反应的灵敏度和特异性均优于传统培养基。

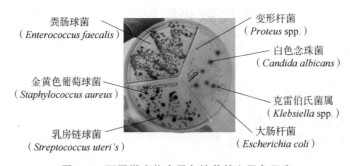

粪肠球菌（*Enterococcus faecalis*）　变形杆菌（*Proteus* spp.）　白色念珠菌（*Candida albicans*）　金黄色葡萄球菌（*Staphylococcus aureus*）　克雷伯氏菌属（*Klebsiella* spp.）　乳房链球菌（*Streptococcus uteri's*）　大肠杆菌（*Escherichia coli*）

图3-7　不同微生物在显色培养基上显色示意

操作流程：使用乳房炎致病菌鉴定平板鉴定生乳中微生物的操作流程如图3-8所示。

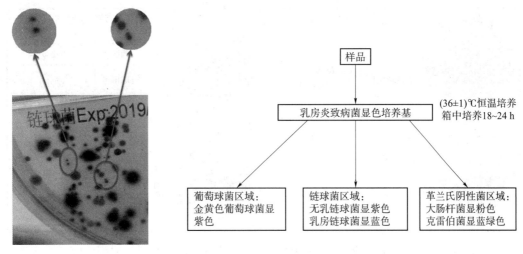

图3-8 使用乳房炎致病菌鉴定平板鉴定生乳中微生物的操作流程

样品 → 乳房炎致病菌显色培养基 （(36±1)℃恒温培养箱中培养18~24 h）

葡萄球菌区域：
金黄色葡萄球菌显紫色

链球菌区域：
无乳链球菌显紫色
乳房链球菌显蓝色

革兰氏阴性菌区域：
大肠杆菌显粉色
克雷伯菌显蓝绿色

● 任务实施

一、仪器设备和材料

除微生物实验室中的常规灭菌及培养设备外，需要准备的其他设备和材料如下。
(1) 恒温培养箱：(36±1)℃，(30±1)℃。
(2) 乳房炎致病菌鉴定平板。
(3) 生鲜乳（从牧场中获取，或者在牛奶中加入对应的微生物）。
(4) 接种环或棉签。

二、操作步骤

1. 取样

先用无菌生理盐水清洗牛乳头，挤取 15 mL 以上牛乳，装入无菌容器中。样本采集中无菌操作技术很重要。如果样本被污染会导致误诊，从而增加工作量，造成治疗混乱。如果样品不能立即检测，则需要保持在冷藏或者冷冻的温度下，不超过 24 h。

2. 接种培养

根据样本数量取出适量的平板，在平板上标记日期、序号等信息。划线前先将奶样混匀，使用棉签蘸取奶样（避免蘸到奶中块状物），棉签靠近样本管内壁挤出多余奶样，划平板可使用一次性接种环或者是无菌长柄棉签（推荐使用棉签）。

视频资源 3-6-1

打开平皿盖，使用棉签在平板各区上 Z 字形划线，划线完毕盖好平皿。
将平板倒置，放于培养箱培养，(36±1)℃ 培养 18~24 h 后观察结果。

3. 结果判读

观察平板中三个区域的菌落颜色和形态并对照鉴定，结果判读如图 3-9~图 3-11 所示。

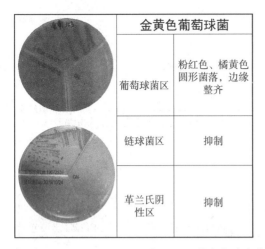

金黄色葡萄球菌	
葡萄球菌区	粉红色、橘黄色圆形菌落，边缘整齐
链球菌区	抑制
革兰氏阴性区	抑制

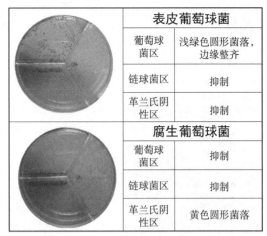

表皮葡萄球菌	
葡萄球菌区	浅绿色圆形菌落，边缘整齐
链球菌区	抑制
革兰氏阴性区	抑制
腐生葡萄球菌	
葡萄球菌区	抑制
链球菌区	抑制
革兰氏阴性区	黄色圆形菌落

图 3-9 乳房炎致病菌鉴定结果判读示意（一）

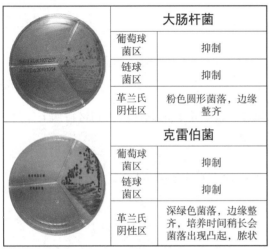

大肠杆菌	
葡萄球菌区	抑制
链球菌区	抑制
革兰氏阴性区	粉色圆形菌落，边缘整齐
克雷伯菌	
葡萄球菌区	抑制
链球菌区	抑制
革兰氏阴性区	深绿色菌落，边缘整齐，培养时间稍长会菌落出现凸起，脓状

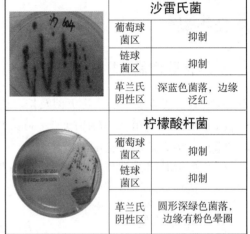

沙雷氏菌	
葡萄球菌区	抑制
链球菌区	抑制
革兰氏阴性区	深蓝色菌落，边缘泛红
柠檬酸杆菌	
葡萄球菌区	抑制
链球菌区	抑制
革兰氏阴性区	圆形深绿色菌落，边缘有粉色晕圈

图 3-10 乳房炎致病菌鉴定结果判读示意（二）

粪肠球菌	
葡萄球菌区	淡绿色菌落或抑制
链球菌区	深蓝色菌落
革兰氏阴性区	抑制
停乳链球菌	
葡萄球菌区	抑制
链球菌区	深粉色圆形菌落
革兰氏阴性区	抑制

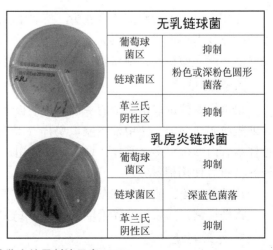

无乳链球菌	
葡萄球菌区	抑制
链球菌区	粉色或深粉色圆形菌落
革兰氏阴性区	抑制
乳房炎链球菌	
葡萄球菌区	抑制
链球菌区	深蓝色菌落
革兰氏阴性区	抑制

图 3-11 乳房炎致病菌鉴定结果判读示意（三）

三、数据记录与处理

将乳房炎致病菌鉴定的原始数据填入表3-18中。

表3-18 乳房炎致病菌鉴定原始记录表

乳房炎致病菌鉴定原始记录表			
检测样本编码：		检测时间：	
检测结果描述：样本×××，在葡萄球菌区观察到有粉红色、橘黄色圆形菌落，边缘整齐			
结果判断：样本×××检出金黄色葡萄球菌			
检测		校核	

四、注意事项

（1）样品采集和接种过程都需要无菌操作。
（2）将平板倒置，放在培养箱中培养。
（3）不要使用已经污染的乳房炎致病菌鉴定平板。
（4）乳房炎致病菌鉴定平板需要在2~8℃下避光保存，并在有效期内用完。
（5）使用后的鉴定平板请高压蒸汽灭菌后按照相关法律法规处理。

五、评价与反馈

实验结束后，请按照表3-19中的评价要求填写考核结果。

表3-19 乳房炎致病菌鉴定考核评价表

学生姓名：　　　　　　　班级：　　　　　　　日期：

考核项目		评价项目	评价要求	得分
知识储备		了解显色培养基法的技术原理	相关知识输出正确（1分）	
		了解引发奶牛乳房炎的主要微生物有哪些	能够说出引发奶牛乳房炎的主要微生物（3分）	
检验准备		能够正确准备仪器	仪器准备正确（6分）	
技能操作		掌握乳房炎致病菌鉴定平板操作流程	操作过程规范、熟练（15分）	
		掌握不同种类乳房炎致病菌鉴定结果的判读	能够正确判读（5分）	
课前	通用能力	课前预习任务	课前任务完成认真（5分）	
课中	专业能力	实际操作能力	能够熟练进行样品采集（10分）	
			能够正确接种，如使用棉签蘸取奶样，在平板各区上Z字形划线接种（10分）	

考核项目		评价项目	评价要求	得分
课中	专业能力	实际操作能力	能够观察并描述菌落颜色和形态，并参照鉴定图对比表达结果（10分）	
			接种环的正确使用（10分）	
	工作素养	团队协作和沟通能力	在实验过程中，学生能够与团队成员有效沟通，协作完成实验任务，培养团队协作和沟通能力（5分）	
		环保意识	正确处理实验废弃物，保护环境和自身安全（5分）	
		遵守实验室安全规范	（仪器的使用、实验台整理等）遵守实验室安全规范（5分）	
课后	技能拓展	体细胞计数法的注意事项	正确、规范地完成操作（5分）	
		显微镜观察的操作流程	正确、规范地完成操作（5分）	
总分（100分）				

备注：不合格（<60分），合格（60~70分），良好（70~90分），优秀（>90分）。

问题思考

（1）引起奶牛乳房炎的主要微生物有哪些？

（2）鉴定牛乳房炎致病菌还有哪些方法？

（3）牧场建立牛乳房炎监测的意义有哪些？

案例介绍

通过手机扫描二维码获取食品微生物造成的相关安全事件案例，通过网络资源总结食品微生物对食品加工和储藏的危害，预防食品微生物的污染。

拓展资源

利用互联网、国家标准、微课等拓展所学任务，查找线上相关知识，加深对相关知识的学习。

模块三案例

模块三拓展资源

模块四　食品中重金属的快速检测

人们通常将原子量在63.5~200.6，且相对密度>5.0的元素归类为重金属，主要包括汞（Hg）、铅（Pb）、镉（Cd）、砷（As）、锌（Zn）、镍（Ni）、铜（Cu）等。一般情况下，重金属的自然本底浓度不会对人体健康产生危害，但随着社会工业化进程的不断加快，对重金属的开采和加工活动逐渐增加，使部分重金属进入土壤和水体，这些重金属在植物、动物体内蓄积，造成食品重金属污染。食品中的重金属污染问题涉及广泛，包括稻谷、水产品、蔬菜、水果、乳制品等多个方面。其中，水产品由于水体中重金属积累的特性，成为容易受到污染的重点对象。铅、镉、汞等重金属在水中富集，通过食物链传递给鱼类等水产品，最终进入人体。此外，由于工业活动、土壤污染及大气降尘等原因，一些农产品如稻谷、蔬菜也可能受到重金属的污染。动物食用被重金属污染的水和饲料，动物制品也可能受到重金属的污染。

1. 重金属的危害

人类食用重金属污染的食品后容易在生物体内积累，从而导致神经、免疫、生殖和胃肠系统的各种紊乱和疾病。例如，铅在自然环境中无法降解，长期蓄积可经食物链进入人体，对造血系统、神经系统和肾脏等具有明显损害作用；儿童还可因铅中毒引发智力下降和体格发育障碍。当镉的量达到一定限度时，会发生镉中毒。汞进入人体后会损坏肝脏，对大脑神经和视力破坏极大。

2. 国内限量及监测

《食品安全国家标准　食品中污染物限量》（GB 2762—2022）中规定了7种重金属在不同类别食品中的限量值。目前常用的检测重金属的方法有原子吸收光谱法（AAS）、电感耦合等离子体质谱法（ICP-MS）、X射线荧光光谱法（XRF）、紫外-可见分光光度技术、生物传感技术、胶体金法、电化学法等。

模块四
课件 PPT

项目一　谷物及其制品中重金属的快速检测

任务　稻谷中无机砷的快速检测

◉ 学习目标

【知识目标】

（1）了解重金属砷检验新技术和新方法。

（2）了解重金属砷检测相关标准。

【能力目标】

（1）掌握重金属快速检测仪器的使用和维护方法。

（2）能够利用重金属快速检测仪独立完成稻谷中砷的检测。

【素养目标】

（1）培养学生对重金属等毒害物质污染的关注，及时发现和解决粮食重金属污染问题，保障粮食安全和人体健康。

（2）指导学生在进行实验操作时，将实验过程中产生的废液、废物放置到指定地点，以减少污染物的污染，从而引导学生重视环境，形成良好的环保习惯。

◉ 任务描述

稻谷在我国粮食生产、流通和消费中具有重要地位。2023 年，我国稻谷产量在 2 066.05 亿千克，约占全国粮食总产量的 30%。近年来，重金属污染粮食的重大事件频发，成为国内外高度关注的公共安全问题。其中，砷被世卫组织列为"引起重大公共卫生关注的十种化学品"之一，属于一类致癌物。无机砷是粮食作物中最主要的超标重金属元素之一，长期接触或食用饮用水和食物中残留的砷可导致急慢性中毒，甚至诱发癌症。

为了减轻砷中毒对人类健康的危害，世界卫生组织、联合国粮农组织及各国政府严格规定了稻米及饮用水中无机砷的限量。《食品安全国家标准　食品中污染物限量》（GB 2762—2022）中规定，稻谷中无机砷的限量指标为 0.35 mg/kg。稻谷中无机砷检测方法有液相色谱-原子荧光光谱法，液相色谱-电感耦合等离子体质谱法，X 射线荧光光谱法，电化学法等。本任务要求根据电化学法测定稻谷中无机砷，使用此方法处理样品十分简单，在 0.5 h 内就可以看到检测结果。

◉ 知识准备

稻米通常比其他谷物含有更多的砷，这与其生长环境有关。砷元素在土壤中有三价态和五价态，由于主要以阳离子形式存在，砷主要会被土壤中带有正电荷的铁锰氧化物吸附；经过淹水，铁锰氧化重金属砷离子的纳米电化学传感器研究及分析应用物等会被还原，造成土壤吸附能力减弱，在一定条件下，五价砷更易还原成毒性更强的三价砷。有研究表明，三价砷可利用硅进入稻根的通道进入稻株中，而水稻作为典型的富硅植物（稻壳含硅量14%，稻秆含硅量7%~8%），三价砷很容易进入稻株中，当土壤缺硅而砷含量很高时，水稻对砷的富集尤为明显。

砷化合物可经呼吸道、皮肤和消化道吸收，分布于肝、肾、肺及胃肠壁及脾脏，主要经尿和粪便排出。2017年，世界卫生组织国际癌症研究机构公布砷和无机砷化合物在一类致癌物清单中。2019年7月23日，砷及砷化合物被列入有毒有害水污染物名录（第一批）。

电化学法是根据溶液中物质的电化学性质及其变化规律，建立在以电位、电导、电流和电量等点电学量与被测物质某些量之间的计量关系的基础上，对组分进行定性或定量分析的仪器分析方法。阳极溶出法是在电化学分析中，利用阴性富集—阳性溶出的方法，从而实现对阳离子的检测，如图4-1所示。

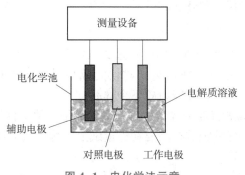

图4-1　电化学法示意

无机砷测定原理：在一定的预电解电位下，待测重金属离子被还原富集于工作电极上，静置一段时间后，向电极施加反向电压，使电极表面的金属离子氧化而产生氧化电流，得到溶出过程的电流—电位曲线。根据其溶出峰高，计算待测金属离子浓度。本方法的检测范围为0.08~2.0 mg/kg。测定原理示意如图4-2所示。

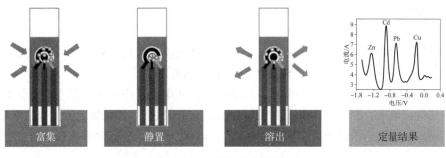

图4-2　测定原理示意

任务实施

一、仪器设备和材料

（1）重金属快速检测仪。

（2）电子天平：分度值 0.01 g。

（3）粉碎机：可使试样粉碎后全部通过 20 目筛。

（4）离心机：转速≥4 000 r/min。

（5）涡旋振荡器。

（6）移液器：20~200 μL、100~1 000 μL、1~10 mL。

（7）无机砷检测试剂：需在 4~30 ℃条件下保存。

二、操作步骤

1. 检测仪准备

打开重金属快速检测仪，预热 5 min。

2. 试样的制备

视频资源 4-1-1

（1）粉碎：将样品倒入粉碎机中粉碎，过 20 目筛。

注：粉碎机不宜连续使用时间过久，建议间隔启动。每次粉碎样本后，须将粉碎机彻底清理干净，才能粉碎下个样品。

（2）称量：先将样品进行充分混匀，打开电子天平，放上称量纸，去皮、清零，用干净的不锈钢称量勺将准备好的稻谷样品放在称量纸上，称取（1.0±0.02）g 均质样品，放入做好标记的 50 mL 离心管中。

（3）加液：在装有样品的离心管中，加入 5 mL 试剂 A，塞紧橡皮塞，充分振荡 15 min。

（4）离心：取用两个 2 mL 离心管，做好标记，将振荡后的液体转移到对应的 2 mL 离心管中，再取等重的任意液体转移到另一个做好标记的 2 mL 离心管中，将离心管配平放入迷你离心机中，以 6 000 r/min 的转速离心 3 min。完成后，小心取出离心管，放在离心管架上待检。

注：若使用实验室大型离心机，则不用转移，直接配平离心即可。

3. 样品的测定

取出所需数量的电极片。

（1）插入电极片：将电极片插入重金属快速检测仪搅拌器电极插口。取出搅拌杯，依次加入 500 μL 待检液、100 μL 试剂 B、200 μL 试剂 C。

（2）读数：将搅拌杯放入搅拌器中，压下电极，使电极工作区域（黑色圆形区域）被溶液浸没，选择仪器上方测试项目和样品种类，单击"扫描检测"键读数。若读数结果超出曲线范围，则需要在稀释后再检测。待检验完毕，剩余试剂、电极片、搅拌杯放回试剂盒中。

三、数据记录与处理

将稻谷中无机砷含量快速测定结果的原始数据填入表 4-1 中。

表 4-1 稻谷中无机砷含量快速测定原始记录表

无机砷含量快速测定原始记录表								
样品名称	样品状态	检测方法依据	检测仪器		环境状况	检测地点	检测日期	备注
			名称	编号				
					温度： ℃ 相对湿度： %		年 月 日	
样品编号	实验次数	样品质量 m/g	稀释倍数 B	仪器显示读数测定结果 X/(mg·kg^{-1})	平均值/(mg·kg^{-1})	修约值/(mg·kg^{-1})	平行允差/(mg·kg^{-1})	实测差/(mg·kg^{-1})
检测					校核			

四、注意事项

（1）试剂及电极片请在有效期内使用。

（2）试剂在使用前均需摇匀。

（3）检测过程中请勿触摸电极片内部区域，如不小心接触，请遗弃。

（4）枪头与离心管等耗材不可混用，以免交叉污染。

（5）如发现阳性检测结果，检测结果需要使用法定的确证方法进行确证。

（6）《食品安全国家标准 食品中污染物限量》（GB 2762—2022）中规定了稻谷中无机砷的限量指标是 0.35 mg/kg，参考本实验的重复要求（≤20%），当无机砷含量≥0.28 mg/kg 时，处于可疑的临界超标水平，可参照《食品安全国家标准 食品中总砷及无机砷的测定》（GB 5009.11—2014）中规定的液相色谱-原子荧光光谱或液相色谱-电感耦合等离子体质谱法进行结果确认。

五、评价与反馈

实验结束后，请按照表 4-2 中的评价要求填写考核结果。

表 4-2 稻谷中无机砷快速检测评价表

学生姓名： 班级： 日期：

考核项目	评价项目	评价要求	得分
知识储备	了解电化学法测定的工作原理	相关知识输出正确（1分）	
	掌握重金属快速检测仪流程以及使用的仪器的功能	能够说出电化学法测定无机砷的仪器和作用（3分）	
检验准备	能够正确准备仪器	仪器准备正确（6分）	

考核项目		评价项目	评价要求	得分
技能操作		能够熟练应用重金属快速检测仪进行测定（样品的称量、移液枪的准确移取液体、离心机的使用和重金属快速检测仪的使用、清洁维护等），操作规范	操作过程规范、熟练（15分）	
		能够正确、规范记录结果并进行数据处理	原始数据记录准确、处理数据正确（5分）	
课前	通用能力	课前预习任务	课前任务完成认真（5分）	
课中	专业能力	实际操作能力	能够按照操作规范进行操作，能够准确进行样品的提取、稀释，移液枪移取样品准确（10分）	
			粉碎机、离心机使用方法正确，调节方法正确（10分）	
			电极片的正确使用（10分）	
			重金属快速检测仪的使用及维护方法正确（10分）	
	工作素养	发现并解决问题的能力	善于发现并解决实验过程中的问题（5分）	
		时间管理能力	合理安排时间，严格遵守时间安排（5分）	
		遵守实验室安全规范	（仪器的使用、实验台整理等）遵守实验室安全规范（5分）	
课后	技能拓展	酶联免疫法的测定前处理	正确、规范地完成操作（5分）	
		胶体金定性法的测定观察	正确、规范地完成操作（5分）	
总分（100分）				

备注：不合格（<60分），合格（60~70分），良好（70~90分），优秀（>90分）。

问题思考

（1）实验误差主要来自哪几个方面？

（2）稻谷中无机砷超标的危害有哪些？

项目二　乳及乳制品中重金属的快速检测

任务　乳品中重金属铅的快速检测

学习目标

【知识目标】

（1）了解重金属铅检验的新技术和新方法。

(2) 了解重金属铅检测相关标准。

【能力目标】

(1) 掌握重金属快速检测仪器的使用和维护。

(2) 能够利用重金属快速检测仪独立完成乳品中铅的检测。

【素养目标】

"创新是引领发展的第一动力。"增强创新意识与思维能力，将来能热爱本职工作、具有良好的食品安全法律和责任意识、团队协作精神及精益求精的大国工匠精神，为实现"健康中国"和"食品安全"做出贡献。

◎ 任务描述

乳品是一种不可多得的营养丰富的食品，尤其发酵乳越来越受到广大消费者的喜爱。中国乳制品行业市场规模庞大，预计在未来几年内仍将保持快速发展的趋势。2024年的产量预期达到3 078.9万吨，同比增长2.6%，总产值有望突破3 000亿元。虽然该行业的整体发展态势良好，但质量安全仍然是其面临的重大挑战。铅是一种对人体有害的微量元素，特别对孕妇、婴儿和儿童的健康危害较大。铅中毒会导致人出现贫血、脑病变和肾病变。奶牛通过饲料、水、空气富集重金属铅污染物，通过代谢进入到乳品中，对乳品质量安全造成威胁。由于重金属铅对人的健康存有安全风险隐患，因此，世界各国针对不同乳及乳制品均制定了严格的限量标准。《食品安全国家标准　食品中污染物限量》（GB 2762—2022）中规定，生乳、巴氏杀菌乳、灭菌乳中重金属铅的限量指标为0.02 mg/kg。食品中铅检测方法有石墨炉原子吸收光谱、电感耦合等离子体质谱、X射线荧光光谱法、电化学法、胶体金免疫层析试纸条法等。本任务要求学生根据胶体金免疫层析试纸条法测定生鲜乳中重金属铅的含量。

◎ 知识准备

铅是一种广泛存在于地壳中的重金属元素，由于燃煤、冶炼、交通等人类活动，大量铅被释放到环境中。铅主要通过土壤、水体及大气沉降等途径进入动植物体内。长期食用含铅食品对人体健康的危害主要体现在中枢神经系统、血液系统和生殖系统方面。其中，婴幼儿和孕妇更为敏感，铅中毒可能导致智力发育迟缓、贫血、生殖功能异常等问题。

重金属铅测定原理：试样提取液中的铅离子在通过与螯合剂螯合后，与胶体金微粒发生呈色反应，颜色深浅与试样中的铅含量相关。用胶体金读数仪测定试纸条上的检测线（T线）和质控线（C线）颜色深浅，根据颜色深浅和内置读数仪的曲线自动判断出试样中铅的含量是否超出方法检测限。方法检测限为20 μg/kg。

◎ 任务实施

一、仪器设备和材料

(1) 电子天平：分度值0.01 g。

(2) 均值器。

(3) 离心机：转速≥4 000 r/min。

(4) 涡旋振荡器。

(5) 移液器：20~200 μL、100~1 000 μL。

(6) 重金属铅胶体金快速检测试纸条：需在2~8 ℃环境中冷藏保存。

视频 4-2-1

（7）重金属快速检测仪。

二、操作步骤

1. 检测仪准备

打开重金属快速检测仪，预热 5 min。试剂在室温下平衡 30 min 以上。

2. 样品的测定

（1）取样：用移液器移出 10 mL 生鲜乳样本于 50 mL 离心管中。
注：称样时注意样本不要粘黏于管壁，尽量全部称取于管底。
（2）提取：在通风橱内加入 3 mL 三氯甲烷，1 mL 试剂 A，充分振荡 5 min。
（3）离心：离心管配平后以 4 000 r/min 的转速离心 5 min，取上清液。
（4）稀释：量取 200 μL 试剂 B 于 2 mL 离心管中，量取 200 μL 试剂 C 于 2 mL 离心管中，量取 40 μL 上清液于 2 mL 离心管中，使用振荡器充分混匀后，放在离心管架上 1 min，待检。

3. 样品的测定

打开试剂桶，取出所需数量的试纸条和微孔试剂，做好标记，并将所需数量的微孔试剂放在干式加热器上。

（1）加液：用 20～200 μL 移液器取 200 μL 待检液于微孔试剂中，采用半枪吸打方式，吸打约 6～8 次并伴随搅拌，使微孔试剂充分溶解，并防止产生气泡。
（2）孵育：干式加热器上孵育 5 min。
（3）试纸条反应：将标记好的试纸条插入微孔中反应 5 min。
（4）读数：试纸条反应结束后，去除样品垫，将试纸条放入卡槽中，使两条色带处于卡槽视窗中央，卡槽面朝上。插入读数仪，选择检测项目，单击"检测"键并 1 min 内完成读数。

三、数据记录与处理

将生鲜乳中重金属铅测定结果的原始数据填入表 4-3 中。

表 4-3　生鲜乳中重金属铅含量快速测定原始记录表

重金属铅含量快速测定原始记录表								
样品名称	样品状态	检测方法依据	检测仪器		环境状况	检测地点	检测日期	备注
			名称	编号				
					温度：　　℃ 相对湿度：　　%		年　月　日	
样品编号	实验次数	样品质量 m/g	测定结果					
检测				校核				

四、注意事项

（1）产品为一次性消耗品，故请在有效期内使用。不同批次试纸条、微孔、二维码、样本稀释液均不能混用。

（2）打开微孔时不要用力过猛，以免有粉末飞出；检测时避免阳光直射和风直吹；检测过程中请勿触摸试纸条中央的白色膜面。

（3）检测前样本需回温（20~25 ℃），并充分混匀，检测结果才能真实反映样本中实际药物残留情况；同时，样本不能有结块、发酵、酸败沉淀等现象，且不能为初乳。

（4）所有溶液使用前需摇匀，试剂 C 会有沉淀出现，但不影响结果。

（5）本产品用于初筛，检测结果仅供参考，如需确证，请以该项目的国家标准方法为准。《食品安全国家标准　食品中污染物限量》（GB 2762—2022）中规定了生鲜乳中的限量指标是 0.02 mg/kg，参考本实验的检测限，当重金属铅阳性时，可参照《食品安全国家标准　食品中铅的测定》（GB 5009.12—2023）中规定的石墨炉原子吸收光谱或电感耦合等离子体质谱测定方法进行结果确认。

五、评价与反馈

实验结束后，请按照表 4-4 中的评价要求填写考核结果。

表 4-4　生鲜乳中重金属铅快速检测评价表

学生姓名：　　　　　　　　班级：　　　　　　　　日期：

考核项目		评价项目	评价要求	得分
知识储备		了解胶体金测定的工作原理	相关知识输出正确（1分）	
		掌握重金属快速检测流程及使用仪器的功能	能够说出生鲜乳中重金属铅检测使用的各部分的仪器和作用（3分）	
检验准备		能够正确准备仪器	仪器准备正确（6分）	
技能操作		能够熟练应用重金属快速检测仪进行测定（样品的称量、移液枪的准确移取液体、涡旋仪的使用、离心机的使用、孵育器和重金属快速检测仪的使用、清洁维护等），操作规范	操作过程规范、熟练（15分）	
		能够正确、规范记录结果并进行数据处理	原始数据记录准确、处理数据正确（5分）	
课前	通用能力	课前预习任务	课前任务完成认真（5分）	
课中	专业能力	实际操作能力	能够按照操作规范进行胶体金试纸条操作，能够准确进行样品的提取、稀释，移液枪移取样品准确（10分）	
			涡旋仪、离心机使用方法正确，调节方法正确（10分）	

考核项目		评价项目	评价要求	得分
课中	专业能力	实际操作能力	孵育器，胶体金试纸条的正确使用（10分）	
			重金属快速检测仪的使用及维护方法正确（10分）	
	工作素养	发现并解决问题的能力	善于发现并解决实验过程中的问题（5分）	
		时间管理能力	合理安排时间，严格遵守时间安排（5分）	
		遵守实验室安全规范	（仪器的使用、实验台整理等）遵守实验室安全规范（5分）	
课后	技能拓展	酶联免疫法的测定	正确、规范地完成操作（10分）	
总分（100分）				

备注：不合格（<60分），合格（60~70分），良好（70~90分），优秀（>90分）。

问题思考

（1）实验误差主要来自哪几个方面？
（2）乳制品中铅超标的危害有哪些？

项目三　水产品中重金属的快速检测

任务　螃蟹中重金属镉的快速检测

学习目标

【知识目标】

（1）了解重金属镉检验新技术和新方法。
（2）了解重金属镉检测相关标准。

【能力目标】

（1）掌握重金属快速检测仪器的使用和维护。
（2）能够利用重金属快速检测仪独立完成螃蟹中镉的检测。

【素养目标】

（1）树立"食品安全责任重于泰山"的理念，明确自己的责任和义务，提高对食品安全的责任感和使命感，积极保障食品安全。

（2）增强环保意识，重金属镉测定涉及环保和可持续发展的思考。需要意识到重金属的测定与环境保护和资源利用有着密切的关系，应该积极探索环保和可持续发展的实践路径，为促进社会的和谐发展做出贡献。

任务描述

重金属镉（Cd）是水产品持久性污染物之一，是水产品获评"绿色食品"的重要指标。近年来随着工农业的发展，水体环境中重金属污染加剧，通过水产动物的富集作用和食物链的传递，对人类健康不断构成潜在威胁，也直接影响到我国水产品的进出口贸易。

《食品安全国家标准　食品中污染物限量》（GB 2762—2022）中规定，螃蟹中重金属镉的限量指标为 3 mg/kg。食品中镉的检测方法有石墨炉原子吸收光谱法、电感耦合等离子体质谱法、X 射线荧光光谱法、电化学法、胶体金免疫层析试纸条法等。本任务要求根据胶体金免疫层析试纸条法测定螃蟹中的重金属镉。

知识准备

镉污染可能是由于水产品养殖环境中镉元素的富集导致的。镉在生物体内降解速度非常缓慢，沿食物链转移蓄积，成为影响水产品食用安全的重要因素之一。海水中镉污染主要来自工业废水，工业废水的排放使近海海水和浮游生物体内的镉含量不断增高。镉可在人体中积累引起急、慢性中毒。急性中毒可使人呕血、腹痛，最后导致死亡；慢性中毒可对人的肾功能造成损伤，破坏骨骼、致使骨痛、导致骨质软化，甚至瘫痪。

重金属镉测定原理：试样提取液中的镉离子，通过与螯合剂螯合后，与胶体金微粒发生呈色反应，颜色深浅与试样中的镉含量相关。用胶体金读数仪测定试纸条上的检测线（T 线）和质控线（C 线）颜色深浅，根据颜色深浅判断试样中镉的含量是否超出方法检测限。方法检测限为 3 000 μg/kg。

任务实施

一、仪器设备和材料

（1）电子天平：分度值 0.01 g。
（2）均质器。
（3）离心机：转速 ≥ 4 000 r/min。
（4）涡旋振荡器。
（5）移液器：20~200 μL，100~1 000 μL。
（6）重金属镉胶体金快速检测试剂盒：在 2~8 ℃环境中冷藏保存。
（7）重金属快速检测仪。

二、操作步骤

1. 检测仪准备

打开重金属快速检测仪，预热 5 min。试剂在室温下平衡 30 min 以上。

视频资源 4-3-1

2. 试样的制备

（1）均质：样本去皮、去壳、脂肪，取组织样本用均质器均质。
（2）称量：称取（1.00±0.1）g 均质物（待检样本）于 50 mL 或 15 mL 离心管中。
注：称样时注意样本不要粘黏于管壁，尽量全部称取于管底。
（3）提取：加入 1 mL 样品提取液Ⅰ，充分振荡 30 s，然后加入 3 mL 样品提取液Ⅱ，

充分振荡 3 min，用离心机以 4 000 r/min 的转速离心 3~5 min 后取上清液。

（4）稀释：量取 500 μL 稀释液 A、35 μL 稀释液 B、150 μL 上清液于 2 mL 离心管中，使用振荡器充分混匀后，放在离心管架上，待检。

3. 样品的测定

打开包装袋，取出所需数量的检测卡和微孔试剂，做好标记，并将所需数量的微孔试剂放在微孔板架上。

（1）加液：用 20~200 μL 移液器取 100 μL 待检液于微孔试剂中，采用半枪吸打方式，吸打 6~8 次并伴随搅拌，使微孔试剂充分溶解，并防止产生气泡。

（2）孵育：在室温（20~25 ℃）下，孵育 3 min。

（3）检测卡反应：吸取微孔中样品溶液 100 μL 于检测卡的加样孔中，在室温（20~25 ℃）下反应 8 min。

（4）结果判读：反应结束后，根据图 4-3 所示方法进行结果判读。

阴性　　　　　　　　　　阳性　　　　　　　　　　无效

阴性（-）：T线比C线显色深或一样深，表示样品中待检测物质浓度低于检测限，或不含待检测物质。
阳性（+）：T线比C线显色浅或T线无显色，则表示样品中待检测物质浓度高于检测限。
无效：质控C线未显色，表明操作过程不正确或试纸条已失效，请重新检测一次。

图 4-3　使用目视法进行结果判读

三、数 据 记 录 与 处 理

将螃蟹中重金属镉含量快速测定结果的原始数据填入表 4-5 中。

表 4-5　螃蟹中重金属镉快速测定原始记录表

重金属镉含量快速测定原始记录表								
样品名称	样品状态	检测方法依据	检测仪器		环境状况	检测地点	检测日期	备注
			名称	编号				
					温度：　　℃　相对湿度：　　%		年　月　日	
样品编号	实验次数	样品质量 m/g	测定结果					
检测					校核			

四、注意事项

（1）所有试剂溶液使用前需要回温、摇匀，在温度较低情况下试剂 A 会有沉淀出现，37 ℃ 水浴溶解即可。

（2）《食品安全国家标准　食品中污染物限量》（GB 2762—2022）中规定了螃蟹中的重金属镉的限量指标是 3 mg/kg，参考本实验的检测限，当重金属镉阳性时，可参照《食品安全国家标准　食品中镉的测定》（GB 5009.15—2023）中规定的石墨炉原子吸收光谱和电感耦合等离子体质谱测定方法进行结果确认。

五、评价与反馈

实验结束后，请按照表 4-6 中的评价要求填写考核结果。

表 4-6　螃蟹中重金属镉快速检测评价表

学生姓名：　　　　　　班级：　　　　　　日期：

考核项目		评价项目	评价要求	得分
知识储备		了解胶体金测定的工作原理	相关知识输出正确（1分）	
		掌握重金属快速检测流程及使用仪器的功能	能够说出螃蟹中重金属镉检测使用的仪器和作用（3分）	
检验准备		能够正确准备仪器	仪器准备正确（6分）	
技能操作		能够熟练应用重金属快速检测仪进行测定（样品的称量、移液枪的准确移取液体、涡旋仪的使用、离心机的使用、孵育器和重金属快速检测仪的使用、清洁维护等），操作规范	操作过程规范、熟练（15分）	
		能够正确、规范记录结果并进行数据处理	原始数据记录准确、处理数据正确（5分）	
课前	通用能力	课前预习任务	课前任务完成认真（5分）	
课中	专业能力	实际操作能力	能够按照操作规范进行胶体金试纸条操作，能够准确进行样品的提取、稀释，移液枪移取样品准确（10分）	
			涡旋仪、离心机使用方法正确，调节方法正确（10分）	
			孵育器，胶体金试纸条的正确使用（10分）	
			重金属快速检测仪的使用及维护方法正确（10分）	

考核项目	评价项目		评价要求	得分
课中	工作素养	发现并解决问题的能力	善于发现并解决实验过程中的问题（5分）	
		时间管理能力	合理安排时间，严格遵守时间安排（5分）	
		遵守实验室安全规范	（仪器的使用、实验台整理等）遵守实验室安全规范（5分）	
课后	技能拓展	酶联免疫法的测定	正确、规范地完成操作（10分）	
总分（100分）				

备注：不合格（<60分），合格（60~70分），良好（70~90分），优秀（>90分）。

问题思考

（1）实验误差的来源主要来自哪几个方面？

（2）螃蟹中镉超标的危害有哪些？

案例介绍

通过手机扫描二维码获取重金属污染的相关安全事件案例，通过网络资源总结预防重金属污染的方法。

拓展资源

利用互联网、国家标准、微课等拓展所学任务，查找资料，加深对相关知识的理解。

模块四案例

模块四拓展资源

模块五 食品中农药残留的快速检测

农药残留是指农药使用后残存于环境、生物体和食品中的农药母体、衍生物、代谢物、降解物和杂质的总称。目前使用的农药按其化学结构大致可分为以下几类：①有机磷农药（甲胺磷、敌敌畏等）；②拟除虫菊酯类农药（溴氰菊酯、氯氟氰菊酯等）；③氨基甲酸酯类农药（西维因、叶蝉散、涕灭威、呋喃丹等）；④有机氯农药（六六六、滴滴涕等）等。我国于1986年全面禁止有机氯类农药在农业上的使用，但由于有机氯类农药化学性质稳定，难以被降解，仍有导致蔬菜中有机氯农药残留超标的可能；拟除虫菊酯类农药具有广谱、抗药性小、药效迅速和良好的杀虫作用等优点，相比于有机磷类农药和氨基甲酸酯类农药具有毒性更小、对环境和食品的污染轻、药效持续时间短等特点，有可能作为新一代高效、低毒农药的代表得到推广使用，并逐步取代传统农药成为主要的农药使用品种；而有机磷类和氨基甲酸酯类农药为目前使用量最大的农药品种，在果蔬中具有较高的检出率。高毒禁用农药，特别是有机磷类农药仍为果蔬农药残留超标的主体，更是菜农首选使用的一类杀虫剂。针对有机磷和氨基甲酸酯类农药，科学工作者在农药残留检测技术方面做了大量的研究，并取得了较大的进步。

1. 农药残留的危害

不合理使用农药会导致果蔬中农残超标，而长期食用带有农药残留的食品，会对神经元进行严重损害，甚至造成中枢神经死亡，从而降低身体各个器官的免疫力，严重威胁到人类的生命安全。农药中毒包括有机磷类中毒、有机氯类中毒、有机氮类中毒、拟除虫菊酯类中毒等多种类型，不同类型农药中毒表现出不同的症状。人们通常在进食后十几分钟开始发病，常见症状有头晕、头痛、恶心、呕吐、流涎、腹痛、腹泻、胸闷、视物模糊、肢体无力等，严重者出现肌肉抽搐、呼吸困难、心律失常、意识模糊、昏迷等，甚至死亡。

2. 国内限量及监测

《食品安全国家标准　食品中农药最大残留限量》（GB 2763—2021）中规定了食品中564种农药10 092项最大残留限量。常规的农药残留分析方法如高效液相色谱法（HPLC）、气相色谱法（GC）、质谱（MS）法等，均存在着样品前处理复杂、仪器设备昂贵、分析耗时长、对技术人员操作

模块五
课件PPT

水平要求高等问题。由于这些方法不能满足样品现场快速检测的要求，人们只好运用新的原理和方法去开发特异性强、灵敏度高、方便快捷、准确安全的快速检测新技术。目前国内主要的快速检测方法有酶抑制法、生物检测法、仪器分析法、免疫分析法等。

项目一 水果中农药残留的快速检测

任务一 水果中有机磷的快速检测

学习目标

【知识目标】

（1）了解水果中常见有机磷农药的快速检测新技术。

（2）了解常见有机磷农药检测相关标准。

（3）理解水果中甲基异柳磷的快速检测技术原理。

（4）掌握水果中甲基异柳磷快速检测操作。

【能力目标】

（1）掌握有机磷快速检测仪器的操作。

（2）能够独立完成水果中甲基异柳磷快速检测的操作。

（3）能够准确快速进行检验结果评定。

【素养目标】

（1）注重技能培养，培养学生"守护食品安全，筑牢食安防线"的使命感。

（2）培养学生良好的职业素养，培养学生精益求精、严谨求实的工作作风和科学探究精神。

任务描述

目前，我国许多地区在农业生产（尤其是蔬菜、水果生产）中常以喷洒化学农药作为防治病虫害的主要手段，普遍使用的农药主要是有机磷、氨基甲酸酯和拟除虫菊酯三大类，其中对人畜造成严重危害的主要是有机磷农药。甲基异柳磷是一种高毒土壤杀虫剂，属于硫代磷酸酯类有机磷农药，具有较强触杀和胃毒作用，杀虫谱广、残效期长，主要用于小麦、花生、大豆、玉米、地瓜、甜菜、苹果等作物，防治蛴螬、蝼蛄、金针虫等地下害虫，也可用于防治黏虫、蚜虫、烟青虫、桃小食心虫、红蜘蛛等。甲基异柳磷能强烈抑制人体内胆碱酯酶活性，引起严重的毒蕈样、烟碱样和中枢神经系统症状。甲基异柳磷对人畜毒性较大，可通过食道、呼吸道和皮肤引起中毒。早在 2002 年，农业部公告第 199 号就规定了禁止在蔬菜、果树、茶叶等作物上使用甲基异柳磷。2022 年 3 月，农业农村部公告第 536 号规定对甲拌磷、甲基异柳磷、水胺硫磷、灭线磷等 4 种高毒农药采取淘汰措施。自 2022 年 9 月 1 日起撤销其原药及制剂产品的农药登记，且禁止生产。已合法生产的产品在质量保证期内可以销售和使用，自 2024 年 9 月 1 日起禁止销售和使用。

由于水果具有品种类别多样性、生产流通复杂性、安全问题易发性等特点，且在食品安全监督抽检时存在发现问题滞后等特性，因此，建立一种快速、准确、针对蔬菜水果中甲基异柳磷的快速检测方法十分必要。

胶体金免疫层析法特异性强、操作简便、检测成本低，是目前技术较成熟、应用最广泛的现场快速检测方法之一，特别适合食用农产品、餐饮食品、散装食品等快速流通样品的现场快速筛查。本任务主要采用胶体金免疫层析快速检测法测定水果中的甲基异柳磷含量。

知识准备

《食品安全国家标准 食品中农药最大残留限量》（GB 2763—2021）中规定，水果中甲基异柳磷的最大残留量为 0.01 mg/kg。

目前国内水果中甲基异柳磷的检测方法有气相色谱法和气相色谱-质谱法。对于甲基异柳磷检测标准有两种，分别是《植物性食品中甲基异柳磷残留量的测定》（GB/T 5009.144—2003）和《食品安全国家标准 植物源性食品中 208 种农药及其代谢物残留量的测定气相色谱-质谱联用法》（GB 23200.113—2018）。但气相色谱法和气相色谱-质谱法为传统实验室检测方法，检测周期长、价格昂贵、操作复杂，不适合现场少量样品的快速检测。胶体金免疫层析快速检测方法测定甲基异柳磷是采用竞争抑制免疫层析原理。样品中的甲基异柳磷经提取后与胶体金标记的特异性抗体结合，抑制抗体和检测线（T 线）上抗原的结合，从而导致 T 线颜色深浅的变化，通过 T 线与控制线（C 线）颜色深浅比较，对样品中甲基异柳磷进行定性判定，检测标准为《蔬菜水果中甲基异柳磷的快速检测 胶体金免疫层析法》（KJ 202309）。

任务实施

一、仪器设备和材料

（1）甲基异柳磷胶体金快速检测试剂盒。需要在阴凉、干燥、避光的条件下保存。

（2）金标微孔（含胶体金标记的特异性抗体）。

（3）试纸条或检测卡。

（4）离心管。

（5）电子天平：分度值为 0.01 mg 和 0.01 g。

（6）移液器：100～1 000 μL、200～2 000 μL、1～5 mL。

（7）粉碎机。

（8）离心机：转速≥4 000 r/min。

（9）涡旋混合器

（10）温育器。

（11）胶体金读数仪（可选）。

除另有说明外，所有试剂均为分析纯，实验室用水应符合《分析实验室用水规格和试验方式》（GB/T 6682—2008）中对于二级水的要求。

（12）氯化钠（NaCl）。

（13）十二水合磷酸氢二钠（$Na_2HPO_4 \cdot 12H_2O$）。

（14）二水合磷酸二氢钠（$NaH_2PO_4 \cdot 2H_2O$）。

（15）丙酮（CH_3COCH_3）。

（16）样品提取液（0.1 mmol/L 磷酸盐缓冲溶液，pH 值为 8.00 配制方法：准确称取氯化钠 9.00 g、十二水合磷酸氢二钠 6.00 g、二水合磷酸二氢钠 0.40 g，用水溶解并定容至 100 mL，即为样品提取液、或使用胶体金免疫层析检测试剂盒专用缓冲液）。

（17）参考物质：甲基异柳磷（$C_{13}H_2ONO_4PS$，分子量 317.34），纯度≥98%。

二、操作步骤

1. 标准溶液配制

（1）甲基异柳磷标准储备液（100 μg/mL）：精确称取甲基异柳磷 1.00 mg，置于 10 mL 容量瓶中，用丙酮溶解并稀释至刻度，摇匀，制成浓度为 100 μg/mL 的甲基异柳磷标准储备液。或可直接购买甲基异柳磷标准储备液，在-18 ℃下避光保存，有效期 6 个月。

（2）甲基异柳磷标准中间液（10 μg/mL）：精确量取甲基异柳磷标准储备液（100 μg/mL）1 mL，置于 10 mL 容量瓶中，用丙酮稀释至刻度，摇匀，制成浓度为 10 μg/mL 的甲基异柳磷标准中间液，在 4 ℃下避光保存，有效期 3 个月。

（3）甲基异柳磷标准工作液（1 μg/mL）：精确量取甲基异柳磷标准中间液（10 μg/mL）1 mL，置于 10 mL 容量瓶中，用丙酮稀释至刻度，摇匀，制成浓度为 1 μg/mL 的甲基异柳磷标准工作液，在 4 ℃下避光保存，有效期 3 个月。

2. 试样的制备

称取不少于 200.00 g 具有代表性的黄瓜，剪碎，分别装入洁净容器作为试样和留样，密封，标记。留样储存在-18 ℃以下环境中保存。

3. 试样的提取

准确称取制备好的试样 2.00 g（精确至 0.01 g）至 15 mL 离心管中，加入 8 mL 样品提取液，盖上盖子，涡旋混合器混匀或手动上下振荡混匀 30 s，静置分层或用离心机以 4 000 r/min 的转速离心 1 min，上清液即为待测液。

4. 试样的测定

（1）样品测定液的准备。

《食品安全国家标准 食品中农药最大残留限量》（GB 2763—2021）中不同水果基质的甲基异柳磷限量要求不同，其待测液处理方式见表 5-1。

表 5-1 待测液处理方式

基质种类	处理方式
柑、橘、苹果、梨、桃、枣、草莓、蓝莓、香蕉、荔枝、西瓜、哈密瓜	在金标微孔中加入 200 μL 待测液，用一次性吸管上下抽吸 5~10 次直至微孔试剂混合均匀

（2）样品的测定。

将以上混匀后的测试样品在室温（20~30 ℃）下温育 3 min，将试纸条插入金标微孔中，室温（20~30 ℃）下反应 6 min 后，从微孔中取出试纸条，除去试纸条下端的样品垫，进行结果判定。

（3）空白实验。准确称取空白试样，按照样品提取和测定步骤操作，也可在金标微孔中加入 200 μL 缓冲液，用一次性吸管上下抽吸 5~10 次直至微孔试剂混合均匀后，按样品测定步骤操作。

（4）加标质控实验。测定柑、橘、苹果、梨、桃、枣、草莓、蓝莓、香蕉、荔枝，西瓜、哈密瓜时，称取甲基异柳磷含量为 0.01 mg/kg 的质控样，或称取空白试样，加入适量甲基异柳磷标准工作液（1 μg/mL），使甲基异柳磷的添加量为 0.01 mg/kg，按照样品提取和测定步骤操作。

三、数据记录与处理

1. 结果判定

目视法：通过对比 C 线和 T 线的颜色深浅进行结果判定。

无效结果：C 线不显色，无论 T 线是否显色，判定为无效结果；质控实验结果不符合要求时，同批次所有检测结果判定为无效结果。若出现无效结果，则需对同批次样品进行重新检测。

阴性结果：C 线显色，若 T 线颜色深于或等于 C 线，则表示试样中不含甲基异柳磷或其含量低于方法检出限，判定为阴性结果。

阳性结果：C 线显色，若 T 线不显色或颜色浅于 C 线，则表示试样中含有甲基异柳磷且其含量高于方法检出限，判定为阳性结果。

胶体金读数仪法：按照胶体金读数仪说明书进行操作，直接读取检测结果，并按胶体金读数仪说明书进行判定。质控实验结果不符合要求时，同批次所有检测结果判定为无效结果。

将甲基异柳磷含量快速测定结果的原始数据填入表 5-2 中。

表 5-2　甲基异柳磷快速测定原始记录表

甲基异柳磷快速测定原始记录表								
样品名称	样品状态	检测方法依据	检测仪器		环境状况	检测地点	检测日期	备注
			名称	编号				
					温度：　　℃ 相对湿度：　　%		年　月　日	
实验次数	样品质量 m/g	样品测定结果	空白实验样品质量 m/g	空白实验结果	加标质控实验样品质量 m/g		加入标准中间液量	加标质控实验结果
检测				校核				

四、注意事项

（1）使用本方法测定柑、橘、苹果、梨、桃、枣、草莓、蓝莓、香蕉、荔枝、西瓜、哈密瓜时，甲基异柳磷的检出限为 0.01 mg/kg。

（2）灵敏度≥95%、特异性≥90%、假阴性率≤5%、假阳性率≤10%。

（3）本方法参比方法为《食品安全国家标准　植物源性食品中 208 种农药及其代谢物残留量的测定气相色谱-质谱联用法》（GB 23200.113—2018）。

五、评价与反馈

实验结束后，请按照表 5-3 中的评价要求填写考核结果。

表 5-3 甲基异柳磷检测考核评价表

学生姓名：　　　　　　　　班级：　　　　　　　　日期：

考核项目		评价项目	评价要求	得分
知识储备		了解甲基异柳磷对人体的危害，能够描述甲基异柳磷快速检测原理	相关知识输出正确（1分）	
		掌握胶体金免疫层析快速检测甲基异柳磷的操作步骤	能够说出测定的相关步骤（3分）	
检验准备		能够正确准备仪器	仪器准备正确（6分）	
技能操作		能够准确使用移液枪，准确地配制溶液，准确称量样品无撒漏，熟练完成试样的制备和提取，按照要求熟练进行样品的测定操作	操作过程规范、熟练（15分）	
		能够正确、规范记录结果并进行数据处理	原始数据记录准确、处理数据正确（5分）	
课前	通用能力	课前预习任务	课前任务完成认真（5分）	
课中	专业能力	实际操作能力	能够按照操作规范进行移液枪操作，能够准确配液、加样、混匀微孔试剂和判定实验结果（10分）	
			正确设置涡旋混合器和离心机，使用方法正确（10分）	
			金标微孔使用方法正确，试纸条使用方法正确（10分）	
			质控实验操作规范，结果正确（10分）	
	工作素养	发现并解决问题的能力	善于发现并解决实验过程中的问题（5分）	
		时间管理能力	合理安排时间，严格遵守时间安排（5分）	
		遵守实验室安全规范	（涡旋混合器、离心机、以及金标微孔、试纸条的使用、移液枪的调节和加样、实验台整理等）遵守实验室安全规范（5分）	
课后	技能拓展	甲基异柳磷的测定	正确、规范地完成操作（10分）	
总分（100分）				

备注：不合格（<60分），合格（60~70分），良好（70~90分），优秀（>90分）。

（1）简述水果中甲基异柳磷含量超标对人体的危害。

（2）简述胶体金免疫层析法在农药残留快速检测中的优缺点。

（3）在样品测定过程中，为什么测试样品要在室温20~30℃下温育3 min？

任务二　水果中氨基甲酸酯类农药的快速检测

学习目标

【知识目标】

（1）了解水果中常见氨基甲酸酯类农药的快速检测新技术。

（2）了解常见氨基甲酸酯类农药检测相关标准。

（3）理解水果中克百威的快速检测技术原理。

（4）掌握水果中克百威的快速检测操作方法。

【能力目标】

（1）掌握氨基甲酸酯类农药快速检测仪器的操作。

（2）能够独立完成水果中克百威快速检测的操作。

（3）能够准确快速地进行检验结果评定。

【素养目标】

（1）强化学生执行国家标准和遵守法律的意识。

（2）培养学生勇担食品安全重任，强化安全意识，增强专业认同感，严守食品安全法律底线精神，提高社会责任感。

（3）培养学生实事求是、严谨守标的职业操守和精益求精的工匠精神。

任务描述

克百威又称呋喃丹、虫螨威，属于氨基甲酸酯类农药，具有触杀和胃毒的作用，其毒理机制为抑制机体内乙酰胆碱酶的活性，破坏正常的神经冲动传导，引起异常兴奋、麻痹或死亡。该药物通过内吸杀虫作用可用于防止大部分农作物的虫害。克百威与大多数氨基甲酸酯类农药不同的是，其与乙酰胆碱酶的结合是不可逆的，因此，其毒性高且残留时间长，暴露在环境中对鸟类、蜜蜂和水生动物具有高毒性。美国环境保护署将其列为剧毒农药，并于2009年禁用。

目前，农药残留常用的检测方法有酶抑制剂速测法、色谱分析法和胶体金免疫层析法等。其中酶抑制剂速测法主要针对有机磷和氨基甲酸酯类农药，具有操作简便、成本低的特点，但其检测灵敏度不高，一般检测限为0.1~5 mg/kg，且易受到样本基质和环境的干扰，出现假阴性和假阳性。色谱分析方法具有灵敏度高、准确性好、特异性强的优点，常用的有高效液相色谱法、气质联用分析法和液质联用分析法，不过色谱方法检测时间长、操作复杂、费用高，不适合大量样本的现场筛查。胶体金免疫层析法具有快速、简便和费用低等优点，但该检测方法灵敏度较差，一般只用在定性分析中。随着国家对快速检测产品性能要求的提高，建立一种灵敏度高、操作简便、可现场使用的快速定量免疫层析方法具有重要的意义。

量子点微球荧光免疫层析法是一种高灵敏度的快速检测方法，具有快速、简便和易操作的优点，可用于水果中克百威的快速和定量检测。该方法便于基层农产品检测部门、市场监管部门、大型商超农贸市场，以及农产品种植户对蔬菜水果中的克百威进行快速、准确及定量检测，实现对蔬菜水果安全有效的监管，保障蔬菜水果的质量安全。本任务主要采用量子点微球荧光免疫层析法测定水果中克百威，此方法灵敏度高，操作简便、快速。

◉ 知识准备

克百威是一种高效、广谱高毒的氨基甲酸酯类杀虫、杀螨、杀线虫剂，具有内吸、触杀、胃毒作用，并有一定的杀卵作用。农业部第 199 号公告明确规定，克百威不得用于蔬菜、果树、茶叶、中草药材上。克百威不易降解，容易污染环境。过多食用含有该农药超标的食物可能使胆碱酯酶的活性受到抑制，导致神经系统机能失调，从而使一些受该神经系统支配的脏器功能异常。

《食品安全国家标准 食品中农药最大残留限量》（GB 2763—2021）中对各种食品中的克百威有明确的限量规定，其在蔬菜、干制蔬菜和水果中最大残留限量为 0.02 mg/kg；在谷物中最大残留限量为 0.05 ~ 0.1 mg/kg；在油脂及其制品中最大残留限量为 0.05 ~ 0.2 mg/kg；在糖料、饮料和调味料中最大残留量为 0.02 ~ 0.1 mg/kg；在哺乳动物组织内的最大残留限量为 0.05 mg/kg。

量子点微球（Quantum Dot Microsphere，QM）是将量子点包裹进纳米级聚苯乙烯微球中制备出的新型量子点标记材料，是一种性能优异的生物标记材料。通过将单独的量子点包埋到其他微球内以获得更好的化学和胶体稳定性；同时，由于量子点的聚集而获得更强荧光强度，提高量子产率，并且可以解决单一的量子点水溶性差、尺寸较小、不易与标记抗原或抗体分离的问题。

量子点微球荧光免疫层析技术（Quantum Dot Microsphere Fluoroimmunoassay，QMFIA）是一种新型的免疫荧光标记技术，利用免疫学高特异性和量子点微球强荧光特性相结合，建立的一种高灵敏度的快速检测方法，其不仅具有酶联免疫吸附法的可定量优点，而且兼具胶体金法的快速、简便和易操作的优点，并可以进行现场检测，对于基层食品安全监管具有重要的意义。

量子点微球荧光免疫层析法测定水果中克百威是以量子点微球为荧光标记物，基于竞争抑制免疫层析技术原理，通过荧光免疫分析仪进行数据读取和分析，根据已设定的标准曲线计算样品中待测物质的含量，对水果中的克百威进行定量检测。其检测标准为《蔬菜水果中克百威的检测 量子点微球荧光免疫层析法》（DB36/Z 001—2022）。

◉ 任务实施

一、仪器设备和材料

（1）分析天平：分度值 0.01 g。

（2）微量移液器：20 ~ 200 μL、100 ~ 1 000 μL 和 1 ~ 10 mL。

(3) 漩涡振荡器：转速≥2 500 r/min。

(4) 恒温孵育器：设定温度为（37±1）℃。

(5) 荧光免疫分析仪：激发波长为360~370 nm，发射波长为605~615 nm。

(6) 离心机：转速≥4 000 r/min。

(7) 均质机：转速≥5 000 r/min。

(8) 离心管：1.5 mL和50 mL。

(9) 克百威量子点微球免疫层析包装盒：含量子点微球免疫层析试纸条和标准曲线内置卡（ID卡），ID卡内设对应批次标准曲线。

除另有说明外，本方法所用试剂均为分析纯，水为《分析实验室用水规格和试验方法》（GB/T 6682—2008）中规定的二级水。

(10) 乙腈（C_2H_3N）。

(11) 磷酸氢二钾（K_2HPO_4）。

(12) 磷酸二氢钾（KH_2PO_4）。

(13) 试样提取液：准确称取5.60 g磷酸氢二钾、0.41 g磷酸二氢钾，乙腈100 mL用水溶解并定容至1 L。

(14) 试样稀释液（0.01 mol/L磷酸盐缓冲液）：准确称取5.60 g磷酸氢二钾、0.41 g磷酸二氢钾，用水溶解并定容至1 L。

二、操作步骤

1. 检测仪准备

(1) 测试前打开荧光免疫分析仪，确认包装盒中的ID卡与产品批号是否匹配，插入ID卡，在仪器测试界面单击"读卡/读项目"键，界面出现"读取完成"，单击"确认"键即可使用。

(2) 打开恒温孵育器，将温度设为37 ℃，待温度达标后即可使用。

2. 试样的制备

(1) 分样和粉碎：取不少于100.00 g具有代表性的水果样品，充分均质混匀，均分成两份分别装入洁净容器作为试样和留样，密封，标记，留样置于-20 ℃环境中避光保存。水果测定部位按照《食品安全国家标准　食品中农药最大残留限量》（GB 2763—2021）的规定执行。

(3) 试样前处理：准确称取（2.00±0.1）g试样于50 mL离心管中，向上述离心管中加入试样提取剂3 mL，封盖漩涡混匀2 min，取1 mL提取后上清液，用离心机以4 000 r/min的转速离心2 min，取50 μL离心后上清液加入700 μL克百威试样稀释液，混匀后待检测。

视频资源 5-1-2

3. 样品的测定

(1) 在荧光免疫分析仪测试界面单击"读卡/读项目"键，待界面出现"读取完成"后，单击"确认"键即可使用。

(2) 从密封包装袋中取出克百威量子点微球免疫层析试纸条，在30 min内使用。

(3) 将克百威量子点微球免疫层析试纸条平放，用微量移液器吸取90 μL稀释后的待测液于克百威量子点微球免疫层析试纸条的加样孔（S）中，在恒温孵育器中37 ℃孵育反应10 min。

（4）反应时间结束后立即将克百威量子点微球免疫层析试纸条插入荧光免疫分析仪中，单击仪器界面的"测试"键，仪器会自动给出定量测试结果，在 15 min 内测试，结果方有效。

三、数据记录与处理

将克百威含量快速测定结果的原始数据填入表 5-4 中。

表 5-4　克百威含量快速测定原始记录表

克百威快速测定原始记录表									
样品名称	样品状态	检测方法依据	检测仪器		环境状况	检测地点	检测日期	备注	
			名称	编号					
					温度：　　　℃ 相对湿度：　　　%		年　月　日		
样品编号	实验次数	样品质量 m/g	稀释倍数 B	仪器显示读数测定结果 X/（mg·kg^{-1}）	平均值/（mg·kg^{-1}）	修约值/（mg·kg^{-1}）	平行允差/（mg·kg^{-1}）	实测差/（mg·kg^{-1}）	
检测					校核				

四、注意事项

本方法参比标准方法按照《食品安全国家标准　植物源性食品中 9 种氨基甲酸酯类农药及其代谢物残留量的测定液相色谱-柱后衍生法》（GB 23200.112—2018）的规定执行。

五、评价与反馈

实验结束后，请按照表 5-5 中的评价要求填写考核结果。

表 5-5　克百威含量检测考核评价表

学生姓名：　　　　　　　　班级：　　　　　　　　日期：

考核项目	评价项目	评价要求	得分
知识储备	了解克百威对人体的危害，能够描述克百威快速检测原理	相关知识输出正确（1分）	
	掌握量子点微球荧光免疫层析法测定克百威的操作步骤	能够说出测定的相关步骤（3分）	
检验准备	能够正确准备仪器	仪器准备正确（6分）	

考核项目		评价项目	评价要求	得分
技能操作		能够准确地配制试样提取液和稀释液，准确称量样品无撒漏，准确使用移液枪，熟练完成试样的制备和前处理，按照要求熟练进行样品的测定操作	操作过程规范、熟练（15分）	
		能够正确、规范记录结果并进行数据处理	原始数据记录准确、处理数据正确（5分）	
课前	通用能力	课前预习任务	课前任务完成认真（5分）	
课中	专业能力	实际操作能力	能够按照操作规范进行移液枪操作，准确配液、加样和读取测定结果（10分）	
			正确设置均质机、漩涡振荡器、离心机和恒温孵育器，使用方法正确（10分）	
			荧光免疫分析仪使用方法正确（10分）	
			克百威量子点微球免疫层析包装盒使用方法正确（10分）	
	工作素养	发现并解决问题的能力	善于发现并解决实验过程中的问题（5分）	
		时间管理能力	合理安排时间，严格遵守时间安排（5分）	
		遵守实验室安全规范	（均质机、漩涡振荡器、离心机、恒温孵育器及荧光免疫分析仪、克百威量子点微球免疫层析包装盒的使用、移液枪的调节和加样、实验台整理等）遵守实验室安全规范（5分）	
课后	技能拓展	克百威的测定	正确、规范地完成操作（10分）	
总分（100分）				

备注：不合格（<60分），合格（60~70分），良好（70~90分），优秀（>90分）。

问题思考

（1）水果中克百威超标的危害有哪些？

（2）在水果的取样过程中，应怎样选取有代表性的样品？请以苹果为例说明测定部位选取的具体方法。

（3）为什么待测液要在37℃恒温孵育器中孵育10 min？

任务三 水果中菊酯类农药的快速检测

学习目标

【知识目标】

（1）了解高效氯氟氰菊酯检测新技术和新方法。

（2）了解高效氯氟氰菊酯相关检测标准。

【能力目标】

（1）掌握高效氯氟氰菊酯检测卡中免疫层析法测定的原理、样品的制备、溶液的稀释；

（2）掌握检测过程中仪器的使用方法。

（3）能够利用高效氯氟氰菊酯检测卡独立完成多种水果中高效氯氟氰菊酯的检测。

【素养目标】

（1）深刻理解农药残留对食品安全的影响，增强自我保护意识。

（2）运用科学的方法和态度对待农药残留问题，培养严谨的科学精神，训练批判性思维。

任务描述

高效氯氟氰菊酯属于常用的拟除虫菊酯类杀虫剂，主要用来防治蔬菜、水果等农作物上的病虫害。随着人们对高效氯氟氰菊酯的大量使用及滥用，其残留带来的问题也层出不穷。有研究表明，高效氯氟氰菊酯对鸟类、蚕类、鱼类、蜜蜂等动物有较强毒性，土壤或者水体中的非靶标生物中毒或死亡经常出现。另外，高效氯氟氰菊酯具有一定的挥发性，会通过呼吸进入人体内，其在人体中的蓄积可能会造成急性中毒。高效氯氟氰菊酯还会缓慢积累，通过在环境、食物链中的蓄积最终到达牲畜及人体内，影响人畜的内分泌系统、免疫系统，严重时还会导致发育障碍。研究发现，高效氯氟氰菊酯会引起遗传疾病、心血管疾病等严重影响人体健康的病症，甚至有致癌等风险，这是因为高效氯氟氰菊酯具有神经毒性。

《食品安全国家标准 食品中农药最大残留限量》（GB 2763—2021）中规定了 564 种农药 10 092 项最大残留限量。《植物性食品中有机氯和拟除虫菊酯类农药多种残留量的测定》（GB/T 5009.146—2008）中规定了使用过有机氯和拟除虫菊酯类农药的粮食、蔬菜等作物的残留量分析方法。在实际操作中，氯氟氰菊酯的残留检测通常使用的检测方法包括 ELISA 法、电化学免疫传感器法、气相色谱-质谱联用法（GC-MS）、液相色谱-质谱联用法（LC-MS）、光谱法、薄层色谱法（TLC）、表面等离子共振法（SPR）等。本任务要求学生根据竞争性免疫层析检测法测定水果中的高效氯氟氰菊酯。此方法简单、检测速度快且高效。

知识准备

拟除虫菊酯类农药是目前被农户们普遍使用的人工合成类农药。在自然界中，拟除虫菊这类植物可人工栽培，能有效杀灭害虫，其药效物质为菊素。拟除虫菊酯类农药的化学结构与菊素杀灭害虫的成分相近。拟除虫菊酯类农药的开发与推广应用是农药发展历史上的一个重大突破。目前，人工合成的拟除虫菊酯类农药的类型有两种，分别为光敏性菊酯类和耐光性菊酯类。光敏性菊酯类农药在受到光照时容易分解，在农田中对害虫的防治效果不明显，主要用于不见光的室内空间的害虫防治，如丙烯菊酯、苯醚菊酯、苄呋菊酯等。耐光性菊酯类农药在受到光照时性质比较稳定，不易光解，主要用于农田、蔬菜大棚中的害虫防治，如嗅氰菊酯、氰戊菊酯、氯氰菊酯、氯氟氰菊酯等。

高效氯氟氰菊酯（Lambda-Cyhalothrin）是一种高效低毒菊酯类杀虫剂。分子式 $C_{23}H_{19}ClF_3NO_3$，分子量为 449.85。

高效氯氟氰菊酯是在氯氟氰菊酯的基础上经过长期研究开发出的产品，它是一种相较于氯氟氰菊酯来说活性更高、应用范围更广、杀虫谱更广、毒性更低的杀虫剂，适用于果树、蔬菜、谷物等农作物上蚜虫等多种害虫的防治。2012 年，我国杀虫剂品种使用量前10 名中，拟除虫菊酯类农药占据 2 位，其中高效氯氟氰菊酯位列第 6 位。

高效氯氟氰菊酯快速检测卡检测原理：检测过程中应用了竞争法免疫层析原理，待测液中的目标物与微孔中的金标抗体预反应，抑制了金标抗体与硝酸纤维素膜上抗原（T线）的结合，从而影响 T 线显色。

⦿ 任务实施

一、仪器设备和材料

（1）剪刀。
（2）电子天平：分度值 0.1 g。
（3）离心管：15 mL 或 50 mL。
（4）涡旋仪。
（5）移液器：20~200 µL、100~1 000 µL。
（6）高效氯氟氰菊酯快速检测卡。
（7）离心机。

二、操作步骤

1. 样品准备

（1）粉碎：选取一定量的有代表性样本，擦去泥土，剪碎成小于 1 cm 见方的碎片。
（2）称量：称取（2.0±0.1）g 样品于 50 mL 离心管中。
（3）提取：加入 3 mL 样品稀释液，盖上盖子，手动上下振荡 2 min，静置 1 min。
（4）稀释：吸取离心管内混合液（注：若混合液不易吸取，请置于离心机中离心 1 min），再用样品稀释液按照表 5-6 中的规定稀释，稀释后即为待测液。

表 5-6　样本检出限对应稀释表

样本	检测限/（mg·kg^{-1}）	混合液+样品稀释液/µL
金橘	2	20+180
柠檬、橄榄	1	50+200
桃、油桃、杏、枸杞（鲜）、猕猴桃	0.5	100+150
樱桃	0.3	100+50

样本	检测限/(mg·kg⁻¹)	混合液+样品稀释液/μL
柑橘橙、柚、佛手、柑、苹果、梨、山楂、枇杷、橙梓、李子、浆果和其他小型类水果 [枸杞（鲜）、猕猴桃除外]、芒果	0.2	无需稀释

2. 样品的测定

（1）测试前先完整阅读说明书，使用前将检测卡和待检样本溶液恢复至室温（20~30 ℃）。拆开包装袋，取出检测卡，并做好标记。

（2）吸取待测液 120 μL（滴管约 4 滴）于金标微孔中，缓慢抽吸多次至检测样品与微孔试剂充分混匀，同时开始计时。

（3）在室温（20~30 ℃）下孵育 2 min 后，吸取微孔内红色溶液全部滴加到检测卡加样孔中，加样同时开始计时。

（4）在室温（20~25 ℃）下反应 5 min 后判读结果，其他时间判读无效。

三、数据记录与处理

通过对比质控线（C 线）和检测线（T 线）的颜色深浅进行结果判定，然后将高效氯氟氰菊酯含量快速测定结果的原始数据填入表 5-7 中。

表 5-7　高效氯氟氰菊酯快速测定原始记录表

高效氯氟氰菊酯快速测定原始记录表								
样品名称	样品状态	检测方法依据	检测仪器		环境状况	检测地点	检测日期	备注
			名称	编号				
					温度：　　　℃ 相对湿度：　　%		年　月　日	
样品编号	实验次数	样品质量 m/g	稀释倍数 B	仪器显示读数测定结果 X/(mg·kg⁻¹)		平均值/(mg·kg⁻¹)	修约值/(mg·kg⁻¹)	平行允差/(mg·kg⁻¹)	实测差/(mg·kg⁻¹)
检测					校核			

四、注意事项

（1）微孔试剂和检测卡需要在保质期内一次性使用。

（2）请勿触摸检测卡中央的白色膜面。

（3）本检测方式为筛选方法，如需确证，请参照相关标准进行确证。

五、评价与反馈

实验结束后，请按照表5-8中的评价要求填写考核结果。

表5-8 高效氯氟氰菊酯快速检测考核评价表

学生姓名：　　　　　　　班级：　　　　　　　日期：

考核项目		评价项目	评价要求	得分
知识储备		了解免疫层析竞争法测定的工作原理	相关知识输出正确（1分）	
		掌握高效氯氟氰菊酯快速检测仪流程及使用仪器的功能	能够说出高效氯氟氰菊酯快速检测各部分使用的仪器和作用（3分）	
检验准备		能够正确准备仪器	仪器准备正确（6分）	
技能操作		能够熟练应用高效氯氟氰菊酯快速检测卡进行测定（样品的称量、移液枪移取液体、涡旋仪的使用、离心机的使用、快速检测卡的使用、清洁维护等），操作规范	操作过程规范、熟练（15分）	
		能够正确、规范记录结果并进行数据处理	原始数据记录准确、处理数据正确（5分）	
课前	通用能力	课前预习任务	课前任务完成认真（5分）	
课中	专业能力	实际操作能力	能够按照操作规范进行试纸条操作，准确进行样品的提取、稀释，移液枪移取样品准确（10分）	
			涡旋仪使用方法正确，调节方法正确（10分）	
			试纸条的正确使用（10分）	
			高效氯氟氰菊酯测定的使用及维护方法正确（10分）	
	工作素养	发现并解决问题的能力	善于发现并解决实验过程中的问题（5分）	
		时间管理能力	合理安排时间，严格遵守时间安排（5分）	
		遵守实验室安全规范	（仪器的使用、实验台整理等）遵守实验室安全规范（5分）	
课后	技能拓展	电化学免疫传感器法测定前处理	正确、规范地完成操作（10分）	
总分（100分）				

备注：不合格（<60分），合格（60~70分），良好（70~90分），优秀（>90分）。

（1）使用高效氯氟氰菊酯快速检测卡的检测步骤是什么？

（2）常见的高效氯氟氰菊酯检测方法有哪些？

任务四　水果中烟碱类农药的快速检测

⊚ **学习目标**

【知识目标】

（1）了解啶虫脒检测新技术和新方法。

（2）了解啶虫脒残留的危害。

【能力目标】

（1）掌握啶虫脒检测卡中免疫层析法测定的原理、样品的制备、溶液的稀释。

（2）掌握检测过程中仪器的使用方法。

（3）能够利用啶虫脒检测卡独立完成多种水果中啶虫脒的检测。

【素养目标】

（1）农药残留问题关系到生态环境和食品安全。学生应意识到农药使用对环境的潜在威胁，从而增强环保意识。

（2）培养学生在食品安全监管中的责任感与使命感。

⊚ **任务描述**

新烟碱类杀虫剂现已成为全球最常用的杀虫剂，因具有广谱、内吸、速效、低毒、活性高、用量少和持效期长等特性，在全球范围内应用广泛。其中啶虫脒、吡虫啉、噻虫胺、噻虫嗪和噻虫啉占新烟碱类杀虫剂总市场份额的90%以上。作为农业活动的五大新烟碱类杀虫剂之一，啶虫脒作用原理是通过改变无脊椎动物中枢神经系统的神经传递机制发挥其毒性作用，具有药效高、活性持久、选择性佳等优点。但由于啶虫脒大量过度使用，目前已逐渐成为一种环境污染物。尽管哺乳动物烟碱型乙酰胆碱受体的亲和力较低，它们在暴露于啶虫脒后，会产生神经毒性，对神经系统造成一定的损伤，临床报告显示人们在摄入啶虫脒后，其会通过血液运输到身体的不同器官，在这个过程中，啶虫脒的毒性会扩展到身体的各个系统，造成血液中激素水平和血红蛋白浓度降低，并对肝脏和肾脏功能造成一定影响，破坏了生殖系统的完整性，严重的还会导致乳酸中毒，引起恶心、呕吐、心肌缺血、癫痫发作等症状。

常见的检测啶虫脒的方法包括超高液相色谱–串联质谱法、气相色谱法、超高效液相色谱法等。此类方法选择性好、灵敏度及准确度高，但操作复杂、耗时较长。而快检技术的可操作性较强，能在短时间内快速出具检验结果。本任务要求学生根据免疫层析竞争法，利用啶虫脒快速检测卡测定蔬菜中的啶虫脒。

知识准备

啶虫脒（Acetamiprid）是由日本曹达株式会社开发的一种具有创新结构的杀虫剂，其含有 5-吡啶甲基杂环结构，25 ℃时在水中的溶解度为 4 200 mg/L，在日光下状态稳定。其作用于神经结合部后膜，通过与胆碱受体结合使昆虫异常兴奋，全身痉挛、麻痹而死，具有触杀、胃毒、渗透和内吸等杀虫活性，可广泛应用于水稻、棉花、蔬菜、水果等多种作物的害虫防治方面。

啶虫脒是继吡虫啉之后又一种新烟碱类优良杀虫剂，具有广谱、内吸、速效、低毒、活性高、用量少、持效期长等特性。其作用机理与现有农药不同，对有机磷、氨基甲酸酯及拟除虫菊酯类农药产生较强抗性的害虫亦有效，能有效防治半翅目和鳞翅目等害虫，且 3%啶虫脒乳油防治茶小绿叶蝉击倒力强、效果显著。

啶虫脒快速检测卡测定原理：检测过程中应用了竞争法免疫层析原理，是在层析过程中，待测液中的待测物与金标抗体结合，抑制了金标抗体与硝酸纤维素膜上的竞争抗原（T 线）的结合，从而影响 T 线显色。

任务实施

一、仪器设备和材料

（1）剪刀。
（2）电子天平：分度值 0.1 g。
（3）离心管：50 mL。
（4）涡旋仪。
（5）移液器：10~100 μL/100~1 000 μL。
（6）胶体金读数仪或其他具有相同功能的仪器。
（7）啶虫脒快速检测卡。

二、操作步骤

1. 试样的制备

（1）粉碎：选取一定量的有代表性样本，将其剪成 1 cm 左右见方碎片。
（2）称量：称取（1.0±0.1）g 样本于 15 mL 或 50 mL 离心管中。
（3）提取：加入 3 mL 样品稀释液，剧烈振荡 3 min。
（4）稀释：先吸取离心管内混合液，再用样品稀释液按照表 5-9 进行稀释，稀释后的液体即为待测液。

表 5-9　样本检出限对应稀释表

样本	检测限/(mg·kg^{-1})	混合液+样品稀释液/μL
火龙果	0.2	50+450
柑、橘、橙、柠檬、金橘	0.5	20+480

样本	检测限/(mg·kg^{-1})	混合液+样品稀释液/μL
苹果	0.8	20+780
枸杞（鲜）	1	20+980
梨、哈密瓜、芒果、桃、油桃、枣	2	10+990
香蕉	3	10+1490

2. 样品的测定

（1）在进行检测前，先完整阅读使用说明书。

（2）拆开包装袋，取出检测卡尽快在 1 h 内使用。

（3）吸取待测液 100 μL（滴管 3~4 滴）于加样孔中，加样同时开始计时。

（4）室温（20~25 ℃）反应 5 min 后判读结果，其他时间判读无效。

三、数据记录与处理

通过对比质控线（C 线）和检测线（T 线）的颜色深浅进行结果判定，将啶虫脒含量快速测定结果的原始数据填入表 5-10 中。

表 5-10　啶虫脒快速测定原始记录表

啶虫脒检测原始记录表								
样品名称	样品状态	检测方法依据	检测仪器		环境状况	检测地点	检测日期	备注
			名称	编号				
					温度：　　℃ 相对湿度：　　%		年　月　日	
样品编号	实验次数	样品质量 m/g	稀释倍数 B	仪器显示读数测定结果 X/(μg·L^{-1})	平均值/(μg·L^{-1})	修约值/(μg·L^{-1})	平行允差/(μg·L^{-1})	实测差/(μg·L^{-1})
检测					校核			

四、注意事项

（1）微孔试剂和检测卡需要在保质期内一次性使用。

（2）本检测方式为筛选方法，如遇阳性样本，请按照规定的标准取样，用相关确证法进行确证。

五、评价与反馈

实验结束后，请按照表5-11中的评价要求填写考核结果。

表5-11 啶虫脒快速检测考核评价表

学生姓名：　　　　　　　　　班级：　　　　　　　　日期：

考核项目		评价项目	评价要求	得分
知识储备		了解免疫层析竞争法测定的工作原理	相关知识输出正确（1分）	
		掌握啶虫脒快速检测仪流程及使用仪器的功能	能够说出啶虫脒快速检测各部分使用的仪器和作用（3分）	
检验准备		能够正确准备仪器	仪器准备正确（6分）	
技能操作		能够熟练应用啶虫脒快速检测卡进行测定（样品的称量、移液枪移取液体、涡旋仪的使用、离心机的使用、快速检测卡的使用、清洁维护等），操作规范	操作过程规范、熟练（15分）	
		能够正确、规范记录结果并进行数据处理	原始数据记录准确、处理数据正确（5分）	
课前	通用能力	课前预习任务	课前任务完成认真（5分）	
课中	专业能力	实际操作能力	能够按照操作规范进行试纸条操作，能够准确进行样品的提取、稀释，移液枪移取样品准确（10分）	
			涡旋仪使用方法正确，调节方法正确（10分）	
			试纸条的正确使用（10分）	
			啶虫脒测定的使用及维护方法正确（10分）	
	工作素养	发现并解决问题的能力	善于发现并解决实验过程中的问题（5分）	
		时间管理能力	合理安排时间，严格遵守时间安排（5分）	
		遵守实验室安全规范	（仪器的使用、实验台整理等）遵守实验室安全规范（5分）	
课后	技能拓展	液相色谱-串联质谱法测定过程	正确完成虚拟仿真软件的操作（10分）	
总分（100分）				

备注：不合格（<60分），合格（60~70分），良好（70~90分），优秀（>90分）。

（1）啶虫脒快速检测卡的检测原理是什么？
（2）啶虫脒残留的危害有哪些？

项目二　蔬菜中农药残留的快速检测

任务一　蔬菜中有机磷的快速检测

⊚ **学习目标**

【知识目标】

（1）了解蔬菜中常见有机磷类农药的快速检测新技术。
（2）了解常见有机磷类农药检测相关标准。
（3）理解蔬菜中敌敌畏的快速检测技术原理。
（4）掌握蔬菜中敌敌畏的快速检测操作。

【能力目标】

（1）掌握有机磷类农药快速检测仪器的操作。
（2）能够独立完成蔬菜中敌敌畏快速检测的操作。
（3）能够准确快速进行检验结果评定。

【素养目标】

（1）树立学生诚信意识，提高学生职业道德。
（2）培养学生勇往直前、坚韧不拔的毅力，激励学生提高自我学习和团队协作的能力。
（3）树立正确的技能观，强化技能训练，不断提高自身的技能。
（4）培养学生具有"食以安为先、食以质为先"的意识。

⊚ **任务描述**

　　敌敌畏属于磷酸酯类有机磷农药，具有速效、易挥发、易分解、残留毒性低等特点，广泛用于果蔬和农作物的保护，主要用于防治棉花、果木和经济林、蔬菜、甘蔗、烟草、茶上的多种害虫，可能残留于谷物、油料和油脂、蔬菜和水果中。蔬菜中敌敌畏超标的原因可能是种植过程中违规使用。敌敌畏对高等动物毒性中等，挥发性强，易通过呼吸道或皮肤进入高等动物体内，对鱼类和蜜蜂有毒。对害虫和叶螨类具有强烈的熏蒸作用及胃毒、触杀作用。2017 年 10 月 27 日，世界卫生组织国际癌症研究机构公布的致癌物清单，敌敌畏被列为 2B 类致癌物。

　　《食品安全国家标准　食品中农药最大残留限量》（GB 2763—2021）中规定，敌敌畏在叶菜类蔬菜（菠菜、普通白菜、茎用莴苣叶、大白菜除外）中的最大残留限量均为 0.2 mg/kg，在菠菜中的最大残留限量均为 0.5 mg/kg。本任务主要根据酶抑制率法（分光光度法）快速测定蔬菜中敌敌畏，此方法具有广谱、便捷、低成本、速度快等优点。

知识准备

果蔬中敌敌畏的检测方法主要有《食品安全国家标准　水果和蔬菜中 500 种农药及相关化学品残留量的测定　气相色谱-质谱法》（GB 23200.8—2016）、《食品安全国家标准　植物源性食品中 208 种农药及其代谢物残留量的测定　气相色谱-质谱联用法》（GB 23200.113—2018）、《蔬菜和水果中有机磷、有机氯、拟除虫菊酯和氨基甲酸酯类农药多残留的测定》（NY/T 761—2008）和《植物源性食品中有机磷和氨基甲酸酯类农药多种残留的测定》GB/T（5009.145—2003）等。但常规检测方法存在样品前处理复杂、仪器设备昂贵、检测耗时长等问题，不能满足样品现场快速检测的要求。

酶抑制率法是研究最成熟、应用最广泛的农残快速检测技术，主要根据有机磷农药对乙酰胆碱酯酶的特异性抑制反应。酶抑制法快速测定蔬菜中的敌敌畏主要是利用在一定条件下，敌敌畏对胆碱酯酶正常功能有抑制作用，其抑制率与敌敌畏的浓度呈正相关。在正常情况下，酶催化神经传导代谢产物（乙酰胆碱）水解，其水解产物与显色剂反应，产生黄色物质，用分光光度计在 412 nm 处测定吸光度随时间的变化值，计算出抑制率，从而判断蔬菜样品中是否残留高浓度的敌敌畏。检测标准为《蔬菜中敌百虫、丙溴磷、灭多威、克百威、敌敌畏残留的快速检测》（KJ 201710）。该标准适用于油菜、菠菜、芹菜、韭菜等蔬菜中敌敌畏残留的快速测定。

任务实施

一、仪器设备和材料

除另有规定的外，本方法所用试剂均为分析纯，水为《分析实验室用水规格和试验方法》（GB/T 6682—2008）中规定的二级水。

（1）恒温水浴锅。

（2）天平：分度值为 0.1 g。

（3）分光光度计。

（4）丙酮（CH_3COCH_3）。

（5）磷酸氢二钾（K_2HPO_4）。

（6）磷酸二氢钾（KH_2PO_4）。

（7）5,5-二硫代双（2-硝基苯甲酸）（$C_{14}H_8N_2O_8S_2$）。

（8）碳酸氢钠（$NaHCO_3$）。

（9）碘化乙酰硫代胆碱（$C_7H_{16}INOS$）。

（10）pH8.0 缓冲溶液：分别称取 11.9 g 无水磷酸氢二钾及 3.2 g 磷酸二氢钾，溶解于 1 000 mL 水中，混匀。

（11）显色剂：分别取 160 mg 5,5-二硫代双（2-硝基苯甲酸）（DTNB）和 15.6 mg 碳酸氢钠，用 20 mL 缓冲溶液溶解，在 4 ℃冰箱中保存。

（12）底物：取 125 mg 碘化乙酰硫代胆碱，加 15 mL 蒸馏水溶解，摇匀后置于 4 ℃冰箱中保存备用。保存期不超过 14 天。

（13）乙酰胆碱酯酶：在 4 ℃冰箱中保存备用。

（14）参考物质：敌敌畏（$C_4H_7Cl_2O_4P$，分子量 220.98）参考物质，纯度均≥98%。

二、操作步骤

1. 标准溶液的配制

（1）敌敌畏标准储备液（1 000 μg/mL）：冷藏、避光、干燥条件下保存。

（2）敌敌畏标准中间液 A（100 μg/mL）：精确移取上述标准储备液（1 000 μg/mL）1 mL，置于 10 mL 容量瓶中，用丙酮稀释至刻度，摇匀，制成浓度为 100 μg/mL 的标准中间液 A。

（3）敌敌畏标准中间液 B（1 μg/mL）：精确移取标准中间液 A（100 μg/mL）1 mL，置于 100 mL 容量瓶中，用缓冲溶液稀释至刻度，摇匀，制成浓度为 1 μg/mL 的标准中间液 B。

2. 试样的提取

（1）整株提取法：选取韭菜、芹菜等具有代表性的样品，擦去表面泥土，称取试样 3.0 g（精确至 0.1 g）置于表面皿中，加入 10 mL 缓冲液，残缺面不得接触缓冲液，轻轻振摇 50 次，静置 2 min 以上，取上清液备用。

（2）整体测定法：选取油菜、菠菜等具有代表性的样品，擦去表面泥土，剪成 1 cm 左右见方碎片，称取 3.0 g（精确至 0.1 g）放入离心管中，加入 10 mL 缓冲溶液，振摇 50 次，静置 2 min 以上，倒出提取液，静置 3~5 min，待用。

3. 样品的测定

对照液的测定：先于反应管中加入 3 mL 缓冲溶液，再加入适量酶液、0.1 mL 显色剂，摇匀后于 37 ℃水浴锅中放置 15 min。加入 0.1 mL 底物摇匀，立即测定吸光度，3 min 后再测定一次，记录反应 3 min 的吸光度值的变化 ΔA_0。

样品液的测定：先于反应管中加入 3 mL 提取液，其他操作与对照液操作相同，记录反应 3 min 的吸光度值的变化 ΔA_t。

4. 质控实验

每次测定时，应同时进行空白实验和加标质控实验。

（1）空白实验。

称取空白试样，按照试样提取和测定相同步骤进行空白实验。

（2）加标质控实验。

韭菜、芹菜加标实验：取空白试样，擦去表面泥土，称取 5 份试样各 3.0 g（精确至 0.1 g）置于表面皿中，分别加入检出限水平的敌敌畏标准中间液 B（1 μg/mL），加入 10 mL 缓冲液，残缺面不得接触缓冲液，轻轻振摇 50 次，静置 2 min 以上，取上清液备用。按照试样测定步骤进行加标实验。

油菜、菠菜加标实验：取空白试样，擦去表面泥土，剪成 1 cm 左右见方碎片，称取 5 份试样各 3.0 g（精确至 0.1 g）放入小离心管中，分别加入检出限水平的敌敌畏标准中间液 B（1 μg/mL），加入 10 mL 缓冲溶液，振摇 50 次，静置 2 min 以上，倒出提取液，静置 3~5 min，待用。按照试样测定步骤进行加标实验。

5. 结果的表述

（1）结果计算。

$$抑制率(\%)=[(\Delta A_0-\Delta A_t)/\Delta A_0]\times100\%$$

式中，ΔA_0——对照溶液反应 3 min 吸光度的变化值；

ΔA_t——样品溶液反应 3 min 吸光度的变化值。

（2）结果判定。

结果以酶被抑制的程度（抑制率）表示。

当抑制率≥50%时，表示蔬菜中有机磷和氨基甲酸酯类农药残留高于检测限，判定为阳性。呈现出阳性结果的样品需要重复检验两次以上。

（3）质控实验要求。

空白实验测定结果应为阴性，加标质控实验测定结果应均为阳性。

三、数据记录与处理

将敌敌畏快速测定结果的原始数据填入表 5-12 中。

表 5-12　敌敌畏快速测定原始记录表

敌敌畏快速测定原始记录表								
样品名称	样品状态	检测方法依据	检测仪器		环境状况	检测地点	检测日期	备注
			名称	编号				
					温度：　　℃ 相对湿度：　　%		年　月　日	
对照液编号	ΔA_0	样品液编号	ΔA_t	酶抑制率/%	酶抑制率平均值/%	空白实验样品质量 m/g	空白实验结果	加标质控实验样品质量 m/g	加入标准中间液量	加标质控实验结果
检测					校核			

四、注意事项

（1）每次测定时，应同时进行空白实验和加标质控实验。

（2）空白实验测定结果应为阴性，加标质控实验测定结果应均为阳性。

（3）当检测结果为阳性时，应采用其他相关标准中的分析方法进行确证，从而进一步确定农药的品种和含量。

（4）检测限：敌敌畏 0.2 mg/kg。

（5）灵敏度：灵敏度应≥95%

（6）特异性：特异性应≥85%。

（7）假阴性率：假阴性率应≤5%。

（8）假阳性率：假阳性率应≤15%。

（9）吸光度变化 ΔA_0 值应控制在 0.2~0.3 之间。具体的酶量，应根据产品说明书上标识的使用量，测定 ΔA_0 值。根据测定值，增加或减少酶量，使 ΔA_0 值为 0.2~0.3。

五、评价与反馈

实验结束后，请按照表 5-13 中的评价要求填写考核结果。

表 5-13　敌敌畏检测考核评价表

学生姓名：　　　　　　　班级：　　　　　　　　　日期：

考核项目		评价项目	评价要求	得分
知识储备		了解敌敌畏对人体的危害，能够描述敌敌畏快速检测原理	相关知识输出正确（1分）	
		掌握酶抑制率快速检测法测定敌敌畏的操作步骤	能够说出测定的相关步骤（3分）	
检验准备		能够正确准备仪器	仪器准备正确（6分）	
技能操作		能够准确使用移液枪，准确地配制标液，准确称量样品无撒漏，熟练完成试样的提取，按照要求熟练进行样品的测定操作	操作过程规范、熟练（15分）	
		能够正确、规范记录结果并进行数据处理	原始数据记录准确、处理数据正确（5分）	
课前	通用能力	课前预习任务	课前任务完成认真（5分）	
课中	专业能力	实际操作能力	能够按照操作规范进行移液枪操作，准确配液、提取试样和判定实验结果（10分）	
			正确设置水浴温度，恒温水浴锅使用方法正确（5分）	
			分光光度计使用方法正确（15分）	
			质控实验操作正确，测定结果正确（10分）	
	工作素养	发现并解决问题的能力	善于发现并解决实验过程中的问题（5分）	
		时间管理能力	合理安排时间，严格遵守时间安排（5分）	
		遵守实验室安全规范	（恒温水浴锅和分光光度计的使用、移液枪的调节和加样、实验台整理等）遵守实验室安全规范（5分）	
课后	技能拓展	敌敌畏的测定	正确、规范地完成操作（10分）	
总分（100分）				

备注：不合格（<60分），合格（60~70分），良好（70~90分），优秀（>90分）。

（1）简述果蔬中敌敌畏超标对人体的危害。

（2）简述酶抑制法在农药残留快速检测中的优缺点。

（3）使用甲酶抑制率法测定蔬菜中敌敌畏时，若空白实验失败，可能因为什么？

任务二　蔬菜中氨基甲酸酯类农药的快速检测

⊚ 学习目标

【知识目标】

（1）了解蔬菜中常见氨基甲酸酯类农药的快速检测新技术。

（2）了解常见氨基甲酸酯类农药检测相关标准。

（3）理解蔬菜中灭多威的快速检测技术原理。

（4）掌握蔬菜中灭多威的快速检测操作。

【能力目标】

（1）掌握氨基甲酸酯类农药快速检测仪器的操作。

（2）能够独立完成蔬菜中灭多威快速检测的操作。

（3）能够准确快速进行检验结果评定。

【素养目标】

（1）培养学生发现问题、分析问题和解决问题的能力，养成自主学习的习惯，拥有创新意识。

（2）培养学生爱岗敬业、吃苦耐劳的职业精神。

（3）培养学生养成良好的工作习惯、实事求是的工作态度和专心致志的工作作风。

⊚ 任务描述

灭多威是一种广谱性氨基甲酸酯类杀虫剂，具有挥发性强，吸入毒性高等特性，兼有触杀和胃毒作用，能有效防治多种害虫及其幼虫和卵，残效期较短，主要用于防治二化螟、飞虱类、斜纹夜蛾等类害虫。灭多威属于高毒农药，急性中毒症状有视力模糊、恶心、呕吐、腹泻、腹痛、昏迷等。灭多威属于在部分范围禁止使用的农药，其禁止使用范围：禁止在蔬菜、瓜果、茶叶、菌类、中草药材上使用，禁止用于防治卫生害虫、禁止用于水生植物的病虫害防治。2023年12月，农业农村部公告第736号规定对氧乐果、克百威、灭多威、涕灭威等4种高毒农药采取禁用措施。自2024年6月1日起，撤销含氧乐果、克百威、灭多威、涕灭威制剂产品的登记，禁止其生产；自2026年6月1日起禁止这些杀虫剂的销售和使用。

果蔬中灭多威的常规检测方法主要有《食品安全国家标准　植物源性食品中9种氨基甲酸酯类农药及其代谢物残留量的测定　液相色谱–柱后衍生法》（GB 23200.112—2018）和《蔬菜和水果中有机磷、有机氯、拟除虫菊酯和氨基甲酸酯类农药多残留的测定》（NY/T 761—2008）。本任务主要根据检测卡法快速测定蔬菜中灭多威，此方法简便、快速、成本低。

知识准备

灭多威又称万灵、甲氨叉威，属于氨基甲酸酯类的广谱杀虫剂，主要用于防治棉花等经济作物和林木上的虫害。因为该农药的毒性很强，被划分在高毒农药类别，我国农业部与卫生部明确规定高毒性的农药一定不能在蔬菜作物上进行使用，尤其在连续采摘的蔬菜上要绝对严格禁用。灭多威会对水体与土壤造成污染，从而污染环境。灭多威对人体健康的危害主要有流泪、视力模糊、呕吐、腹泻、腹痛、流涎、震颤、惊厥、精神错乱、昏迷及恶心等，严重者可能由于呼吸衰竭而死亡。

《食品安全国家标准 食品中农药最大残留限量》（GB 2763—2021）中规定，灭多威在蔬菜中的最大残留限量为 0.2 mg/kg。检测卡法具有操作方便、灵敏度高、反应速度快等特点，是蔬菜生产基地、农贸市场、学校、超市等场所进行农药残留快速检测的首选方法。检测卡法适用于油菜、菠菜、芹菜、韭菜等蔬菜中灭多威残留的快速测定。检测卡法测定蔬菜中的灭多威主要原理是样品中的灭多威残留经缓冲液提取，灭多威对胆碱酯酶（白色药片）有抑制作用，抑制胆碱酯酶催化靛酚乙酸酯（红色药片）水解为乙酸与靛酚（蓝色），从而导致速测卡颜色深浅的变化。通过空白颜色比较，对样品中灭多威进行定性判定，检测依据标准为《蔬菜中敌百虫、丙溴磷、灭多威、克百威、敌敌畏残留的快速检测》（KJ 201710）。

任务实施

一、仪器设备和材料

本方法所用试剂均为分析纯，且使用的是《分析实验室用水规格和试验方法》（GB/T 6682—2008）中规定的二级水。

（1）恒温水浴锅。

（2）天平：分度值为 0.1 g。

（3）丙酮（CH_3COCH_3）。

（4）磷酸氢二钾（K_2HPO_4）。

（5）磷酸二氢钾（KH_2PO_4）。

（6）pH8.0 缓冲溶液：分别称取 11.9 g 无水磷酸氢二钾及 3.2 g 磷酸二氢钾，溶解于 1 000 mL 水中，混匀。

（7）参考物质：灭多威（$C_5H_{10}N_2O_2S$，分子量 162.23）参考物质，纯度均≥98%。

（8）检测卡固化有胆碱酯酶和靛酚乙酸酯试剂的纸片。

二、操作步骤

1. 标准溶液的配制

（1）灭多威标准储备液（1 000 μg/mL）：冷藏、避光、干燥条件下保存。

（2）灭多威标准中间液 A（100 μg/mL）：精确移取上述标准储备液（1 000 μg/mL）1 mL，置于 10 mL 容量瓶中，用丙酮稀释至刻度，摇匀，制成浓度为 100 μg/mL 的标准中间液 A。

（3）灭多威标准中间液 B（1 μg/mL）：精确移取标准中间液 A（100 μg/mL）1 mL，置于 100 mL 容量瓶中，用缓冲溶液稀释至刻度，摇匀，制成浓度为 1 μg/mL 的标准中间液 B。

2. 试样的提取

（1）整株提取法。选取韭菜、芹菜等具有代表性的样品，擦去表面泥土，称取试样 3.0 g（精确至 0.1 g）置于表面皿中，加入 10 mL 缓冲液，残缺面不得接触缓冲液，轻轻振摇 50 次，静置 2 min 以上。

（2）整体测定法。选取油菜、菠菜等具有代表性的样品，擦去表面泥土，剪成 1 cm 左右见方碎片，称取 3.0 g（精确至 0.1 g）放入小离心管中，加入 10 mL 缓冲溶液，振摇 50 次，静置 2 min 以上。

3. 样品的测定

吸取 2 滴左右待测液于白色药片反应区域，在 37 ℃ 恒温装置中放置 15 min 进行预反应，预反应后的药片表面必须保持湿润。

将检测卡对折，手捏 3 min 或置于 37 ℃ 恒温装置 3 min，保证红色药片反应区域与白色药片反应区域完全叠合并发生反应。

每次测定需有一个缓冲溶液的空白对照。

4. 质控实验

每次测定时，应同时进行空白实验和加标质控实验。

（1）空白实验。称取空白试样，按照试样提取、测定步骤进行操作。空白实验测定结果应为阴性。

（2）加标质控实验。

韭菜、芹菜：取空白试样，擦去表面泥土，称取 5 份试样各 3.0 g（精确至 0.1 g）置于表面皿中，分别加入检出限水平的灭多威标准中间液 B（1 μg/mL），按照试样提取、测定步骤进行操作。

油菜、菠菜：选取空白试样，擦去表面泥土，剪成 1 cm 左右见方碎片，称取 5 份试样各 3.0 g（精确至 0.1 g）放入小离心管中，分别加入检出限水平的灭多威标准中间液 B（1 μg/mL），按照试样提取、测定步骤进行操作。加标质控实验测定结果应均为阳性。

5. 结果判定

白色药片区域不变色或略有浅蓝色，为阳性结果；白色药片区域变为天蓝色或与空白对照卡相同，为阴性结果。接下来，可以通过对比空白和样品白色药片区域的颜色变化进行结果判定。目视判定示意如图 5-1 所示。检测结果判定如下。

（1）无效。

白色药片区域干燥，表明取样量偏少，检测结果无效。

（2）阴性。

样品白色药片区域颜色比空白对照卡颜色相当或为天蓝色，表明样品中有机磷和氨基甲酸酯类农药残

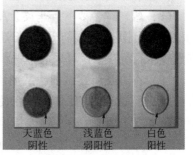

图 5-1 目视判定示意

留低于方法检测限，判定为阴性。

（3）阳性。

样品白色药片区域不变色或略有浅蓝色，表明样品中有机磷和氨基甲酸酯类农残高于检测限，判定为阳性。

三、数据记录与处理

将灭多威快速测定结果的原始数据填入表 5-14 中。

表 5-14　灭多威快速测定原始记录表

<table>
<tr><td colspan="11" style="text-align:center">灭多威快速测定原始记录表</td></tr>
<tr><td rowspan="2">样品名称</td><td rowspan="2">样品状态</td><td rowspan="2">检测方法依据</td><td colspan="2">检测仪器</td><td rowspan="2">环境状况</td><td rowspan="2">检测地点</td><td rowspan="2">检测日期</td><td rowspan="2">备注</td></tr>
<tr><td>名称</td><td>编号</td></tr>
<tr><td></td><td></td><td></td><td></td><td></td><td>温度：　　℃
相对湿度：　　%</td><td></td><td>年　月　日</td><td></td></tr>
<tr><td>实验次数</td><td>样品质量
m/g</td><td>样品测定结果</td><td>空白实验样品质量
m/g</td><td colspan="2">空白实验结果</td><td>加标质控实验样品质量
m/g</td><td colspan="2">加入标准中间液量</td><td>加标质控实验结果</td></tr>
<tr><td></td><td></td><td></td><td></td><td colspan="2"></td><td></td><td colspan="2"></td><td></td></tr>
<tr><td></td><td></td><td></td><td></td><td colspan="2"></td><td></td><td colspan="2"></td><td></td></tr>
<tr><td></td><td></td><td></td><td></td><td colspan="2"></td><td></td><td colspan="2"></td><td></td></tr>
<tr><td>检测</td><td colspan="4"></td><td colspan="2" style="text-align:center">校核</td><td colspan="3"></td></tr>
</table>

四、注意事项

（1）每次测定时，应同时进行空白实验和加标质控实验。

（2）空白实验测定结果应为阴性，加标质控实验测定结果应均为阳性。

（3）检测限：灭多威 0.2 mg/kg。

（4）灵敏度：灵敏度应≥95%。

（5）特异性：特异性应≥85%。

（6）假阴性率：假阴性率应≤5%。

（7）假阳性率：假阳性率应≤15%。

（8）葱、蒜、萝卜、韭菜、芹菜、香菜、茭白、蘑菇及番茄汁液中，含有对酶有影响的植物次生物质，容易产生假阳性。在处理这类样品时，采取整株蔬菜浸提。对一些含叶绿素较高的蔬菜，也可采取整株蔬菜浸提的方法，减少色素的干扰。

（9）本方法所述试剂、试剂盒信息及操作步骤是为给方法使用者提供方便，在使用本方法时不作限定。方法使用者在使用替代试剂、试剂盒或操作步骤前，须对其进行考察，应满足本方法规定的各项性能指标。

（10）当检测结果为阳性时，应采用其他相关标准中的分析方法进行确证，从而进一步确定农药的品种和含量。

（11）本方法参比标准为：《蔬菜和水果中有机磷、有机氯、拟除虫菊酯和氨基甲酸酯类农药多残留的测定》（NY/T 761—2008）。

五、评价与反馈

实验结束后，请按照表5-15中的评价要求填写考核结果。

表5-15　灭多威检测考核评价表

学生姓名：　　　　　　　　　　班级：　　　　　　　　　　日期：

考核项目		评价项目	评价要求	得分
知识储备		了解灭多威对人体的危害，能够描述灭多威快速检测原理	相关知识输出正确（1分）	
		掌握检测卡快速检测法测定灭多威的操作步骤	能够说出测定的相关步骤（3分）	
检验准备		能够正确准备仪器	仪器准备正确（6分）	
技能操作		能够准确地配制标液，准确称量样品无撒漏，熟练完成试样的提取，按照要求熟练进行样品的测定操作	操作过程规范、熟练（15分）	
		能够正确、规范记录结果并进行数据处理	原始数据记录准确、处理数据正确（5分）	
课前	通用能力	课前预习任务	课前任务完成认真（5分）	
课中	专业能力	实际操作能力	能够按照操作规范进行移液枪操作，准确配液、提取试样和判定实验结果（10分）	
			正确设置水浴温度，水浴装置使用方法正确（5分）	
			检测卡使用方法正确（15分）	
			质控实验操作正确，测定结果正确（10分）	
	工作素养	发现并解决问题的能力	善于发现并解决实验过程中的问题（5分）	
		时间管理能力	合理安排时间，严格遵守时间安排（5分）	
		遵守实验室安全规范	（水浴装置和检测卡的使用、移液枪的调节和加样、实验台整理等）遵守实验室安全规范（5分）	
课后	技能拓展	灭多威的测定	正确、规范地完成操作（10分）	
总分（100分）				

备注：不合格（<60分），合格（60~70分），良好（70~90分），优秀（>90分）。

（1）为什么用检测卡法测定韭菜、芹菜等蔬菜中农残时，产生假阳性的概率比较高，针对这种情况应如何解决？

（1）简述检测卡法在农药残留快速检测中的优缺点。

（3）简述酶抑制率法与检测卡法在农药残留检测中的异同点。

任务三　蔬菜中菊酯类农药的快速检测

◉ **学习目标**

【知识目标】

（1）了解甲氰菊酯检测新技术和新方法。

（2）了解甲氰菊酯检测相关标准。

【能力目标】

（1）掌握甲氰菊酯检测卡中免疫层析法测定的原理、样品的制备、溶液的稀释。

（2）掌握在检测过程中仪器的使用方法。

（3）能够利用甲氰菊酯检测卡独立完成多种蔬菜中甲氰菊酯的检测。

【素养目标】

（1）培养学生对农药残留问题的责任感，鼓励他们积极参与农药残留检测和食品安全管理，为维护食品安全贡献力量。

（2）教育学生理解和遵守农药残留相关的法律法规，增强法律意识。

◉ **任务描述**

拟除虫菊酯（Pyrethroids）是一类合成杀虫剂，主要应用在农业上，是模拟天然除虫菊素由人工合成的一类杀虫剂，因具有杀虫谱广、高效、低毒、击倒快、残留少等特点，广泛应用于果园、农田畜舍等害虫防治。自 2007 年 1 月 1 日起，高毒有机磷农药在我国全面禁用，菊酯类农药作为高毒有机磷杀虫剂的理想替代品便成为农药发展的主流趋势。虽然菊酯类农药相对有机磷农药属于低毒农药，但其为神经毒物。研究证明菊酯类农药具有拟雌激素活性、生殖内分泌毒性，对免疫、心血管系统等多方面均能造成危害。这类化学农药的大量使用造成了环境的严重污染、生态平衡的严重破坏，从而危害了人类的健康。尤其是茶叶、谷物、水果、蔬菜等食品中残留的低浓度农药进入人体后造成的慢性和亚慢性毒性问题，更不可忽视。曾有报道，氯菊酯对一些动物如蜜蜂及对人类有益的昆虫毒性较高，对水生生物，如鱼、龙虾等具有明显的毒性且在有机体中易于富集，并能造成小鼠的肝肾肿瘤。人长期饮用拟除虫菊酯类农药残留量超标的茶水易中毒，甚至存在致癌隐患。

《食品安全国家标准　食品中农药最大残留限量》（GB 2763—2021）中规定了 564 种农药 10 092 项最大残留限量。《植物性食品中有机氯和拟除虫菊酯类农药多种残留量的测定》（GB/T 5009.146—2008）中规定了使用过有机氯和拟除虫菊酯类农药的粮食、蔬菜等作物的残留量分析方法。目前，国内外已有相对成熟的菊酯类农药的仪器标准检测方法。菊酯类农药的检测手段仍以大型仪器，如有色谱法、免疫分析法和薄层层析法为主，其准确性可满足监督检测的需求，但这些检测方法需要监管机构配备相应的检测设备及专业操作人员，且检测周期较长，不符合农产品的消费属性，难以及时保障人们的食品安全。本任务要求采用甲氰菊酯快速检测卡，利用免疫层析竞争法测定蔬菜中的甲氰菊酯类农药。

知识准备

甲氰菊酯是一种拟除虫菊酯类杀虫、杀螨剂，具有使用浓度低、安全间隔期短、对人畜低毒性、对环境较为友好的特点。甲氰菊酯属于神经毒剂，使昆虫过度兴奋、麻痹而亡。该药能快速灭杀多种害虫，效果持续时间长。对害虫和叶螨同时具有良好的防治效果，非常适合在害虫、害螨并发时使用。

甲氰菊酯快速检测卡检测原理：在检测过程中应用了竞争法免疫层析原理，在层析过程待测液中的待测物与金标抗体结合，抑制了金标抗体与硝酸纤维素膜上的竞争抗原（T线）的结合，从而影响T线显色。

任务实施

一、仪器设备和材料

（1）剪刀。
（2）电子天平：分度值0.1 g。
（3）离心管：15 mL或50 mL。
（4）涡旋仪。
（5）移液器：20~200 μL、100~1 000 μL。
（6）胶体金读数仪或其他具有同等功能的仪器。
（7）甲氰菊酯快速检测卡。

二、操作步骤

1. 试样的制备

（1）粉碎：选取一定量的有代表性的样本，将其剪成1 cm左右见方碎片。
（2）称量：称取（1.0±0.1）g样本于15 mL或50 mL离心管中。
（3）提取：加入2 mL样品稀释液，剧烈振荡2 min。
（4）稀释：先吸取离心管内混合液，再用样品稀释液按照表5-16进行稀释，稀释后的液体即为待测液。

表5-16　样本检出限对应稀释表

样本	甲氰菊酯/（mg·kg⁻¹）	混合液+样品稀释液/μL
萝卜、叶用莴苣	0.5	无须稀释
韭菜、菠菜、普通白菜、白菜、番茄、小青菜、油麦菜	1	
芹菜、白芹菜、大芹菜	1	400+100
辣椒、茎用莴苣、花椰菜	1	400+300

样本	甲氰菊酯/(mg·kg⁻¹)	混合液+样品稀释液/μL
小米椒	1	200+350
青花菜	5	100+600
茼蒿	7	50+700
茎用莴苣叶	7	100+500

2. 样品的测定

（1）在进行检测前先完整阅读使用说明书。

（2）拆开包装袋，取出检测卡，尽快在 1 h 内使用。

（3）将待测液体 100 μL（滴管 3~4 滴）加入微孔中，等待 1 min 后用移液器缓慢抽吸多次至检测样品与微孔试剂充分混匀；使用计时器，开始计时。

视频资源 5-2-3
甲氰菊酯检测

（4）在室温（20~25 ℃）下孵育 2 min 后，将微孔中所有液体移取滴加到检测卡的加样孔中，加样同时开始计时。

（5）在室温（20~25 ℃）下反应 5 min 后，在反应后的 3 min 内判读结果（其他时间判读无效）。

三、数据记录与处理

结果判定

通过对比质控线（C 线）和检测线（T 线）的颜色深浅进行结果判定，将高效甲氰菊酯检测结果的原始数据填入表 5-17 中。

表 5-17　高效甲氰菊酯检测原始记录表

高效甲氰菊酯检测原始记录表								
样品名称	样品状态	检测方法依据	检测仪器		环境状况	检测地点	检测日期	备注
			名称	编号				
					温度：　　℃ 相对湿度：　　%		年　月　日	
样品编号	实验次数	样品质量 m/g	稀释倍数 B	仪器显示读数测定结果 X/(μg·L⁻¹)		平均值/(μg·L⁻¹)	修约值/(μg·L⁻¹)	平行允差/(μg·L⁻¹)	实测差/(μg·L⁻¹)
检测					校核			

四、注意事项

（1）微孔试剂和检测卡需要在保质期内一次性使用。

（2）使用前将微孔试剂、检测卡和待检样本恢复至室温（20~25 ℃）。

（3）请勿触摸检测卡中央的白色膜面。

（4）检测时避免阳光直射和电风扇直吹。

（5）请勿使用自来水、纯化水及蒸馏水作为阴性对照。

（6）本检测方式为筛选方法，如遇阳性样本，则按照规定的标准取样，用确证法进行确证。

五、评价与反馈

实验结束后，请按照表5-18中的评价要求填写考核结果。

表5-18 高效甲氰菊酯快速检测考核评价表

学生姓名：　　　　　　　　班级：　　　　　　　　日期：

考核项目		评价项目	评价要求	得分
知识储备		了解免疫层析竞争法测定的工作原理	相关知识输出正确（1分）	
		掌握高效甲氰菊酯快速检测仪流程以及使用仪器的功能	能够说出高效甲氰菊酯快速检测各部分使用的仪器和作用（3分）	
检验准备		能够正确准备仪器	仪器准备正确（6分）	
技能操作		能够熟练应用高效甲氰菊酯快速检测卡进行测定（样品的称量、移液枪移取液体、涡旋仪的使用、离心机的使用、快速检测卡的使用、清洁维护等），操作规范	操作过程规范、熟练（15分）	
		能够正确、规范记录结果并进行数据处理	原始数据记录准确、处理数据正确（5分）	
课前	通用能力	课前预习任务	课前任务完成认真（5分）	
课中	专业能力	实际操作能力	能够按照操作规范进行试纸条操作，准确进行样品的提取、稀释，移液枪移取样品准确（10分）	
			涡旋仪使用方法正确，调节方法正确（10分）	
			试纸条的正确使用（10分）	
			高效甲氰菊酯测定的使用及维护方法正确（10分）	

考核项目	评价项目		评价要求	得分
课中	工作素养	发现并解决问题的能力	善于发现并解决实验过程中的问题（5分）	
		时间管理能力	合理安排时间，严格遵守时间安排（5分）	
		遵守实验室安全规范	（仪器的使用、实验台整理等）遵守实验室安全规范（5分）	
课后	技能拓展	胶体金定性法的测定观察	正确、规范地完成操作（10分）	
总分（100分）				

备注：不合格（<60分），合格（60~70分），良好（70~90分），优秀（>90分）。

◎ 问题思考

（1）为什么要将样品稀释相应的倍数后方可检测？

（2）为什么不可以使用自来水、纯化水及蒸馏水作为阴性对照？

（3）甲氰菊酯残留的危害有哪些？

任务四　蔬菜中烟碱类农药的快速检测

◎ 学习目标

【知识目标】

（1）了解吡虫啉检测新技术和新方法。

（2）了解吡虫啉残留的危害。

【能力目标】

（1）掌握吡虫啉检测卡中免疫层析法测定的原理、样品的制备、溶液的稀释。

（2）掌握在检测过程中使用仪器的方法。

（3）能够利用吡虫啉检测卡独立完成多种蔬菜中吡虫啉的检测。

【素养目标】

（1）鼓励学生关注新技术、新方法，培养创新精神。

（2）培养学生在实验过程中求真务实、客观公正的态度，形成严谨的科学素养。

◎ 任务描述

新烟碱类农药（Neonicotinoid Pesticides，NPS）是继有机磷类、氨基甲酸酯类、拟除虫菊酯类杀虫剂之后的第四大类杀虫剂，主要杀虫机制是作用于昆虫神经系统突触后膜的烟碱乙酰胆碱受体（nAChRs）及其周围的神经，使昆虫持续兴奋、麻痹而后死亡，具有杀虫谱广、用量低、内吸传导性强、作用机制新颖、与环境相容性高等生物化学特性，且与其他传统类杀虫剂无交互抗性。自1991年啶虫脒上市以来，新烟碱类杀虫剂进入了飞速发展的阶段，并经历了以吡虫啉为代表的氯代吡啶、以噻虫嗪为代表的氯代噻唑及以呋虫胺为代表的四氢呋喃环类三代新烟碱类杀虫剂的发展。现如今，新烟碱类农药已发展成为世界上使用最广泛的一类杀虫剂。

近年来，随着其在谷类、蔬菜和水果等作物有害生物治理中的广泛应用，该类化合物在食品、土壤、地下水、河流等环境介质中不断被检出，给人类健康及生态环境带来极大的安全隐患。吡虫啉属于中等毒性，主要是神经毒性较大。多项研究表明，吡虫啉对蜜蜂的危害较大，具有高毒性，可引起蜂巢骚乱，导致蜂巢解体。其也可能会影响哺乳动物神经系统的发育，对此，欧洲食品安全局（EFSA）也做出了仔细审查其神经毒性的回应。另外，吡虫啉对肝脏有损伤作用，其被人体胃肠道吸收后，主要是在肝脏微粒体内 $P-450_{3a4}$ 细胞色素氧化酶的作用下进行代谢，即肝脏是代谢吡虫啉的主要器官，当吡虫啉过量时，则有可能对肝细胞造成损伤。鉴于此，世界各国及组织对新烟碱类杀虫剂的使用采取一定限制措施，同时农产品中新烟碱类农药残留准确、快速检测的方法研究也受到广泛关注。

目前，关于农产品中新烟碱类农药残留检测的分析方法报道较多，主要有光谱法、色谱法、质谱法等。本任务要求利用免疫层析竞争法，利用吡虫啉快速检测卡测定蔬菜中的啶虫脒，此方法样品处理简单，检测迅速且高效。

◉ 知识准备

吡虫啉属于硝基亚甲基类内吸性广谱型杀虫剂，为新烟碱类杀虫剂，对害虫具有胃毒和触杀的作用，作用于烟酸乙酰胆碱酯酶受体。吡虫啉与受体结合后，一方面，能引发神经活动异常；另一方面，能阻断正常的中枢神经传导，使害虫麻痹死亡。其主要用于防治刺吸式口器害虫，如蚜虫（苹果瘤蚜、桃蚜）、粉虱（梨木虱）等，与有菊酯类农药有协同作用。

快速检测卡检测原理：在检测过程中应用了竞争法免疫层析原理，在层析过程待测液中的待测物与金标抗体结合，抑制了金标抗体与硝酸纤维素膜上的竞争抗原（T线）的结合，从而影响T线显色。

◉ 任务实施

一、仪器设备和材料

（1）剪刀。
（2）电子天平：分度值0.1 g。
（3）离心管：15 mL 或 50 mL。
（4）涡旋仪。
（5）移液器：20~200 μL、100~1 000 μL。
（6）胶体金读数仪或其他具有同等功能的仪器。
（7）吡虫啉快速检测卡。

二、操 作 步 骤

1. 试样的制备

（1）粉碎：选取一定量的有代表性样本，剪成 1 cm 左右见方碎片。

（2）称量：称取（1.0±0.1）g 样本于 15 mL 或 50 mL 离心管中。

（3）提取：加入 3 mL 样品稀释液，剧烈振荡 3 min。

（4）稀释：吸取离心管内混合液，再用样品稀释液按照表 5-19 进行稀释，稀释后即为待测液。

表 5-19 样本检出限对应稀释表

样本	检测限/(mg·kg^{-1})	混合液+样品稀释液/μL
莲藕、香蕉	0.05	100+100
洋葱、苦瓜、菜豆、竹笋、冬瓜、南瓜、甜瓜	0.1	100+300
大白菜、甜椒、胡萝卜、芒果	0.2	100+700
普通白菜、丝瓜、马铃薯、苹果、生姜、梨、蒜薹、茭白、食荚豌豆、桃、草莓、菜薹	0.5	40+760
韭菜、结球甘蓝、花椰菜、青花菜、叶用莴苣、番茄、茄子、辣椒、黄瓜、西葫芦、柑、橘、橙、油麦菜、葡萄	1	20+780
葱、结球莴苣、豇豆	2	100 μL +300 μL 混匀后为中间液，再取 40 μL 中间液+760 μL 样品稀释液混匀后即为待测液
菠菜	5	100 μL+300 μL 混匀后即为中间液，再取 20 μL 中间液+980 μL 样品稀释液混匀后即为待测液

2. 样品的测定

（1）在进行检测前，应先完整阅读使用说明书。

（2）拆开包装袋，取出检测卡和微孔试剂，将所需微孔试剂置于空微孔板架中，并做好标记。

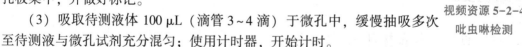

视频资源 5-2-4
吡虫啉检测

（3）吸取待测液体 100 μL（滴管 3~4 滴）于微孔中，缓慢抽吸多次至待测液与微孔试剂充分混匀；使用计时器，开始计时。

（4）在室温（20~25 ℃）下孵育 3 min 后，将微孔内的所有液体转移至检测卡的加样孔中，加样同时开始计时。

（5）在室温（20~25 ℃）下反应 5 min 后，在反应后的 3 min 内判读结果（在其他时间判读无效）。

三、数据记录与处理

通过对比控线（C 线）和检测线（T 线）的颜色深浅进行结果判定，将吡虫啉检测结果的原始数据填入表 5-20 中。

表 5-20　吡虫啉检测原始记录表

吡虫啉检测原始记录表								
样品名称	样品状态	检测方法依据	检测仪器		环境状况	检测地点	检测日期	备注
			名称	编号				
					温度：　　　℃ 相对湿度：　　　%		年　月　日	
样品编号	实验次数	样品质量 m/g	稀释倍数 B	仪器显示读数测定结果 X/（μg·L^{-1}）	平均值/（μg·L^{-1}）	修约值/（μg·L^{-1}）	平行允差/（μg·L^{-1}）	实测差/（μg·L^{-1}）
检测					校核			

四、注意事项

（1）微孔试剂和检测卡需要在保质期内一次性使用。
（2）使用前将微孔试剂、检测卡和待检样本恢复至室温（20~25 ℃）。
（3）请勿触摸检测卡中央的白色膜面。
（4）检测时避免阳光直射和电风扇直吹。
（5）请勿使用自来水、纯化水及蒸馏水作为阴性对照。
（6）本检测方式为筛选方法，如遇阳性样本，请按照规定的标准取样，用确证法进行确证。

五、评价与反馈

实验结束后，请按照表 5-21 中的评价要求填写考核结果。

表 5-21　吡虫啉快速检测考核评价表

学生姓名：　　　　　　　　班级：　　　　　　　　日期：

考核项目	评价项目	评价要求	得分
知识储备	了解免疫层析竞争法测定的工作原理	相关知识输出正确（1分）	
	掌握吡虫啉快速检测仪流程及使用仪器的功能	能够说出吡虫啉快速检测各部分使用的仪器和作用（3分）	
检验准备	能够正确准备仪器	仪器准备正确（6分）	

考核项目		评价项目	评价要求	得分
技能操作		能够熟练应用吡虫啉快速检测卡进行测定（样品的称量、移液枪移取液体、涡旋仪的使用、离心机的使用、快速检测卡的使用、清洁维护等），操作规范	操作过程规范熟练（15分）	
		能够正确、规范记录结果并进行数据处理	原始数据记录准确、处理数据正确（5分）	
课前	通用能力	课前预习任务	课前任务完成认真（5分）	
课中	专业能力	实际操作能力	能够按照操作规范进行试纸条操作，准确进行样品的提取、稀释，移液枪移取样品准确（10分）	
			涡旋仪使用方法正确，调节方法正确（10分）	
			试纸条的正确使用（10分）	
			吡虫啉测定的使用及维护方法正确（10分）	
	工作素养	发现并解决问题的能力	善于发现并解决实验过程中的问题（5分）	
		时间管理能力	合理安排时间，严格遵守时间安排（5分）	
		遵守实验室安全规范	（仪器的使用、实验台整理等）遵守实验室安全规范（5分）	
课后	技能拓展	荧光免疫分析法的测定观察	正确、规范地完成操作（10分）	
总分（100分）				

备注：不合格（<60分），合格（60~70分），良好（70~90分），优秀（>90分）。

◎ 问题思考

（1）吡虫啉快速检测卡的检测原理是什么？

（2）吡虫啉残留的危害有哪些？

◎ 案例介绍

通过手机扫描二维码获取农药残留的相关安全事件案例，通过网络资源总结农药残留的产生条件，预防农药残留的危害。

拓展资源

利用互联网、国家标准、微课等拓展所学任务，查找资料，加深对相关知识的理解。

模块五案例

模块五拓展资源

模块六 食品中兽药残留的快速检测

兽药是指用于预防、治疗、诊断动物疾病或者有其他目的调节动物生理功能的物质（含药物饲料添加剂）。兽药残留（Residues of Veterinary Drug）是兽药在动物源食品中的残留的简称，根据联合国粮农组织和世界卫生组织（FAO 和 WHO）对食品中兽药残留联合立法委员会的定义，兽药残留是指动物产品的任何可食部分所含兽药的母体化合物及（或）其代谢物，以及与兽药有关的杂质。所以，兽药残留既包括原药，也包括药物在动物体内的代谢产物和兽药生产中所伴生的杂质，一般以 μg/mL 或 μg/g 计量。我国农业部公告 235 号根据最高残留量（MRL）的要求将兽药分为四大类，分别为允许使用且不需要制定 MRL 的药物（87 种）；允许使用且已制定 MRL 的药物（96 种）；允许作为治疗使用但不得在动物性食品中检出的药物（9 种）和禁止使用且在动物性食品中不得检出的药物（30 种）。根据世界卫生组织食品添加剂联合专家委员会（JECFA）报告，食品中的兽药残留达 120 种，一般将残留毒理学意义较大的兽药按其用途分为 7 类，主要包括抗生素类、驱肠虫药类、生长促进剂类、抗原虫药类、抗锥虫类、镇定剂类、β-肾上腺素受体阻断剂类。

1. 兽药的危害

（1）毒性作用。长期摄入含兽药残留的动物性食品，药物在体内不断积累，当达到一定浓度后，会对人体产生毒性作用。

（2）过敏反应和变态反应。过敏与变态反应是一种与药物有关的免疫反应。引起过敏反应的残留抗生素主要是青霉素、四环素及某些氨基糖苷类抗生素。

（3）细菌耐药性。动物经常反复接触某一种抗菌药物后，其体内敏感菌株将受到选择性地抑制，致使耐药菌株大量生长。当这些抗药菌株进入人体并引起疾病时，会给治疗带来较大的困难。

（4）菌群失调。在正常情况下，人体的菌群与人体能相互适应，保持动态平衡，对人体健康产生有益作用。但是，过多的摄入药物会打破这一平衡，造成菌群失调，导致长期腹泻或引起维生素缺乏症等反应，危害人体健康。

（5）"三致"作用。"三致"是指致畸、致癌、致突变。对胚胎具有致畸作用的抗生素主要有四环素、链霉素、氯霉素和红霉素，其中四环素是典型的致畸原。

（6）激素副作用。激素类药物会对人体的生殖系统和生殖功能造成严重影响，可导致儿童性早熟，诱发女性乳腺癌等疾病，还可导致新生儿畸形、溶血等；多数激素类药物还具有潜在的致癌性，长期经食物摄入性激素可导致子宫癌、乳腺癌、睾丸肿瘤等的发病率增加。

2. 国内限量及监测

《食品安全国家标准　食品中 41 种兽药最大残留限量》（GB 31650.1—2022）和《食品安全国家标准　食品中真菌毒素限量》（GB 2761—2017）中规定了 41 种兽药在不同类别食品中的限量值。目前常用的检测兽药残留的检测方法有液相色谱-质谱/质谱法与高效液相色谱法、酶联免疫吸附法、放射受体分析法等。

模块六
课件 PPT

项目一　畜禽肉中兽药残留的快速检测

任务一　畜禽肉中磺胺类药物残留的快速检测

◎ 学习目标

【知识目标】

（1）了解磺胺类药物残留检验新技术和新方法。

（2）了解磺胺类药物残留检测的相关标准。

【能力目标】

（1）掌握兽药残留检测仪器的使用和维护。

（2）能够利用快速检测仪独立完成畜禽中磺胺类药物残留的检测。

【素养目标】

（1）"工欲善其事，必先利其器"，食品检验工作需要认真、仔细操作，保证实验结果的准确性。保持严谨的态度，确保实验数据的可靠性和科学性。通过实验，可以养成细心和严谨的工作态度。

（2）严格依据国家标准进行相关项目的测定，要实事求是，确保检验结果准确，还要感悟"具体问题具体分析"的方法论，保证食品安全。

◎ 任务描述

磺胺类药物（Sulfonamides，SAS）是指具有对氨基苯磺酰胺结构的一类药物的总称，是一类广泛使用的预防和促进动物生长（常做饲料添加剂）的抗生素。SAS 均含有 p-氨基苯甲酰环、N4 位芳香族氨基酸，而 N1 位取代基则不同。SAS 种类可达数千种，具有抗菌谱较广、性质稳定、价格低廉等优点，特别是甲氧苄啶和二甲氧苄啶等抗菌增效剂的发现使 SAS 与抗菌增效剂联合使用后，使 SAS 抗菌谱扩大，大幅提升抗菌活性，可以从抑菌作用转变为杀菌作用。因此，SAS 广泛应用于兽医临床、动物饲料添加剂、水产养殖等领域。

经常食用含有 SAS 残留的动物源性食品可引起 SAS 在体内的逐渐蓄积，其危害性主要表现为过敏反应、细菌耐药性、致畸作用、致突变作用、致癌作用及激素样作用。由于 SAS 的不合理使用、误用甚至滥用，因此，动物源性食品中 SAS 残留事件屡有发生，首先是猪肉，其次是牛肉和禽肉。鉴于此，我国规定其休药期为 15 天，最小风险剂量（MRL）

为 100 μg/kg。本实验利用磺胺类快速检测卡进行测定。

◎ 知识准备

SAS 具有抗菌谱广、可以口服或注射、吸收迅速，能通过血脑屏障渗入脑脊液、较为稳定、不易变质等优点。用于全身感染的 SAS 经口服后可被迅速吸收，2~3 h 后血药浓度达到峰值。进入血液的 SAS 可广泛分布于全身各组织、细胞和体液中，主要在细胞外液中，部分穿过细胞膜进入细胞内。机体内的 SAS 以肝脏和肾脏中浓度最高，部分进入乳腺、胚胎、胸膜腔和滑膜腔内。SAS 可与动物血浆蛋白结合，其结合率随动物品种不同存在较大的差异。此外，SAS 与蛋白的结合率还影响抗生素的分布、生物转化和排出，进而影响药效。SAS 因结构不同代谢周期有较大差异，短效 SAS，如磺胺甲唑（SMX）和磺胺二甲嘧啶（SMZ）等的半衰期小于 8 h；中效 SAS，如磺胺嘧啶（SD）的半衰期在 10 h 以上；长效 SAS 吸收快，但是代谢速度慢，通常半衰期大于 30 h，如磺胺邻二甲氧苄啶的半衰期可达 1 周。长效 SAS 代谢时间和作用时间较长，当在人体内蓄积超过一定浓度时，会导致细菌产生耐药性，对人体产生极大危害。其不良反应有两种：一种是急性中毒，多见于用量过大或静脉注射时速度过快，主要表现神经症状、肌肉无力、步态不稳、惊厥、昏迷等，严重者迅速死亡；另一种是慢性中毒，用药量较大或疗程过 1 周的家畜，主要表现肾脏损害、出现血尿、少尿甚至闭尿；三是过敏反应，引起个别家畜皮肤发红、口腔黏膜溃烂、被毛脱落等。

检测原理：本产品检测过程中应用竞争法免疫层析原理，在层析过程待测液中的待测物与金标抗体结合，抑制了金标抗体与硝酸纤维素膜上的竞争抗原（T 线）的结合，从而影响 T 线显色。

◎ 任务实施

一、仪器设备和材料

（1）电子天平：分度值 0.1 g 以上。
（2）均质器。
（3）涡旋仪。
（4）离心机：转速 ≥4 000 r/min。
（5）移液器：100~1 000 μL、20~200 μL。
（6）15 mL 离心管。
（7）磺胺类快速检测卡试剂盒。
（8）一次性滴管。
（9）样品稀释液。

二、操作步骤

1. 检测仪准备

打开全封闭式孵育器，调节温度至 40 ℃，并保持恒温。打开胶体金读数仪，预热 5 min。单击"曲线管理"键，取曲线二维码，靠近仪器指示位置，成功读取曲线后先单击"返回"键，然后单击"单机定量"键，依次单击并选择"产品名称""批次号""检测样本"等键。

2. 试样的制备

（1）将样本去皮、去壳、去脂肪，取精肉部分，用均质器均质样本。

（2）称取（1.0±0.1）g 样品于 15 mL 离心管中，加入 3 mL 样品稀释液，充分振荡混匀 2 min。

（3）用离心机以 4 000 r/min 的转速离心 3~5 min；离心后若上层出现厚脂肪层，需取上层稍下部位澄清液体进行步骤（4）检测。

（4）鱼类、畜禽组织样本：取 300 μL 样品稀释液和 100 μL 步骤（3）的上清液于 2 mL 离心管中，混匀待检；虾类样本：取 200 μL 样品稀释液和 100 μL 步骤（3）的上清液于 2 mL 离心管中，混匀待检。

3. 样品的测定

（1）在进行检测前先完整阅读使用说明书。

（2）拆开包装袋，取出检测卡，尽快在 1 h 内使用。

（3）用微量移液器移取 100 μL（滴管 3~4 滴）待测液放入检测卡加样孔中并加样；同时，开始计时；5 min 后即可读取结果，其余时间判读无效。

三、数据记录与处理

将磺胺类药物含量快速测定结果的原始数据填入表 6-1 中。

表 6-1　磺胺类药物含量快速测定原始记录表

磺胺类药物快速检测原始记录表								
样品名称	样品状态	检测方法依据	检测仪器		环境状况	检测地点	检测日期	备注
			名称	编号				
					温度：　　℃ 相对湿度：　　%		年　月　日	
样品编号	样品基质	样品名称		检测卡判读		结果判定		
				C 线： T 线：				
				C 线： T 线：				
检测					校核			

四、注意事项

（1）检测卡请在保质期内一次性使用。

（2）滴管不可混用，以免发生交叉污染。

（3）整个实验过程需要佩戴手套进行操作，对于使用后的玻璃试剂瓶和塑料试剂瓶，应用自来水将内、外冲洗干净，将玻璃瓶和塑料瓶分开放置到指定专用回收袋中。待垃圾回收袋装满后，通知外部环保车，根据垃圾分类进行回收处理；应将实验废弃物进行固液分离，由专门的危废处理公司进行。

五、评价与反馈

实验结束后，请按照表 6-2 中的评价要求填写考核结果。

表 6-2 磺胺类药物快速检测考核评价表

学生姓名：　　　　　　　　班级：　　　　　　　　日期：

考核项目		评价项目	评价要求	得分
知识储备		了解胶体金测定的工作原理	相关知识输出正确（1分）	
		掌握磺胺类药物检测流程及使用仪器的功能	能够说出磺胺类药物快速检测各部分使用的仪器和作用（3分）	
检验准备		能够正确准备仪器	仪器准备正确（6分）	
技能操作		能够熟练应用胶体金定量测定仪进行测定（样品的称量、移液枪移取液体、涡旋仪的使用、离心机的使用、孵育器和荧光测定仪的使用、清洁维护等），操作规范	操作过程规范、熟练（15分）	
		能够正确、规范记录结果并进行数据处理	原始数据记录准确、处理数据正确（5分）	
课前	通用能力	课前预习任务	课前任务完成认真（5分）	
课中	专业能力	实际操作能力	能够按照操作规范进行胶体金试纸条操作，准确进行样品的提取、稀释，移液枪移取样品准确（10分）	
			涡旋仪、离心机使用方法正确，调节方法正确（10分）	
			孵育器、胶体金试纸条的正确使用（10分）	
			兽药残留测定仪的使用及维护方法正确（10分）	
	工作素养	发现并解决问题的能力	善于发现并解决实验过程中的问题（5分）	
		时间管理能力	合理安排时间，严格遵守时间安排（5分）	
		遵守实验室安全规范	（仪器的使用、实验台整理等）遵守实验室安全规范（5分）	
课后	技能拓展	胶体金定量法测定	正确、规范地完成操作（10分）	
总分（100分）				

备注：不合格（<60分），合格（60~70分），良好（70~90分），优秀（>90分）。

（1）磺胺类兽药对人体的危害有哪些？

（2）检测时为什么要避免阳光直射和电风扇直吹？

任务二　畜禽肉中喹诺酮类药物残留的快速检测

◉ **学习目标**

【知识目标】

（1）了解喹诺酮类药物结构特点与特性，喹诺酮类残留检验的技术和方法。

（2）了解喹诺酮类药物残留检测相关限量和标准。

【能力目标】

（1）掌握兽药残留检测仪器的使用和维护。

（2）能够利用快速检测设备独立完成畜禽中喹诺酮类药物残留的检测。

【素养目标】

（1）深刻理解"抱德炀和，讲信修睦"的内涵，感悟食品人肩负着为中国食品安全保驾护航的使命，激励将个人理想信念融入国家和民族的事业中，提升专业认同感，激发探索性学习欲望。

（2）通过食品安全事件的思考，树立食品从业人员服务大众的奉献精神和求真务实的职业担当，增强诚实守信的意识，增强社会责任感和职业认同感，拥有良好的职业素养。

◉ **任务描述**

一、喹诺酮类药物结构与性质

喹诺酮类药物（Quinolones，QNS）是一类十分重要的人工合成的抗菌药物，对革兰氏阴性菌、大多数革兰氏阳性菌、衣原体等具有杀灭作用，广泛应用于兽医临床。QNS属于吡酮酸衍生物（Pyridonecarboxylic Acids，PCAS），俗称喹诺酮类。

QNS是以1,4-二氢-4-氧吡啶-3-羧酸为基本母环结构的化合物，是由萘啶酸或吡酮酸衍生而来的合成抗菌药物。在4-喹诺酮母核的N1位、C5位、C6位、C7位、C8位引入不同的基团，形成各具特点的喹诺酮类药物。

1. 抗菌活性

C6位引入氟原子的同时，C7位引入哌嗪基（绝大多数氟喹诺酮类）后，药物与DNA回旋酶的亲和力和抗菌活性显著提高、抗菌谱范围明显扩大、药动学性质显著改善。N1位引入环丙基后，药物对革兰阳性菌、衣原体、支原体的杀灭作用进一步增强，如环丙沙星、司帕沙星、莫西沙星、加替沙星和加雷沙星。C6位脱去氟原子且C8位引入二氟甲基的加雷沙星对革兰阴性菌、革兰阳性菌、厌氧菌、支原体、衣原体均具有与莫西沙星类似的良好活性和药动学特征，同时毒性更低，并由此诞生了新型喹诺酮类药物，即C6非氟的氟喹诺酮类药物。

2. 脂溶性

C7 位引入甲基哌嗪环，可增加药物的脂溶性，提高口服生物利用度和对细菌的穿透力，如氧氟沙星、氟罗沙星和左氧氟沙星。C8 位引入氯原子或氟原子，进一步提高药物的口服生物利用度，延长药物消除半衰期，如洛美沙星。提高药物的脂溶性的同时也具有扩大抗菌谱和增强抗菌活性的效果。

3. 光敏反应

C8 位引入氯原子或氟原子后，在提高疗效的同时，也增强了药物的光敏反应，如司帕沙星、氟罗沙星和洛美沙星。以甲氧基取代 C8 位的氯原子或氟原子时，在提高疗效的同时，还可降低光敏反应，如莫西沙星和加替沙星。

4. 中枢神经系统毒性

C7 位哌嗪环取代基团与 γ-氨基丁酸（γ-Aminobutyric Acid γ-GABA）受体拮抗剂的结构相似，可拮抗 GABA 受体产生中枢神经系统症状。喹诺酮类药物与茶碱或非甾体类抗炎药（Nonsteroidal Antiinflam Matory Drugs）合用时易产生中枢毒性。C6 位有疏水性的氟原子使喹诺酮类药物具有一定的脂溶性，易于透过血脑屏障。当去掉 C6 位氟原子的加雷沙星与 NSAID 合用，则不诱发惊厥反应，且不影响 GABA 与 γ-氨基丁酸 A 型受体的结合，中枢神经系统毒性显著减低。

5. 肝毒性和心脏毒性

在 C5 位引入甲基的格帕沙星因有心脏毒性而禁止售卖。N1 位引入 2,4-二苯氟基的曲伐沙星，因肝毒性而在许多国家停止使用，该取代基可能也与替马沙星综合征（临床表现为低血糖、重度溶血，约半数患者伴肾衰竭和肝功能损害）有密切关系。喹诺酮类药物的结构见表 6-3。

表 6-3　喹诺酮类药物的结构

喹诺酮类药物母核结构： 4-喹诺酮-3-羧酸	典型的药物
	诺氟沙星 环丙沙星 依诺沙星　　左氧氟沙星

二、QNS 残留的分析方法

由于 QNS 在临床上的应用越来越广泛，QNS 的残留分析方法也受到了较大的关注，有关分析方法的报道也日益增多，QNS 残留分析通常包括选用适当的溶剂提取，进一步利用液–液萃取、固相萃取等进行净化、浓缩，最后用高效液相色谱法（HPLC）、高效毛细管电泳（CE）、液相色谱–质谱联用技术（LC–MS）等方法进行检测，有时也使用气相色谱法（GC）、高效薄层色谱法（HPTLC）、微生物法（MA）、免疫分析法（IA）等。《食品安全国家标准　动物性食品中四环素类、磺胺类和喹诺酮类药物残留量的测定　液相色谱–串联质谱法》（GB 31658.17—2021）、《动物源性食品中 14 种喹诺酮药物残留检测方法　液相色谱–质谱/质谱法》（GB/T 21312—2007）、《动物源性食品中喹诺酮类物质的快速检测　胶体金免疫层析法》（KJ 201906）等标准规定了动物源食品中喹诺酮类物质残留的检测方法，本实验使用的是免疫层析法。

◎ 知识准备

胶体金免疫层析技术

将特异性的抗原或抗体以条带状固定在膜上，胶体金标记试剂（抗体或单克隆抗体）吸附在结合垫上，当待检样本加到试纸条一端的样本垫上后，通过毛细作用向前移动，溶解结合垫上的胶体金标记试剂后相互反应，再移动至固定的抗原或抗体的区域时，待检物与金标试剂的结合物又与其发生特异性结合而被截留，聚集在检测带上，可通过肉眼观察到显色结果（胶体金红色）。胶体金免疫层析技术有三种反应模式：夹心法、间接法、竞争抑制法。

测定原理：本方法采用竞争抑制免疫层析法。样品中的喹诺酮类物质与胶体金标记的特异性抗体结合，抑制了抗体和检测线（T 线）上抗原的结合，从而导致检测线颜色深浅的变化，通过检测线与控制线（C 线）颜色深浅比较，对样品中喹诺酮类物质进行定性判定。

◎ 任务实施

一、仪器设备和材料

（1）移液器：100~1 000 μL、200~2 000 μL 和 1~5 mL。

（2）涡旋混合器。

（3）离心机：转速≥4 000 r/min。

（4）电子天平：分度值为 0.01 g。

（5）孵育器：可调节时间、温度，控温精度±1 ℃。

（6）读数仪。

（7）氮吹仪。

（8）环境条件：温度 15~35 ℃，相对湿度≤80%（采用孵育器与读数仪时可不要求环境温度）。

（9）金标微孔（含胶体金标记的特异性抗体）试剂条或检测卡。

（10）分散固相萃取剂Ⅰ：分别称取硫酸镁 18.00 g、醋酸钠 4.50 g 放入研钵中研碎。

（11）分散固相萃取剂Ⅱ：分别称取硫酸镁 27.00 g、N-丙基乙二胺（PSA）4.50 g 放入研钵中研碎。

（12）甲酸-乙腈溶液：在 98 mL 乙腈中加入 2 mL 甲酸并混匀。

（13）参考物质。喹诺酮类参考物质的中文名称、英文名称、CAS 登录号、分子式、分子量见表 6-4，要求纯度≥99%。

（14）超声仪。

表 6-4　喹诺酮类参考物质的中文名称、英文名称、CAS 登录号、分子式、分子量

序号	中文名称	英文名称	CAS 登录号	分子式	分子量
1	洛美沙星	Lomefloxacin	98079-51-7	$C_{17}H_{19}F_2N_3O_3$	351.35
2	培氟沙星	Pefloxacin	70458-92-3	$C_{17}H_{20}FN_3O_3$	333.36
3	氧氟沙星	Ofloxacin	82419-36-1	$C_{18}H_{20}FN_3O_4$	361.37
4	诺氟沙星	Norfloxacin	70458-96-7	$C_{16}H_{18}FN_3O_3$	319.33
5	达氟沙星	Danofloxacin	112398-08-0	$C_{19}H_{20}FN_3O_3$	357.38
6	二氟沙星	Difloxacin	98106-17-3	$C_{21}H_{19}N_3O_3F_2$	399.39
7	恩诺沙星	Enrofloxacin	93106-60-6	$C_{19}H_{22}FN_3O_3$	359.40
8	环丙沙星	Ciprofloxacin	85721-33-1	$C_{17}H_{18}FN_3O_3$	331.34
9	氟甲喹	Flumequine	42835-25-6	$C_{14}H_{12}FNO_3$	261.25
10	噁喹酸	Oxilinic acid	14698-29-4	$C_{13}H_{11}NO_5$	261.23

注：或等同可溯源物质

二、操作步骤

1. 标准溶液的配制

（1）喹诺酮类物质标准储备液（1 mg/mL）：分别精确称取喹诺酮类参考物质适量，置于 50 mL 烧杯中，加入适量甲醇超声溶解后，用甲醇转入 10 mL 容量瓶中，定容至刻度，摇匀，配制成浓度为 1 mg/mL 的喹诺酮标准储备液。在-20 ℃环境中避光保存，有效期 6 个月。

（2）喹诺酮类物质标准中间液（1 μg/mL）：分别吸取喹诺酮类标准储备液（1 mg/mL）100 μL 于 100 mL 容量瓶中，用甲醇稀释至刻度，摇匀，配制成浓度为 1 μg/mL 的喹诺酮类标准中间液。

2. 检测仪准备

打开全封闭式孵育器，将温度调节至 40 ℃，并保持恒温。打开胶体金读数仪，预热 5 min。

3. 试样的制备

（1）猪肉、猪肝、猪肾用组织捣碎机等搅碎后备用。

（2）试样的提取。

准确称取（2.50±0.01）g 均质后的组织样品（猪肉、猪肝、猪肾等）于 15 mL 离心管中，加入 5 mL 甲酸-乙腈溶液，涡旋混合 1 min，振荡 5 min，用离心机以 4 000 r/min 的转速离心 5 min。将上清液 2 mL 转入 10 mL 离心管中，分别加入 0.6 g 分散固相萃取剂 I 漩涡混合 1 min，再加入 0.6 g 分散固相萃取剂 II 后漩涡混合 1 min，静置分层后取 1 mL 于 10 mL 离心管中，用氮吹仪在 60 ℃下吹干后，用 1 mL 样品稀释液溶解作为待测液。

4. 样品的测定

（1）检测卡测定步骤。

将检测卡平放入孵育器中。小心撕开检测卡的薄膜至指示线处，避免提起检测卡和海绵。用移液器取待测液 300 μL，避免产生泡沫和气泡。竖直缓慢地滴加至检测卡两侧任意一侧的凹槽中，将粘箔重新粘好。盖上孵育器的盖子，孵育器上的计时器自动开始计时，红灯闪烁，孵育 3 min。取出检测卡，不要挤压样品槽，放于读数仪中，读数前保持样品槽一端朝下直到在读数仪上读取结果，或从孵育器上取出后直接目视法进行结果判定。

（2）试剂条与金标微孔测定步骤。

吸取 300 μL 待测液于金标微孔中，抽吸 5~10 次使其混合均匀，将试剂条吸水海绵端垂直向下插入金标微孔中，孵育 5~8 min，从微孔中取出试剂条进行结果判定。注意，试剂条（或检测卡）具体检测步骤可参考相应的说明书操作。

（3）质控实验。

每批样品应同时进行空白实验和加标质控实验。

空白实验：称取空白试样，按照与样品相同的操作步骤操作。

加标质控实验：准确称取空白试样（精确至 0.01 g）置于具塞离心管中，加入一定体积的诺氟沙星标准中间液，使诺氟沙星终浓度为 6 μg/kg，按照样品相同操作步骤操作。

三、数据记录与处理

1. 读数仪测定法

按读数仪说明书要求操作直接读取并进行结果判定。

2. 目视法

通过对比控制线（C 线）和检测线（T 线）的颜色深浅进行结果判定。

3. 质控实验要求

空白实验测定结果应为阴性，加标质控实验测定结果应为阳性。

4. 结论

当检测结果为阳性时，应对结果进行确证，然后将喹诺酮类药物含量快速测定结果的原始数据填入表 6-5 中。

表 6-5 喹诺酮类药物含量快速测定原始记录表

喹诺酮类药物快速检测原始记录表								
样品名称	样品状态	检测方法依据	检测仪器		环境状况	检测地点	检测日期	备注
			名称	编号				
					温度：　　℃ 相对湿度：　　%		年　月　日	
样品编号	样品基质	样品名称		检测卡判读	结果判定			
				C线： T线：				
				C线： T线：				
检测					校核			

四、注意事项

（1）本方法所述试剂、试剂盒信息及操作步骤是为给方法使用者提供方便，在使用本方法时不作限定。方法使用者在使用替代试剂、试剂盒或操作步骤前，须对其进行考察，应满足本方法规定的各项性能指标。

（2）本方法的参比标准：《动物源性食品中 14 种喹诺酮药物残留检测方法　液相色谱-质谱/质谱法》（GB/T 21312—2007）。

五、评价与反馈

实验结束后，请按照表 6-6 中的评价要求填写考核结果。

表 6-6 喹诺酮药物快速检考核评价表

学生姓名：　　　　　　　　班级：　　　　　　　　日期：

考核项目	评价项目	评价要求	得分
知识储备	了解胶体金测定的工作原理	相关知识输出正确（1分）	
	掌握喹诺酮药物检测流程以及使用仪器的功能	能够说出喹诺酮药物快速检测各部分使用的仪器和作用（3分）	
检验准备	能够正确准备仪器	仪器准备正确（6分）	
技能操作	能够熟练应用胶体金定量测定仪进行测定（样品的称量、移液枪移取液体、固相萃取、氮吹仪使用、离心机的使用、孵育器和兽药残留测定仪的使用、清洁维护等），操作规范	操作过程规范、熟练（15分）	
	能够正确、规范记录结果并进行数据处理	原始数据记录准确、处理数据正确（5分）	

考核项目		评价项目	评价要求	得分
课前	通用能力	课前预习任务	课前任务完成认真（5分）	
课中	专业能力	实际操作能力	能够按照操作规范进行胶体金试纸条操作，准确进行样品的提取、稀释，移液枪移取样品准确（10分）	
			涡旋仪、离心机、固相萃取仪使用方法正确，调节方法正确（10分）	
			氮吹仪、孵育器、胶体金试纸条的正确使用（10分）	
			兽药残留测定仪的使用及维护方法正确（10分）	
	工作素养	发现并解决问题的能力	善于发现并解决实验过程中的问题（5分）	
		时间管理能力	合理安排时间，严格遵守时间安排（5分）	
		遵守实验室安全规范	（氮气瓶的管理、仪器的使用、实验台整理等）遵守实验室安全规范（5分）	
课后	技能拓展	酶联免疫法的测定	正确、规范地完成操作（10分）	
总分（100分）				

备注：不合格（<60分），合格（60~70分），良好（70~90分），优秀（>90分）。

◎ 问题思考

（1）请说明竞争抑制免疫层析法在测定喹诺酮类药物时的结果判定与颜色深浅的关系。

（2）请说明喹诺酮类药物的结构与毒性的关系。

项目二　水产品中兽药残留的快速检测

任务一　水产品中呋喃代谢物残留的快速检测

◎ 学习目标

【知识目标】

（1）了解硝基呋喃类药物结构特点与特性，硝基呋喃类药物检验的技术和方法。

（2）了解硝基呋喃类药物残留检测相关限量和标准。

（1）掌握快速检测仪的使用和维护。

（2）能够利用快速检测设备独立完成水产品中硝基呋喃类药物的检测。

【素养目标】

（1）培养严谨的工作态度、良好的沟通能力，具备扎实的专业知识和技能，养成终身学习的习惯。

（2）能够持续关注最新的食品安全知识和技术，具备处理食品安全事故和突发事件的能力，能够迅速响应和解决问题，降低食品安全事件的影响。

任务描述

硝基呋喃类药物是一种广谱抗生素，对大多数革兰氏阳性菌和革兰氏阴性菌、真菌和原虫等病原体均有杀灭作用。它们作用于微生物酶系统，抑制乙酰辅酶 A、干扰微生物糖类的代谢，从而起到抑菌作用。

硝基呋喃类药物常见的有以下 4 种：呋喃唑酮、呋喃它酮、呋喃妥因、呋喃西林。硝基呋喃类物质均为性质稳定的黄色粉末，无味或味微苦。呋喃唑酮几乎不溶于水和乙醇，呋喃西林难溶于水、微溶于乙醇，呋喃妥因几乎不溶于水、微溶于乙醇。硝基呋喃类原型药在生物体内代谢迅速，其代谢产物分别为 3-氨基-2-恶唑烷酮（AOZ）、5-甲基吗啉-3-氨基-2-唑烷基酮（AMOZ）、1-氨基-2-乙内酰（AHD）、氨基脲（SEM），这些代谢物和蛋白质结合相当稳定，故常利用代谢物的检测来反映硝基呋喃类药物的残留状况。呋喃妥因（呋喃坦啶）为抑菌剂，多数大肠杆菌、肠球菌对其敏感。其血药浓度很低，不适用于全身感染的治疗，临床主要用于治疗敏感细菌所致的泌尿道感染。常见消化道反应，如恶心、呕吐、腹泻。偶见药热、粒细胞减少等变态反应及头痛、头晕、嗜睡、多发性神经炎等神经系统症状。6-磷酸葡萄糖脱氢酶缺乏者还可出现溶血性贫血。呋喃唑酮（痢特灵）口服吸收少，肠内浓度高，主要用来治疗细菌性痢疾和腹泻，也可用于伤寒、霍乱等。除胃肠道反应和过敏外，偶可引起溶血性贫血和黄疸。呋喃它酮内服后在肠道不易吸收，故主要用于肠道感染，也可用于球虫病、火鸡黑头病的治疗。呋喃西林临床仅用作消毒防腐药，用于皮肤及黏膜的感染，如化脓性中耳炎、化脓性皮炎、急慢性鼻炎、烧伤、溃疡等。其对组织几手无刺激，脓、血对其消毒作用无明显影响。

常见硝基呋喃类药物及其代谢物和衍生物见表 6-7。

表 6-7 常见硝基呋喃类药物及其代谢物和衍生物

原物名称	对应代谢物	衍生物	结构图
呋喃唑酮 （Furazollone）	3-氨基-2-恶唑烷酮（AOZ）	2-NBA-AOZ	
呋喃它酮 （Furaltatone）	5-甲基吗啉-3-氨基-2-唑烷基酮（AMOZ） 5-morpholine-methyl-3-amino-2-oxazolidinone	2-NBA-AMOZ	

原物名称	对应代谢物	衍生物	结构图
呋喃妥因 （Nitrofurantoin）	1-氨基-2-乙内酰（AHD） 1-Aminohydantoin	2-NBA-AHD	O_2N—furan—CH=N—N（hydantoin ring）
呋喃西林 （Nitrofurazone）	氨基脲（SEM） Semicarbazid	2-NBA-SEM	O_2N—furan—CH=N—NHCONH$_2$

畜禽及水产养殖业

硝基呋喃类药物因为价格较低且效果好，曾广泛应用于畜禽及水产养殖业，以治疗由大肠杆菌或沙门氏菌所引起的肠炎、疥疮、赤鳍病、溃疡病等。由于硝基呋喃类药物及其代谢物对人体有致癌、致畸副作用，个别国家已经禁止硝基呋喃类药物在畜禽及水产动物食品中使用，并严格执行对水产品中硝基呋喃的残留检测。农业部于 2002 年 12 月 24 日发布的公告第 235 号以及于 2005 年 10 月 28 日发布的公告第 560 号中规定，硝基呋喃类药物为在饲养过程中禁止使用的药物，在动物性食品中不得检出。卫生部于 2010 年 3 月 22 日将硝基呋喃类药物呋喃唑酮、呋喃它酮、呋喃妥因、呋喃西林列入可能违法添加的非食用物质黑名单。2019 年 12 月 27 日，硝基呋喃类药物被列入食品动物中禁止使用的药品及其他化合物清单。

◎ 知识准备

已公开的各类硝基呋喃类药物代谢物质残留的检测方法见表6-8。

表 6-8 硝基呋喃类药物代谢物质残留检测方法

编号	方法名称	方法简单介绍
1	《猪肉、牛肉、鸡肉、猪肝和水产品中硝基呋喃类代谢残留量的测定液相色谱-串联质谱法》（GB/T 20752—2006）	样品中残留的硝基呋喃类代谢物在酸性条件下用 2-硝基苯甲醛衍生化，正己烷脱脂，用 HLB 柱净化，点喷雾离子化，液相色谱-串联质谱检测，外标法或同位素内标法定量
2	《动物源性食品中硝基呋喃类药物代谢物残留量检测方法》（GBT 21311—2007）	样品中残留的硝基呋喃类代谢物在酸性条件下用 2-硝基苯甲醛衍生化，乙酸乙酯提取，正己烷脱脂净化，电喷雾离子化，液相色谱-串联质谱检测，同位素内标法定量
3	《动物源食品中硝基呋喃类代谢物残留量的测定 高效液相色谱-串联质谱法》（农业部 781 号公告 4—2006）	样品依次用甲醇、乙醇、乙醚洗涤，在酸性条件下用 2-硝基苯甲醛衍生化，乙酸乙酯提取，电喷雾离子化，液相色谱-串联质谱检测，同位素内标法定量
4	《进出口动物源食品中硝基呋喃类药物代谢物残留量测定方法 高效液相色谱串联质谱法》（SN/T 1627—2005）	样品中残留的硝基呋喃类代谢物在酸性条件下用 2-硝基苯甲醛衍生化，乙酸乙酯提取，氯化钠溶液反萃取净化，电喷雾离子化，液相色谱-串联质谱检测，同位素内标法定量
5	《水产品中硝基呋喃类代谢物残留量的测定》（农业部 783 号公告-1—2006）	样品中残留的硝基呋喃类代谢物在酸性条件下用 2-硝基苯甲醛衍生化，乙酸乙酯提取，电喷雾离子化，液相色谱-串联质谱检测，同位素内标法定量
6	《水产品中硝基呋喃类代谢物残留量的测定》（农业部 1077 号公告-2—2008）	样品中残留的硝基呋喃类代谢物用三氯乙酸-甲醇溶液提取，经邻氯苯甲醛衍生化，乙酸乙酯提取，固相萃取柱净化，电喷雾离子化，液相色谱-串联质谱检测，外标法定量

測定原理

硝基呋喃类代谢物胶体金快速检测卡应用了竞争抑制免疫层析的原理，样本中的呋喃类代谢物在流动的过程中与胶体金标记的特异性单克隆抗体结合，抑制了抗体和 NC 膜检测线上呋喃类代谢物—BSA 偶联物的结合。如果样本中呋喃类代谢物含量>1.0 μg/kg，检测线 T 比质控线 C 浅或者 T 线不显色，则结果为阳性；反之，检测线 T 显色与质控线 C 相当或者比 C 线深，则结果为阴性。呋喃代谢物检测卡用于快速检测水产（鱼、虾）组织中的呋喃类代谢物残留，且适用于各类企业及检测机构。

任务实施

一、仪器设备和材料

（1）胶体金读数仪。

（2）均质器。

（3）氮气吹干装置。

（4）振荡器。

（5）离心机：转速≥4 000 r/min。

（6）刻度移液管。

（7）电子天平：分度值 0.01 g。

（8）微量移液器：单道 20~200 μL、100~1 000 μL。

（9）配套试剂盒：呋喃唑酮（AOZ）代谢物快速检测卡，呋喃它酮（AMOZ）代谢物快速检测卡，呋喃西林代谢物（SEM）代谢物快速检测卡，呋喃妥因（AHD）代谢物快速检测卡，配套试剂 A、B、C、D。

二、操作步骤

1. 检测仪准备

打开全封闭式孵育器，将温度调节至 40 ℃并保持恒温。接下来打开胶体金读数仪，预热 5 min。

2. 试样的制备

呋喃唑酮代谢物快速检测卡、呋喃它酮代谢物快速检测卡、呋喃西林代谢物快速检测卡、呋喃妥因代谢物快速检测卡可实现四合一统一前处理，即进行同一前处理可用于检测呋喃唑酮代谢物、呋喃它酮代谢物、呋喃西林代谢物、呋喃妥因代谢物。

鱼虾等水产品去皮、脂肪；用均质器均质样本；称取约（3.00±0.1）g 均质物（待检样品）于 15 mL 离心管中；加入 4 mL 试剂 A 和 200 μL 试剂 B，手摇式上下振散，再剧烈振荡 3 min；置于 85 ℃水浴锅中，孵育 10 min；依次加入 1 mL 试剂 C 和 5 mL 提取剂，手摇式上下振散，剧烈振荡 3 min；然后置于离心机中以 4 000 r/min 的转速离心 5 min；移取上层液体 3 mL 放入 7 mL 离心管中，在 60 ℃下吹干；将 1 mL 净化剂和 500 μL 试剂 D 加入吹干的离心管中，剧烈振荡 1 min，静置分层或于离心机中 4 000 r/min 的转速离心 1 min；去除上层液体，取下层溶液待测。

3. 样品的测定

（1）打开产品包装盒，取出检测所需数量的检测卡。

（2）用微量移液器移取 80 μL（滴管约 3 滴）待测液于检测卡加样孔中，加样同时开始计时。

（3）在室温（20~25 ℃）下反应 5 min 后，在反应后的 3 min 内判读结果（在其他时间判读无效）。

三、数据记录与处理

1. 读数仪测定法

将待判读检测卡插入仪器，选择对应项目和批号进行检测，根据仪器显示结果进行判读。

2. 目视法

通过对比控制线（C 线）和检测线（T 线）的颜色深浅进行结果判定。

3. 结论

当检测结果为阳性时，应对结果进行确证，然后将呋喃代谢物含量快速测定结果的原始数据填入表 6-9 中。

表 6-9　呋喃代谢物含量快速测定原始记录表

呋喃代谢物快速测定原始记录表								
样品名称	样品状态	检测方法依据	胶体金检测卡		环境状况	检测地点	检测日期	备注
			名称	编号				
					温度：　　℃ 相对湿度：　　%		年　月　日	
样品编号	样品基质	样品名称		检测卡判读	结果判定			
				C 线： T 线：				
				C 线： T 线：				
检测				校核				

四、注意事项

（1）由于实验中需要使用的提取剂及净化剂均为易燃试剂，应远离火源。若皮肤接触，则应用肥皂和清水彻底冲洗；若眼睛接触，则应提起眼睑，并用清水或生理盐水冲洗，就医；若不慎食入，则饮足量温水，催吐，或用 1∶5 000 高锰酸钾或 5% 硫代硫酸钠溶液洗胃，就医。

（2）本检测方式为筛选方法，如遇阳性样本，请按照规定的标准进行取样，用标准中规定的确证法进行确证。

（3）整个实验需要佩戴手套操作，对于使用过的玻璃试剂瓶和塑料试剂瓶，应用自来水将内、外冲洗干净，将玻璃瓶和塑料瓶分开放置到指定专用回收袋中。待垃圾回收袋装满后，通知外部环保车，根据垃圾分类进行回收处理；应对实验废弃物进行固液分离，由专门的危废处理公司进行回收处理。

五、评价与反馈

实验结束后，请按照表6-10中的评价要求填写考核结果。

表6-10 呋喃代谢物快速检测考核评价表

学生姓名：　　　　　　班级：　　　　　　日期：

评价方式	考核项目		评价项目	评价要求	得分
自我评价（10%）	知识储备		了解胶体金测定的工作原理	相关知识输出正确（1分）	
			掌握呋喃代谢物检测流程及使用仪器的功能	能够说出呋喃代谢物快速检测各部分使用的仪器和作用（3分）	
	检验准备		能够正确准备仪器	仪器准备正确（6分）	
学生互评（20%）	技能操作		能够熟练应用胶体金定量测定仪进行测定（样品的称量、移液枪移取液体、氮吹仪使用、离心机的使用、孵育器和兽药残留测定仪的使用、清洁维护等），操作规范	操作过程规范、熟练（15分）	
			能够正确、规范记录结果并进行数据处理	原始数据记录准确、处理数据正确（5分）	
教师/企业导师学业评价（70%）	课前	通用能力	课前预习任务	课前任务完成认真（5分）	
	课中	专业能力	实际操作能力	能够按照操作规范进行胶体金试纸条操作，准确进行样品的提取、稀释，移液枪移取样品准确（10分）	
				涡旋仪、离心机、使用方法正确，调节方法正确（10分）	
				氮吹仪、孵育器、胶体金试纸条的正确使用（10分）	
				兽药残留测定仪的使用及维护方法正确（10分）	

评价方式	考核项目		评价项目	评价要求	得分
教师/企业导师学业评价（70%）	课中	工作能力	发现并解决问题的能力	善于发现并解决实验过程中的问题（5分）	
			时间管理能力	合理安排时间，严格遵守时间安排（5分）	
			遵守实验室安全规范	（氮气瓶的管理、仪器的使用、实验台整理等）遵守实验室安全规范（5分）	
	课后	技能拓展	酶联免疫法的测定	正确、规范地完成操作（10分）	
总分（100分）					

备注：不合格（<60分），合格（60~70分），良好（70~90分），优秀（>90分）。

问题思考

（1）请说明竞争抑制免疫层析法在测定呋喃类药物时的结果判定与颜色深浅的关系。

（2）请说明呋喃类药物的结构与毒性的关系。

任务二　水产品中氯霉素药物残留的快速检测

学习目标

【知识目标】

（1）了解氯霉素药物结构特点与特性，氯霉素检验的技术和方法。

（2）了解氯霉素药物残留检测相关限量和标准。

【能力目标】

（1）掌握酶标仪（酶联免疫检测仪）的使用和维护。

（2）能够利用快速检测设备独立完成水产中氯霉素的检测。

【素养目标】

（1）钻研之力始于趣，科研之力成于恒，做科研需戒骄戒躁，方能厚积薄发，青年科技工作者要有家国情怀，将科研工作与国家和人民的需求紧密结合起来。

（2）食品检验人必须按照科学的态度完成检验工作，拒绝一切与检验活动无关的干扰，确保食品检验活动的客观和中立，不得出具虚假的检验报告。

任务描述

1. 氯霉素介绍

氯霉素又称氯胺苯醇，是由氯链丝菌产生的一种具有抑制细菌生长作用的广谱抗菌素，天然氯霉素是左旋体。合成品为白色或微黄色针状或片状晶体，无臭，味极苦，稍溶于水、乙醚和三氯甲烷，易溶于甲醇、乙醇、丙酮或乙酸乙酯，不溶于苯和石油醚。在中性或弱酸性水溶液中较稳定，遇碱易失效。氯霉素类药物是一类广谱抗菌药物，可以用于预防和治疗动物身上的细菌感染，能有效防治水产品烂、赤皮、肠炎等细菌性疾病，如果动物身上残留了氯霉素类药物，会对人体健康构成危害。氯霉素类药物还可能对人体的造血系统和免疫系统产生负面影响，会抑制骨髓造血功能造成过敏反应，引起再生障碍性贫血，白细胞减少等症状。长期大量食用氯霉素残留的动物性食品可能引起肠道菌群失调及抑制抗体的形成，因此，对动物源性食品中氯霉素类药物残留量的监测和控制至关重要。

2. 氯霉素类药物残留的测定方法

为了准确、快速地测定动物源性食品中的氯霉素类药物残留量，科研人员们进行了大量的工作，研究出了多种灵敏、准确的测定方法。目前常用的氯霉素类药物残留测定方法包括高效液相色谱法、毛细管电泳法、气相色谱－质谱联用法等。这些方法能够对动物源性食品中的氯霉素类药物残留进行定量测定，并且检测准确。

3. 氯霉素类药物残留的监管和控制

针对动物源性食品中的药物残留问题，各国都制定了相关的监管标准和控制措施。监管部门通常会制定动物源性食品中氯霉素类药物残留的最大残留限量，以确保食品安全和人体健康。兽医和畜牧养殖户也需要严格按照兽药使用规范，合理使用药物，避免药物残留超标的情况发生。

4. 检测标准

1999 年 9 月 13 日，农业部发布了《动物性食品中兽药最高残留限量》的通知，规定了氯霉素在所有食品动物的可食用组织中不得检出。中国农业部已将氯霉素从 2000 年版《中国兽药典》中删除，并将其列为禁药。2002 年 1 月，美国食品与药品管理局（FDA）公布了禁止在进口动物源性食品中使用氯霉素，欧盟的进口食品卫生标准中规定氯霉素含量标准为不得检出。其不得检出的含义是氯霉素含量在 1 μg/L 以下，即含量在十亿分之一以下。2019 年 12 月 27 日，氯霉素被列入动物源性食品中禁止使用的药品及其他化合物清单。2017 年 10 月 27 日，世界卫生组织国际癌症研究机构公布的致癌物清单中将氯霉素列入 2A 类致癌物。

《食品安全国家标准　水产品中氯霉素、甲砜霉素、氟苯尼考和氟苯尼考胺残留量的测定　气相色谱法》（GB 31656. 16—2022）、《食品安全国家标准　动物性食品中氯霉素残留量的测定　液相色谱-串联质谱法》（GB 31658. 2—2021）、《动物源食品中氯霉素残留检测　酶联免疫吸附法》（农业部 1025 号公告-26—2008）等中规定了动物源性食品中氯霉素残留检测方法，本实验利用酶联免疫吸附法进行测定。

◉ 知识准备

氯霉素（Chloramphenicol）是一种抗生素，化学式为 $C_{11}H_{12}C_{12}N_2O_5$，易溶于甲醇、乙醇、丙醇及乙酸乙酯，微溶于乙醚及氯仿，不溶于石油醚及苯。氯霉素极稳定，其水溶液经 5 h 煮沸也不失效。由于氯霉素分子中有 2 个不对称碳原子，所以氯霉素有 4 个光学异构体，其中只有左旋异构体具有抗菌能力。

ELISA 法利用免疫学抗原抗体特异性结合和酶的高效催化作用，通过化学方法将植物辣根过氧化物酶（HRP）与氯霉素结合，形成酶偶联氯霉素。其具体方法是将固相载体上已包被的抗体（羊抗兔 IgG）与特异性的抗克伦特罗抗体结合，然后加入待测氯霉素和酶偶联氯霉素，由于它们具有竞争性，能与氯霉素抗体结合，在洗涤后加入底物，根据有色物的变化计量待测氯霉素的量。若待测氯霉素多，则被结合的酶偶联氯霉素少，有色物量就少。用目测法或比色法测定样品中的氯霉素含量，比色的最佳波长为 450 nm，参比波长应大于 650 nm。

任务实施

一、仪器设备和材料

（1）酶标仪。

（2）均质器。

（3）氮气吹干装置。

（4）振荡器。

（5）离心机：转速≥4 000 r/min。

（6）刻度移液管。

（7）天平：分度值 0.01 g。

（8）微量移液器：单道 20~200 μL、100~1 000 μL。

（9）氮气吹干装置。

（10）乙酸乙酯等试剂。

（11）酶联免疫试剂盒，配氯霉素系列标准溶液：0 μg/L、0.05 μg/L、0.15 μg/L、0.45 μg/L、1.35 μg/L、4.05 μg/L。

酶标记物、氯霉素抗体（浓缩液）、底物液（A 液、B 液）、终止液、洗涤液（浓缩液）、缓冲液（浓缩液）。

二、操作步骤

1. 试剂准备

（1）缓冲液工作液。将浓缩缓冲液（2 倍浓缩）50 mL 用水稀释至 100 mL 备用。

（2）乙腈—水溶液。量取无水乙腈 84 mL 至玻璃瓶中，加入水 16 mL 混合均匀。

（3）C 液：0.36 mol/L 亚硝基铁氰化钠缓冲液。称取亚硝基铁氰化钠 10.70 g，加水 50 mL 搅拌溶解，再加水定容至 100 mL。

（4）D 液：1 mol/L 硫酸锌缓冲液。称取硫酸锌 28.80 g，先加水 60 mL 搅拌溶解，再加水定容至 100 mL。

（5）洗涤液工作液。将浓缩洗涤液 40 mL（20 倍浓缩）用水稀释至 800 mL 备用。

（6）微孔板条。将铝箔袋沿着外沿剪开，取出需用数量的微孔板及框架，将不用的微孔板放进原铝箔袋中，放入自封袋，保存在 2~8 ℃ 环境中。

（7）氯霉素抗体工作液。用缓冲液工作液按 1∶10 的比例稀释氯霉素抗体浓缩液（如 400 μL 浓缩液+4 mL 的缓冲液工作液，足够 4 个微孔板条 32 孔用）。

2. 试样的制备

组织样本（肌肉、肝脏、鱼虾）。

称取试料（3.00±0.01）g，置 50 mL 离心管中，加入乙酸乙酯 6 mL 振荡 10 min，在室温下用离心机以 3 800 r/min 以上的转速离心 10 min。取出上层液 4 mL（约相当于 2.00 g 的样本），在 50 ℃ 下氮气吹干，加入正己烷 1 mL 溶解干燥的残留物，再加缓冲液工作液 1 mL 强烈振荡 1 min，在室温下用离心机以 3 800 r/min 以上的转速离心 15 min，取 50 μL 用于分析。稀释倍数为 0.5 倍。

注：在检测动物肝脏样品时，加入正己烷 1 mL 溶解干燥的残留物，再加缓冲液工作液 1 mL 后，只需要振荡 10 s（防止乳化现象产生）。

3. 样品的测定

从 4 ℃ 冷藏环境中取出所需试剂，置室温（20~25 ℃）下平衡 30 min 以上，注意每种液体试剂使用前均需要摇匀。

（1）使样本和标准品对应微孔，按序编号，使每个样本和标准品做上的 2 孔平行，并记录标准孔和样本孔所在的位置。

（2）加入标准品或处理好的试样 50 μL 到各自的微孔中，然后加入氯霉素抗体工作液 50 μL 到每个微孔中。用盖板膜盖板，轻轻振荡混匀，室温环境中反应 1 h。取出酶标板，将孔内液体甩干，加入洗涤液工作液 250 μL 到每个板孔中，洗板 4~5 次，用吸水纸拍干。

（3）加入酶标记物 100 μL 到每个微孔中，用盖板膜盖板，室温环境中反应 30 min。取出酶标板，将孔内液体甩干，加入洗涤液工作液 250 μL 到每个板孔中，洗板 4~5 次，用吸水纸拍干。

（4）加入底物液 A 液 50 μL 和底物液 B 液 50 μL 到微孔中，轻轻振荡混匀，室温环境中避光显色 30 min。

（5）加入终止液 50 μL 到微孔中，轻轻振荡混匀，设定酶标仪于 450 nm 处，测定每孔吸光度值。

（6）空白对照实验。完全按样品测定的步骤操作（不加样品）。

三、数据记录与处理

（1）标准曲线的绘制与计算。

以标准液百分吸光率为纵坐标，对应的标准液浓度（μg/L）的对数为横坐标，绘制标准液的半对数曲线图。将样本的百分吸光率代入标准曲线中，从标准曲线上读出样本所对应的浓度，乘以其对应的稀释倍数即为样本中待测物的实际浓度。

（2）定量测定。

按式（6-1）计算相对吸光度值。

$$相对吸光度值 = \frac{B}{B_0} \times 100\% \tag{6-1}$$

式中，B——标准溶液或样品的平均吸光度值；

B_0——零浓度的标准溶液平均吸光度值。

将计算的相对吸光度值（%）对应氯霉素（ng/mL）的自然对数作半对数坐标系统曲线图，对应的试样浓度可从校正曲线算出，见式（6-2）。

$$X = \frac{Af}{1\,000m} \tag{6-2}$$

式中，X——试样中氯霉素的含量，μg/kg 或 μg/L；

A——试样的相对吸光度值（%）对应的氯霉素的含量，μg/L；

f——试样稀释倍数；

m——试样的取样量，g 或 mL。

计算结果保留到小数点后两位。

将氯霉素含量快速测定结果的原始数据填入表 6-11 中。

表 6-11　氯霉素含量快速测定原始记录表

氯霉素测定原始记录表								
样品名称	样品状态	检测方法依据	检测仪器		环境状况	检测地点	检测日期	备注
			名称	编号				
					温度：　　℃ 相对湿度：　　%		年　月　日	
样品编号	实验次数	样品质量 m/g	稀释倍数 B	仪器显示读数测定结果 X/（μg·L^{-1}）		平均值/（μg·L^{-1}）	修约值/（μg·L^{-1}）	平行允差/（μg·L^{-1}）	实测差/（μg·L^{-1}）
检测				校核				

四、注意事项

（1）显色液若有任何颜色，则表明其变质了，应当丢弃。0 标准的吸光度值<0.5 个单位（A450 nm< 0.5）时，表示试剂可能变质。

（2）由于反应终止液是有腐蚀性，应避免接触皮肤并进行回收处理；应对实验废弃物进行固液分离，由专门的危废处理公司进行回收处理。

五、评价与反馈

实验结束，请按照表 6-12 中评价要求填写考核结果。

表 6-12　氯霉素快速检测考核评价表

学生姓名：　　　　　　　　　　班级：　　　　　　　　　　日期：

考核项目		评价项目	评价要求	得分
知识储备		了解 ELISA 法测定的工作原理	相关知识输出正确（1分）	
		掌握氯霉素检测流程及使用仪器的功能	能够说出氯霉素快速检测各部分使用的仪器和作用（3分）	
检验准备		能够正确准备仪器	仪器准备正确（6分）	
技能操作		能够熟练应用酶标仪进行测定（样品的称量、移液枪的准确移取液体、氮吹仪使用、离心机、酶标仪的使用、清洁维护等），且操作规范	操作过程规范、熟练（15分）	
		能够正确、规范记录结果并进行数据处理	原始数据记录准确、处理数据正确（5分）	
课前	通用能力	课前预习任务	课前任务完成认真（5分）	
课中	专业能力	实际操作能力	能够按照操作规范进行操作，能够准确进行样品的提取、稀释，移液枪移取样品准确（10分）	
			涡旋仪、离心机、使用方法正确，调节方法正确（10分）	
			氮吹仪、酶标板的正确使用（10分）	
			酶标仪的使用及维护方法正确（10分）	
	工作素养	发现并解决问题的能力	善于发现并解决实验过程中的问题（5分）	
		时间管理能力	合理安排时间，严格遵守时间安排（5分）	
		遵守实验室安全规范	（氮气瓶的管理、仪器的使用、实验台整理等）遵守实验室安全规范（5分）	
课后	技能拓展	胶体金定量法的测定	正确、规范地完成操作（10分）	
总分（100分）				

备注：不合格（<60分），合格（60~70分），良好（70~90分），优秀（>90分）。

问题思考

（1）在洗涤步骤中，为什么要将孔内液体甩干，用工作洗涤液 250 μL/孔充分洗涤 5 次后再用吸水纸拍干？

（2）使用氮吹仪进行样品的浓缩干燥时应注意什么？

项目三　蛋及蛋制品中兽药残留的快速检测

任务一　蛋及蛋制品中喹诺酮药物残留的快速检测

◉ 学习目标

【知识目标】

（1）了解喹诺酮检验新技术和新方法。

（2）了解喹诺酮检测相关标准。

【能力目标】

（1）掌握酶标仪检测仪器的使用和维护。

（2）能够利用酶标仪独立完成鸡蛋中喹诺酮药物残留的检测。

【素养目标】

（1）深入了解"宝剑锋从磨砺出、梅花香自苦寒来"的含义。只有不断地努力、克服困难才能成功。

（2）食品检测过程中的每个环节都需要严格控制和管理，要精益求精。只有不断追求高品质、高效率，才能生产出高质量的食品。精益求精的工匠精神有助于帮我们实现自己的价值。

◉ 任务描述

喹诺酮类药物作用范围大、效果好、抗菌活性强，在畜禽养殖动物疾病的预防和治疗过程中，对支原体、衣原体、革兰阳性菌和革兰阴性菌的作用效果明显，是近几年鸡蛋药物残留中检出最多的一类药物。由于喹诺酮类药物的优势，导致此类药物有滥用的趋势，对此应重点关注。

《食品安全国家标准　食品中兽药最大残留限量》（GB 31650—2019）中规定恩诺沙星、沙拉沙星、达氟沙星、二氟沙星、氟甲喹、噁喹酸等喹诺酮类药物在产蛋期禁用。鸡蛋中喹诺酮类药物残留检测方法有液相色谱-串联质谱法、液相色谱法、胶体金免疫层析试纸条法、酶联免疫试剂盒法等。本任务要求学生根据胶体金免疫层析试纸条法测定鸡蛋中的喹诺酮。

◉ 知识准备

喹诺酮类药物又称吡酮酸类或吡啶酮酸类药物，是一类具有1，4-二氢-4-氧代喹啉-3-羧酸结构的人工合成抗菌药。喹诺酮类以细菌的脱氧核糖核酸（DNA）为靶，阻止DNA回旋酶，造成细菌DNA不可逆的损害，阻止细胞分裂，达到抗菌效果。喹诺酮类药物中三代和四代在畜禽养殖中应用较多，有环丙沙星、恩诺沙星、沙拉沙星、培氟沙星、达氟沙星和洛美沙星等。沙拉沙星和培氟沙星在口服给药途径、剂量和给药天数相同的情况下，残留风险要低于同条件下的恩诺沙星、环丙沙星、洛美沙星。注射给药时，达氟沙星的残留主要存在于蛋黄中。饮水给药时，恩诺沙、氧氟沙星、诺氟沙星三种中恩诺沙星的残留量最高。

喹诺酮药物残留测定原理：本试剂盒采用间接竞争 ELISA 方法，在酶标板微孔上预包被喹诺酮类抗原，样本中残留的喹诺酮类药物和此抗原竞争喹诺酮类抗体（抗试剂）；同时，喹诺酮类抗体与酶标二抗（酶标物）相结合，经 TMB 底物显色，样本的吸光度值与其残留物喹诺酮类药物的含量呈负相关，与标准曲线比较再乘以其对应的稀释倍数，即可得出样本中喹诺酮类药物的含量。本方法适用于鸡蛋中喹诺酮类药物残留的筛查、测定。鸡蛋样本方法检出限为 0.5 μg/kg。

◉ 任务实施

一、仪器设备和材料

（1）酶标仪：450/630 nm。

（2）涡旋仪。

（3）恒温培养箱：室温能达到 25 ℃可不选。

（4）离心机：转速≥4 000 r/min。

（5）均质器。

（6）天平：分度值 0.01 g。

（7）刻度移液管：10 mL。

（8）洗耳球。

（9）微量移液器：单道 10~100 μL、100~1 000 μL 多道 30~300 μL。

二、操作步骤

1. 仪器和试剂准备

（1）仪器：打开酶标仪，设置检测样本信息等。

（2）试剂：所有试剂放置常温回温 30 min 以上。

（3）提取液：用去离子水将喹诺酮类浓缩样本提取液（15×）按 1：14 体积比进行稀释，即 1 份喹诺酮类浓缩样本提取液（15×）加 14 份去离子水，混匀备用。

（4）稀释液：用去离子水将喹诺酮类浓缩样本稀释液按 1：1 体积比进行稀释，即 1 份喹诺酮类浓缩样本稀释液加 1 份去离子水，混匀备用。

（5）洗涤液：用去离子水将浓缩洗涤液（10×）按 1：9 体积比进行稀释，即 1 份浓缩洗涤液（10×）加 9 份去离子水，混匀备用。

2. 试样的制备

（1）均质：取鸡蛋样本于 25 ℃放置 30 min 左右，待样本充分回温后，将蛋清和蛋黄混匀。

视频资源 6-3-1

（2）称量：称取（1.00±0.05）g 样本放入离心管中。

（3）提取：加入 5 mL 喹诺酮类样本提取液，充分振荡并混匀，放置 5 min。

（4）离心：在室温下以 4 000 r/min 的转速离心 5 min。

（5）稀释：取上清液 500 μL 加入 500 μL 喹诺酮类样本稀释液，振荡混匀；取 50 μL 用于分析待检（稀释倍数为 10 倍）。

3. 样品的测定

将所需试剂从冷藏环境中取出,置于室温 20~25 ℃下平衡 30 min 以上,注意每种液体试剂使用前均须摇匀。取出需要数量的微孔板,将不用的微孔板放进原锡箔袋中并且与提供的干燥剂一起重新密封,保存在 2~8 ℃的环境中(切勿冷冻)。

(1)编号:将样本和标准品对应微孔按序编号,每个样本和标准品做 2 孔平行,并记录标准孔和样本孔的所在位置。

(2)加标准品/样品:加标准品或样本 50 μL 到对应的微孔中,然后加入喹诺酮类酶标物 50 μL/孔,最后加入喹诺酮类抗试剂 50 μL/孔,轻轻振荡混匀,用盖板膜盖板后置于 25 ℃避光环境中反应 30 min。

(3)洗板:小心揭开盖板膜,将孔内液体甩干,用洗涤液 250 μL/孔,充分洗涤 4~5 次,每次间隔 10 s,用吸水纸拍干(拍干后若有气泡,可用未使用过的枪头戳破)。

(4)显色:加入底物液 A 液 50 μL/孔,再加底物液 B 液 50 μL/孔,轻轻振荡混匀,用盖板膜盖板后置于 25 ℃避光环境中反应 15 min。

(5)测定:加入终止液 50 μL/孔,轻轻振荡混匀。设定酶标仪于 450 nm 处(建议用双波长 450/630 nm 检测,请在 5 min 内读完数据),测定每孔 OD 值(若无酶标仪,则不加终止液,可以用目测法判定)。

三、数据记录与处理

1. 结果判定

使用 4 参数方法(4P)构建标准曲线,从中读出样本中喹诺酮类药物残留的浓度,再乘以其相应的稀释倍数即可得到样本中喹诺酮类药物残留的含量。

2. 纪录数据

将喹诺酮类药物残留含量快速测定结果的原始数据填入表 6-13 中。

表 6-13　喹诺酮药物残留酶联免疫试剂盒原始记录表

喹诺酮药物残留酶联免疫试剂盒速测定原始记录表								
样品名称	样品状态	检测方法依据	检测仪器		环境状况	检测地点	检测日期	备注
			名称	编号				
					温度:　　℃ 相对湿度:　　%		年　月　日	
样品编号	实验次数	样品质量 m/g	稀释倍数 B	测定结果 X/($\mu g \cdot L^{-1}$)		平均值/($\mu g \cdot L^{-1}$)	修约值/($\mu g \cdot L^{-1}$)	平行允差/($\mu g \cdot L^{-1}$)	实测差/($\mu g \cdot L^{-1}$)
检测				校核				

四、注意事项

（1）反应终止液为 2 mol/L 硫酸，避免接触皮肤。

（2）在加入底物液 A 液和底物液 B 液后，一般显色时间为 15 min。若颜色较浅，可延长反应时间到 20 min，但不得超过 20 min；反之，则减短反应时间。

（3）浓缩洗涤液中如出现结晶，属正常现象，请在加热溶解后使用。

五、评价与反馈

实验结束后，请按照表 6-14 中的评价要求填写考核结果。

表 6-14 喹诺酮快速检测考核评价表

学生姓名： 　　　　班级： 　　　　日期：

考核项目		评价项目	评价要求	得分
知识储备		了解 ELISA 法测定的工作原理	相关知识输出正确（1分）	
		掌握喹诺酮检测流程及使用仪器的功能	能够说出喹诺酮快速检测各部分使用的仪器和作用（3分）	
检验准备		能够正确准备仪器	仪器准备正确（6分）	
技能操作		能够熟练应用酶标仪进行测定（均质、称量、提取、离心、稀释等步骤，标准品/样品→洗板→显色→测定等步骤）操作规范	操作过程规范、熟练（15分）	
		能够正确、规范记录结果并进行数据处理	原始数据记录准确、处理数据正确（5分）	
课前	通用能力	课前预习任务	课前任务完成认真（5分）	
课中	专业能力	实际操作能力	能够按照操作规范进行操作，准确进行样品的提取、稀释，移液枪移取样品准确（10分）	
			涡旋仪、离心机、使用方法正确，使用方法正确（10分）	
			酶标板的正确使用（10分）	
			酶标仪的使用及维护方法正确（10分）	
	工作素养	发现并解决问题的能力	善于发现并解决实验过程中的问题（5分）	
		时间管理能力	合理安排时间，严格遵守时间安排（5分）	
		遵守实验室安全规范	（仪器的使用、实验台整理等）遵守实验室安全规范（5分）	
课后	技能拓展	胶体金定量法的测定	正确、规范地完成操作（10分）	
总分（100分）				

备注：不合格（<60分），合格（60~70分），良好（70~90分），优秀（>90分）。

（1）ELISA 法检测过程中实验误差主要来自哪几个方面？

（2）鸡蛋喹诺酮类药物残留的来源有哪些？

任务二　蛋及蛋制品中氟苯尼考药物残留的快速检测

学习目标

【知识目标】

（1）了解氟苯尼考检验新技术和新方法。

（2）了解氟苯尼考检测相关标准。

【能力目标】

（1）掌握药物残留快速检测仪器的使用和维护。

（2）能够利用药物残留快速检测仪独立完成鸡蛋中氟苯尼考的检测。

【素养目标】

（1）深刻感悟食品人肩负的使命，树立正确的世界观、人生观、价值观，做好食品质量安全的"守门员"。

（2）深刻认识"坚持真理，坚守理想"的内涵，严格执行相关检测标准，真实记录结果，养成公正求实的职业道德。

任务描述

禽蛋已成为人类餐桌上的主要蛋白质来源之一，食用范围广、数量大。2023 年，我国禽蛋产量已达 3 563 万吨。鸡蛋中富含丰富的蛋白质、脂肪、卵磷脂、维生素、矿物质，对人体健康大有裨益。由于我国养殖业的飞速发展，疫病防控等级的提升，因此养殖者在治疗疫病过程中使用违禁药物和过量使用药物成为当下最为突出的问题。尤其禽蛋药物残留问题比较突出。

氟苯尼考是一种酰胺醇类药物，是广谱抗生素的一种。它通过抑制细菌细胞新肽链的形成，阻挠蛋白质合成，进而产生抗菌作用。

《食品安全国家标准　食品中兽药最大残留限量》（GB 31650—2019）中规定氟苯尼考在产蛋期禁用。鸡蛋中氟苯尼考检测方法有液相色谱-串联质谱法、胶体金免疫层析试纸条法等。本任务要求学生根据胶体金免疫层析试纸条法测定鸡蛋中的氟苯尼考，使用此方法处理样品的过程十分简单，0.5 h 内便可以看到检测结果。此方法检出限为 1 μg/kg。

知识准备

鸡蛋中的药物残留的主要来源是养殖环境污染、使用违禁药物、过量使用药物及药品休药期执行不规范等原因。如果人们长期食用含有残留药物的鸡蛋，就会发生过敏反应，症状通常表现为麻疹、体温升高、关节发炎和蜂窝组织炎等，甚至会由于出现严重的休克而危及生命。另外，长期摄入抗生素药物会促使机体内的致病菌产生耐药性，给人体健康埋下隐患，当有耐药性的致病菌入侵机体，不仅治疗难度增加，还会延误病情和危及生命。

氟苯尼考是动物专用的一种抗生素，优点是内服或肌肉注射吸收速度快，分布广，能维持较高的血药浓度，效果持续且不会有氯霉素的毒副作用，但缺点是具有胚胎毒性，所以不能用于产蛋期禽类。氟苯尼考药物的残留规律是以一定浓度口服给药 5 天后，蛋黄的残留风险高于蛋白。

氟苯尼考测定原理：试样提取液中氟苯尼考与检测条中胶体金微粒发生呈色反应，颜色深浅与试样中氟苯尼考含量相关，氟苯尼考含量越高，检测线颜色越浅。根据检测线和质控线颜色深浅判读试样中氟苯尼考的含量是否超出检测限。本方法检出限为 1 μg/kg。

🔵 任务实施

一、仪器设备和材料

（1）电子天平：分度值 0.1 g。
（2）均质器。
（3）离心机：转速≥4 000 r/min。
（4）涡旋振荡器。
（5）移液器：20~200 μL、100~1 000 μL。
（6）氟苯尼考胶体金快速检测试剂：在 4~30 ℃条件下的避光、干燥处储存，切勿冷冻。

二、操作步骤

1. 试样的制备

（1）样本处理：待测样本去壳，取出蛋清和蛋黄，用均质器均质样本。
（2）称样：称取（1.0±0.1）g 样品于 7 mL 离心管中。
注：称样时注意样本不要粘于管壁，尽量全部称取于管底。
（3）稀释：加入 3 mL 样品稀释液，充分振荡混匀 2 min 后待检。

2. 样品的测定

取出检测所需数量的检测卡和微孔试剂，并做好标记。

视频资源 6-3-2

（1）加液：用 20~200 μL 移液器取 100 μL 待检液于微孔试剂中，采用半枪的吸打方式吸打 6~8 次并搅拌，使微孔试剂充分溶解，注意防止气泡产生。
（2）孵育：常温 20~25 ℃下反应 2 min。
（3）检测卡反应：用微量移液器移取微孔中的全部液体于检测卡的加样孔中，使用计时器，开始计时 5 min 进行反应。
（4）读数：在反应后的 3 min 内判读结果，在其他时间判读无效。

三、数据记录与处理

将鸡蛋中氟苯尼考含量快速测定结果的原始数据填入表 6-15 中。

表 6-15　鸡蛋中氟苯尼考快速测定原始记录表

样品名称	样品状态	检测方法依据	检测仪器		环境状况	检测地点	检测日期	备注
			名称	编号				
					温度：　　　℃ 相对湿度：　　%		年　月　日	

样品编号	实验次数	样品质量 m/g	测定结果				
检测					校核		

四、注意事项

（1）《食品安全国家标准　食品中兽药最大残留限量》（GB 31650—2019）中规定氟苯尼考在鸡的产蛋期禁用，参考本实验的检测限，当氟苯尼考阳性时，可参照《食品安全国家标准　动物性食品中氟苯尼考及氟苯尼考胺残留量的测定　液相色谱-串联质谱法》（GB 31658.5—2021）中规定的确证方法进行结果确证。

五、评价与反馈

实验结束后，请按照表 6-16 中的评价要求填写考核结果。

表 6-16　氟苯尼考快速检测考核评价表

学生姓名：　　　　　　　　　班级：　　　　　　　　　日期：

考核项目	评价项目	评价要求	得分
知识储备	了解胶体金测定的工作原理	相关知识输出正确（1分）	
	掌握氟苯尼考快速检测流程及使用仪器的功能	能够说出氟苯尼考快速检测各部分使用的仪器和作用（3分）	
检验准备	能够正确准备仪器	仪器准备正确（6分）	
技能操作	能够熟练应用胶体金荧光检测测定仪进行测定（样品的称量、移液枪移取液体、涡旋仪的使用、离心机的使用、孵育器和兽药残留测定仪的使用、清洁维护等），操作规范	操作过程规范、熟练（15分）	
	能够正确、规范记录结果并进行数据处理	原始数据记录准确、处理数据正确（5分）	

考核项目		评价项目	评价要求	得分
课前	通用能力	课前预习任务	课前任务完成认真（5分）	
课中	专业能力	实际操作能力	能够按照操作规范进行胶体金试纸条操作，准确进行样品的提取、稀释，移液枪移取样品准确（10分）	
			涡旋仪、离心机使用方法正确，调节方法正确（10分）	
			孵育器，胶体金试纸条的正确使用（10分）	
			兽药残留测定的使用及维护方法正确（10分）	
	工作素养	发现并解决问题的能力	善于发现并解决实验过程中的问题（5分）	
		时间管理能力	合理安排时间，严格遵守时间安排（5分）	
		遵守实验室安全规范	（仪器的使用、实验台整理等）遵守实验室安全规范（5分）	
课后	技能拓展	胶体金定量法的测定	正确、规范地完成操作（10分）	
总分（100分）				

备注：不合格（<60分），合格（60~70分），良好（70~90分），优秀（>90分）。

⊚ **问题思考**

（1）胶体金检测法测定实验误差主要来自哪几个方面？

（2）鸡蛋中氟苯尼考药物残留超标的危害有哪些？

项目四　乳及乳制品中兽药残留的快速检测

任务　乳品中药物残留的快速检测

⊚ **学习目标**

【知识目标】

（1）了解药物残留检验新技术和新方法。

（2）了解药物残留检测相关标准。

【能力目标】

（1）掌握药物残留快速检测仪器的使用和维护。

（2）能够利用药物残留快速检测仪独立完成乳品中药物残留的检测。

【素养目标】

（1）通过小组协作完成学习任务，发扬合作精神，培养学生团结协作。

（2）通过合作探究，培养学生创新意识和科学探究精神，提高学生分析问题、解决问题的能力。

（3）通过药物残留检测，培养学生"食以安为先、食以质为先"的工匠精神，勇担守护食品安全的重任。

◎ 任务描述

牛奶营养成分丰富，是一种极受欢迎的大众饮品，在人的饮食结构中占据重要地位。《中国奶业质量报告（2024）》中的数据显示，我国 2023 年的，牛奶总产量超过 4 281 万吨，同比增长 6.3%。虽然行业整体发展态势良好，但质量安全仍然是乳品行业面临的重大挑战。乳品质量安全问题中的最大问题即药物残留，目前奶牛乳房炎、蹄病及产科疾病的主要防治手段依然依赖于兽药，涉及的兽药种类有 β-内酰胺类抗生素、磺胺类、氨基糖苷类、喹诺酮类等，通常为单种或多种兽药联合使用。奶牛疾病防控中多类兽药的使用是牛奶中兽药残留的重要隐患。

《食品安全国家标准 食品中兽药最大残留限量》（GB 31650—2019）中规定了牛奶中多种药物残留的限量。牛奶中药物残留的检测方法有液相色谱-串联质谱法、酶联免疫吸附法、胶体金免疫层析试纸条法、微阵列芯片检测卡法等。本任务要求学生根据微阵列芯片检测卡法测定牛奶中的磺胺类、泰乐菌素/替米考星、林可霉素、红霉素、喹诺酮类、新霉素、卡那霉素、庆大霉素、大观霉素、四环素类、氯霉素、链霉素/双氢链霉素、β-内酰胺类多种药物残留。

◎ 知识准备

牛奶中多种药物残留会严重威胁人体健康。长期食用含有超标药物残留的牛奶，容易诱导耐药菌株。如果出现耐药基因，即便是使用抗生素，也难以达到理想效果。药物残留也容易导致突变、畸形、癌症发生。个别抗寄生虫药物或带有刺激作用的激素类药物，如果长期、过度使用，则会使人或动物出现严重的"三致"状况。食用兽药残留超标的动物源性食品还会导致器官损伤、中毒、过敏反应等伤害。例如，青霉素、四环素、磺胺类和氨基糖苷类等抗菌药物，易感人群经常摄入此类药物能刺激免疫器官产生相应的菌素抗体，导致休克、喉咙水肿、呼吸困难等过敏反应。

微阵列（Microarray）芯片以高密度阵列为特征。其基础研究始于 20 世纪 80 年代末，本质上是一种生物技术，主要是在生物遗传学领域发展起来的。微阵列分为 cDNA 微阵列和寡聚核苷酸微阵列。微阵列上"印"有大量已知部分序列的 DNA 探针，微阵列技术就是利用分子杂交原理，使同时被比较的标本（用同位素或荧光素标记）与微阵列杂交，通过检测杂交信号强度及数据处理，将其转化成不同标本中特异基因的丰度，从而全面比较不同标本的基因表达水平的差异。应用流程：①制备靶点，从生物标本中提取核苷酸并进行标记；②杂交，让靶点与芯片上的 cDNA 或寡核苷酸序列进行孵育；③获取数据，扫描与探针杂交的靶点表现出来的信号强度；④数据分析，从大量数据中得出具有生物学意义的结论微阵列芯片技术，通过测定能够与探针杂交的 mRNA 的数量，反映表达此 mRNA 的基因的转录情况。芯片的构建首先要根据研究的需要选择基因及相应的探针，其次是从标本中提取 mRNA，并制备出靶点，然后将靶点加入芯片，进行孵育杂交、冲洗掉没有杂交的样品及扫描等操作，得到原始数据，最后将这些数据进行标准化和统计分析，得到结论。构造适当的微阵列芯片是开展后续研究的基础。

牛奶中多种药物残留测定原理：将多种特异性的抗原固定在硝酸纤维素膜上，用不同示踪物标记抗体制备微孔，利用抗原、抗体的特异性实现多项目的同时检测。图 6-1 为检测示意。

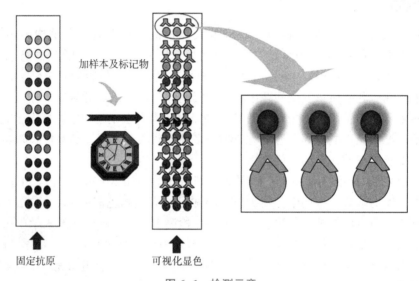

图 6-1　检测示意

任务实施

一、仪器设备和材料

（1）涡旋振荡器。
（2）移液器：20~200 μL。
（3）药物残留快速检测卡：应在 2~8 ℃环境中冷藏保存。

视频资源 6-4-1

二、操作步骤

1. 检测仪及试剂准备
打开药物残留快速检测仪，预热 5 min。试剂在室温下平衡 30 min 以上。

2. 样品的测定
取所需数量的检测卡和微孔并做好标记，将微孔置于 40 ℃干式加热器上。

（1）孵育：用移液器取 200 μL 待检样本加入微孔中并反复吸打直至微孔固体充分混匀进行孵育，计时 3 min。

（2）反应：将微孔中试剂全部转移至检测卡加样孔中，计时 10 min。

（3）读数：待反应结束后，撕掉检测卡视窗覆膜，配合读数仪判读。

3. 结果判读

使用读数仪进行判读，请于 1 min 内读取结果，结果判读的分析见表 6-17。

表 6-17　结果判读分析表

结果判读	结果分析
阴性	样本不含待检物或低于检测限
疑似阳性	样本所含待检物在检测限附近
阳性	样本所含待检物高于检测限

三、数据记录与处理

将乳品中药物残留含量快速测定结果的原始数据填入表 6-18 中。

表 6-18　乳品中药物残留快速测定原始记录表

<table>
<tr><td colspan="9" align="center">药物残留快速测定原始记录表</td></tr>
<tr><td rowspan="2">样品名称</td><td rowspan="2">样品状态</td><td rowspan="2">检测方法依据</td><td colspan="2">检测仪器</td><td rowspan="2">环境状况</td><td rowspan="2">检测地点</td><td rowspan="2">检测日期</td><td rowspan="2">备注</td></tr>
<tr><td>名称</td><td>编号</td></tr>
<tr><td></td><td></td><td></td><td></td><td></td><td>温度：　　　℃
相对湿度：　　%</td><td></td><td>年　月　日</td><td></td></tr>
<tr><td>样品编号</td><td>实验次数</td><td>样品质量
m/g</td><td colspan="6" align="center">测定结果</td></tr>
<tr><td></td><td></td><td></td><td colspan="6"></td></tr>
<tr><td></td><td></td><td></td><td colspan="6"></td></tr>
<tr><td></td><td></td><td></td><td colspan="6"></td></tr>
<tr><td>检测</td><td colspan="4"></td><td>校核</td><td colspan="3"></td></tr>
</table>

四、注意事项

（1）枪头与离心管等耗材不可混用，以免造成交叉污染。

（2）如果发现检测结果为阳性，则说明检测结果需要使用法定的确证方法进行确证。

五、评价与反馈

实验结束后，请按照表 6-19 中评价要求填写考核结果。

表 6-19 乳品中药物残留测定考核评价表

学生姓名：　　　　　　　　班级：　　　　　　　　日期：

考核项目		评价项目	评价要求	得分
知识储备		了解微阵列芯片检测卡测定的工作原理	相关知识输出正确（1分）	
		掌握微阵列芯片检测卡检测流程及使用仪器的功能	能够说出微阵列芯片检测卡快速检测各部分使用的仪器和作用（3分）	
检验准备		能够正确准备仪器	仪器准备正确（6分）	
技能操作		能够熟练应用药物残留快速检测仪进行测定（样品的称量、移液枪移取液体、涡旋仪的使用、离心机的使用、孵育器和药物残留快速检测仪的使用、清洁维护等），操作规范	操作过程规范、熟练（15分）	
		能够正确、规范记录结果并进行数据处理	原始数据记录准确、处理数据正确（5分）	
课前	通用能力	课前预习任务	课前任务完成认真（5分）	
课中	专业能力	实际操作能力	能够按照操作规范进行胶体金试纸条操作，准确进行样品的提取、稀释，移液枪移取样品准确（10分）	
			涡旋仪、离心机使用方法正确，调节方法正确（10分）	
			孵育器，微阵列芯片检测卡的正确使用（10分）	
			药物残留快速检测仪使用及维护方法正确（10分）	
	工作素养	发现并解决问题的能力	善于发现并解决实验过程中的问题（5分）	
		时间管理能力	合理安排时间，严格遵守时间安排（5分）	
		遵守实验室安全规范	（仪器的使用、实验台整理等）遵守实验室安全规范（5分）	
课后	技能拓展	酶联免疫法的测定	正确、规范地完成操作（10分）	
总分（100分）				

备注：不合格（<60分），合格（60~70分），良好（70~90分），优秀（>90分）。

问题思考

（1）微阵列芯片检测卡实验误差主要来自哪几个方面？

（2）乳制品中药物残留超标的危害有哪些？

案例介绍

通过手机扫描二维码获取兽药残留超标的相关安全事件案例，通过网络资源总结兽药残留的危害并预防。

拓展资源

利用互联网、国家标准、微课等拓展所学任务，查找资料，加深对相关知识的了解。

模块六案例

模块六拓展资源

模块七 食品中添加剂的快速检测

《食品安全国家标准 食品添加剂使用标准》（GB 2760—2014）中规定食品添加剂是为改善食品品质和色、香、味，以及为防腐、保鲜和加工工艺的需要而加入食品中的人工合成或者天然物质。食品用香料、胶基糖果中的基础剂物质、食品工业用加工助剂也包含在内。食品添加剂种类多，按照来源的不同可分为天然食品添加剂和化学合成食品添加剂。天然食品添加剂是利用动植物或微生物为原料，经提取所得的天然物质。化学合成食品添加剂是通过化学手段，使元素或化合物发生包括氧化、还原、缩合、聚合、成盐等化学反应所得的物质。目前使用的大多属于化学合成食品添加剂。按功能类别，《食品添加剂使用标准》（GB 2760—2014）中将食品添加剂划分为22类，分别是酸度调节剂、抗结剂、消泡剂、抗氧化剂、漂白剂、膨松剂、胶基糖果中的基础剂物质、着色剂、护色剂、乳化剂、酶制剂、增味剂、面粉处理剂、被膜剂、水分保持剂、防腐剂、稳定剂和凝固剂、甜味剂、增稠剂、食品用香料、食品工业用加工助剂和其他。

食品添加剂遵循严格使用的规则：①不应对人体产生任何健康危害；②不应掩盖食品腐败变质；③不应掩盖食品本身或加工过程中的质量缺陷或以掺杂、掺假、伪造为目的而使用食品添加剂；④不应降低食品本身的营养价值；⑤在达到预期效果的前提下尽可能降低在食品中的使用量。可考虑使用食品添加剂的情况：①保持或提高食品本身的营养价值；②作为某些特殊膳食用食品的必要配料或成分；③提高食品的质量和稳定性，改进其感官特性；④便于食品的生产、加工、包装、运输或者储藏。

我国对食品添加剂的管理十分严格，纳入国家标准的每种食品添加剂需先经严格的安全性评价实验及审批流程。即便如此，并不是所有的食品添加剂都绝对安全，某些添加剂的使用仍存在争议，而国家标准对于添加剂的使用范围和使用量也不断地调整，只要依照国家标准使用食品添加剂，就是安全的。在目前在食品工业中，食品添加剂使用过程中主要存在以下几方面问题。

（1）食品生产中超量使用食品添加剂，如果脯、蜜饯中超量使用食品防腐剂和甜味剂；酱腌菜制品中超量使用防腐剂、着色剂和甜味剂。按国家标准适量使用食品添加剂可以改善食品品质及起到防腐、保鲜的作用，但超量使用会影响人体健康，严重时危及生命。

（2）食品生产中超范围使用食品添加剂，如一些企业使用食品添加剂来掩盖食品质量问题，不仅扰乱了市场正常交易秩序，更严重的是给消费者的健康造成威胁。如罐头食品中使用防腐剂，膨化食品中使用含铝食品添加剂，都属于超范围使用食品添加剂。

（3）将非食用物质当成食品添加剂使用，如苏丹红、三聚氰胺、吊白块、甲醛、硼砂、孔雀石绿、瘦肉精等，这些工业级原料或违禁添加物被滥用添加到食品中，对人体健康的危害极大，引起了人们对食品添加剂的恐慌。

本模块以食品中易滥用的食品添加剂品种为主要内容，分别介绍部分相关物质的快速检测原理和方法。显然，这些不能涵盖行业内存在的所有食品添加剂滥用问题，也可能存在各种不足之处，但仍希望能给相关食品添加剂的相关工作者、食品安全研究人员、检测技术员等提供参考，或者能为各食品安全监管部门在监督执法和处理案件的过程中提供帮助。

模块七
课件PPT

项目一　粮油制品中添加剂的快速检测

任务一　面粉中滑石粉、石膏粉的快速检测

◎ 学习目标

【知识目标】

（1）了解滑石粉、石膏粉检验新技术和新方法。

（2）了解滑石粉、石膏粉检测相关标准。

【能力目标】

（1）掌握滑石粉、石膏粉快速检测的操作技能，并对结果进行正确判断。

（2）能够独立完成滑石粉、石膏粉的检测，并能对实验数据进行分析。

【素养目标】

（1）注重培养勤俭节约的"光盘行动"，发扬中华民族勤俭节约的传统美德，养成勤俭节约的良好习惯，增强社会责任感和职业认同感。

（2）培养严守检验规则、不盲目操作的工作习惯，拥有团结协作、严谨认真的工作态度。

◎ 任务描述

面粉及面制品是人们日常的主要食品，它的好坏直接影响到人们的身体健康。小麦磨出来的面粉颜色呈微黄，常见的白面粉是面粉生产厂家为改善食品加工性能等而加入了一定量的添加剂，如滑石粉、石膏等。面粉中滑石粉超标，将严重降低面粉的质量，而且给消费者带来健康的潜在风险。本任务采用比重法测定面粉中滑石粉、石膏粉，此方法简便易行，检测迅速且高效。

◎ 知识准备

滑石粉为白色或类白色、微细、无砂性的粉末，手摸有滑腻感。无臭、无味。不溶于水、稀盐酸或稀氢氧化钠溶液。滑石粉的主要成分是滑石，系天然的含水硅酸镁，分子式为$Mg_3 \cdot Si_4O_{10}(OH)_2$或$3MgO \cdot 4SiO_2 \cdot H_2O$。不同级别的滑石粉用途不同。滑石粉可作为中药泻剂使用，吃多了会腹泻不止，若是肾脏功能不佳的病患可能产生高血镁症，出现肌肉无力的症状。此外，滑石粉是一种矿物质，有较多重金属杂质，会造成肝、肾及神经方面的损伤。另外，滑石粉会强烈刺激人体口腔，长期食用会导致口腔溃疡和牙龈出血。对于天然沉

积而成的滑石粉，因含有石棉（造成相关职业病，其细小纤维有致癌性），所以不得用于食品。食用滑石粉，允许添加在膨化食品、小麦粉制品等食品中，用于调节膨化食品的膨化度和小麦粉制品的口感，具有无毒、无味、口感柔软、光滑度强等特点，因此，可以食用，但使用过量或长期食用有致癌性。超市里膨化食品的配料表上有明确标示："食用滑石粉"，它在膨化食品中的最大使用量为 1 g/kg。石膏是单斜晶系矿物，主要化学成分是硫酸钙（$CaSO_4$），通常为白色、无色、透明，有玻璃光泽，是一种用途广泛的工业材料和建筑材料。食品中用作稳定剂和沉淀剂。

滑石粉、石膏粉测定原理：利用相对密度原理（即同种物质同样的体积下质量相等）检测面粉中是否掺入滑石粉、石膏粉。

任务实施

一、仪器设备和材料

（1）平口烧杯：50 mL。
（2）天平：分度值 0.01 g。
（3）面粉对照品。

二、样品的测定

取一固定容器，如 50 mL 平口烧杯，将样品面粉轻轻撒入其中至超出瓶口，用器具平行刮去超出部分的面粉，将装满面粉的烧杯放在天平上称量，记录总质量。采用同一容器称量对照面粉，然后记录总质量。

三、数据记录与处理

将滑石粉、石膏粉测定结果的原始数据填入表 7-1 中。

表 7-1　滑石粉、石膏粉测定原始记录表

滑石粉、石膏粉测定原始记录表								
样品名称	样品状态	检测方法依据	检测仪器		环境状况	检测地点	检测日期	备注
			名称	编号				
					温度：　　℃ 相对湿度：　%		年　月　日	
样品编号	实验次数	样品质量 m/g			平均值（%）	极差（%）		绝对差（%）
对照样品质量 m/g					样品评价			
检测					校核			

四、注意事项

（1）如需要精确测定定量结果，可参考《食品安全国家标准 食品中滑石粉的测定》（GB 5009.269—2016）进行。

（2）在测定过程中，要注意容器保持干燥。

五、评价与反馈

实验结束后，请按照表7-2中的评价要求填写考核结果。

表7-2 滑石粉、石膏粉测定考核评价表

学生姓名： 班级： 日期：

考核项目		评价项目	评价要求	得分
知识储备		了解滑石粉、石膏粉测定的工作原理	相关知识输出正确（5分）	
		掌握滑石粉、石膏粉流程	能够说出滑石粉、石膏粉快速检测各部分的方法（5分）	
检验准备		能够正确准备仪器	仪器准备正确（10分）	
技能操作		能够熟练对面粉中的滑石粉、石膏粉进行测定（样品的称量、清洁维护等），操作规范	操作过程规范、熟练（20分）	
		能够正确、规范记录结果并进行数据处理	原始数据记录准确、处理数据正确（10分）	
课前	通用能力	课前预习任务	课前任务完成认真（5分）	
课中	专业能力	实际操作能力	能够按照操作规范进行滑石粉、石膏粉测定操作，准确进行样品的称量，移取样品准确（10分）	
			天平的使用及维护方法正确（10分）	
	工作素养	发现并解决问题的能力	善于发现并解决实验过程中的问题（5分）	
		时间管理能力	合理安排时间，严格遵守时间安排（5分）	
		遵守实验室安全规范	（仪器的使用、实验台整理等）遵守实验室安全规范（5分）	
课后	技能拓展	天平的校正、维护	正确、规范地完成操作（10分）	
总分（100分）				

备注：不合格（<60分），合格（60~70分），良好（70~90分），优秀（>90分）。

(1) 滑石粉有哪些危害？
(2) 面粉中添加石膏粉、滑石粉的作用是什么？

任务二　面制品中明矾的快速检测

◉ **学习目标**

【知识目标】

(1) 了解明矾检验新技术和新方法。

(2) 了解明矾检测相关标准。

【能力目标】

(1) 掌握明矾测定的原理，样品的制备，溶液的稀释。

(2) 能够独立完成明矾的快速检测。

【素养目标】

(1) 深刻认识"粮食安全事关国家安全与稳定的大局"，敢于制止餐饮浪费行为，养成节约的习惯。

(2) 培养学生服务精神和责任意识。

◉ **任务描述**

　　明矾的主要成分是十二水合硫酸铝钾，在我国硫酸铝钾（钾明矾）、硫酸铝铵（铵明矾）作为食品添加剂，广泛使用于油炸食品、膨化食品、水产品等食品加工中。然而过量的硫酸铝钾（铵）进入人体，会对人体造成伤害，基本不能排出休外，它将永远沉积在人体内。因为硫酸铝钾（铵）中含有铝，铝与人体脑组织有亲和性，可使人的记忆力减退、智力低下、行动迟缓、催人衰老，是造成阿尔兹海默病的一项重要危险因素。有研究报道阿尔兹海默症病人脑组织中铝含量超过正常人 10~30 倍，铝还能影响铁、钙的吸收，导致人体出现贫血和骨质疏松。世界卫生组织在 1989 年正式将铝定为食品污染物指标，并要求严格控制食品中铝含量。中国早在 20 世纪 80 年代就曾禁止过铝制餐具的使用及明矾作为食品添加剂，2003 年世界卫生组织曾将明矾列为有害食品添加剂。根据《食品安全国家标准　食品添加剂使用标准》（GB 2760—2014）标准，我国面制食品中铝的最大允许量为 100 mg/kg。本任务根据硫酸铝钾能与检测试剂出现颜色反应，从而判断食品中铝的含量。

◉ **知识准备**

　　明矾化学名称为硫酸铝钾，其分子式为 $KAl(SO_4)_2 \cdot 12H_2O$，在工业上广泛用作沉淀剂、硬化剂和净化剂，医学上用作局部收敛剂和止血剂，在食品加工行业较常使用。国家食品添加剂使用卫生标准对明矾的使用范围限定于油炸食品、水产品、豆制品、发酵粉等；最大使用量规定为按生产需要适量使用，但由于明矾含有铝，而国家卫生标准对面制品中铝限量为≤100 mg/kg（干重计）。因此，事实上存在限制使用量，有些食品生产厂家从某种利益出发，滥用或过量使用明矾，使部分食品明矾含量过高，对消费者健康可能产生影响。

大量服用明矾会引起呕吐、腹泻、消化道炎症，甚至出现肋部疼痛、吐出土褐色黏液、血尿及其肾刺激症状，导致胃黏膜坏死、肾皮质肾小管坏死、肝脂肪变性等损害，而长期定量食入也会引起人体某些功能的衰退。铝通过食物进入人体，在体内蓄积，会损害脑细胞，是阿尔茨海默病的病因之一。人若长期过量摄入铝超标的食品会影响人体对铁、钙等成分的吸收，导致骨质疏松、贫血，甚至影响神经细胞的发育。在食品中使用过量的明矾引起的问题已日益引起社会关注，具有重要的检测意义。

明矾检测原理：样品经过提取，硫酸铝钾与检测试剂出现颜色反应。从而判断食品中铝的含量。

任务实施

一、仪器设备和材料

（1）试管。
（2）烧杯。
（3）移液管。
（4）酸式滴定管。
（5）玻璃棒。
（6）电炉。
（7）主要试剂：试剂 A、试剂 B、试剂 C、试剂 D。

二、操作步骤

1. 试样的制备

粉状样品直接取样，固体样品用粉碎机粉碎。

2. 样品的测定

将样品粉碎后称取 0.25 g 粉碎的样品于 50 mL 烧杯中，加入 9.5 mL 蒸馏水，10 滴（0.5 mL）试剂 A，搅拌 2 min，静置 3 min。

在 10 mL 比色管中，加入 2 滴（0.1 mL）样品提取液，8 滴（0.4 mL）蒸馏水，10 滴（0.5 mL）试剂 B，1 滴试剂 C，混匀，加 2 滴试剂 D，混匀，再加 2 滴试剂 E，摇匀后，室温放置 20 min 或 40 ℃水浴 5 min。

三、数据记录与处理

与标准色阶卡（图 7-1）比对（注：单位为 mg/kg），读出样品中铝的含量。将明矾含量快速测定结果的原始数据填入表 7-3 中。

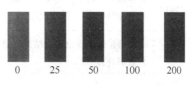

图 7-1 明矾标准色阶卡

注：单位为 mg/kg

表 7-3 明矾含量测定原始记录表

样品名称	样品状态	检测方法依据	检测仪器		环境状况	检测地点	检测日期	备注
			名称	编号				
					温度：　　　℃ 相对湿度：　　%		年　月　日	
样品编号	实验次数	样品质量 m/g	稀释倍数 B	显示结果 X		结果表述		
检测					校核			

四、注意事项

（1）所取浸泡液应尽量澄清、以便于观察结果。

（2）必要时，应做阳性对照实验，以便于判断。

五、评价与反馈

实验结束后，请按照表 7-4 中的评价要求填写考核结果。

表 7-4 明矾含量测定考核评价表

学生姓名：　　　　　　　班级：　　　　　　　日期：

考核项目		评价项目	评价要求	得分
知识储备		了解明矾测定的工作原理	相关知识输出正确（1分）	
		掌握明矾快速检测的流程	能够说出明矾快速检测各部分的流程（3分）	
检验准备		能够正确准备仪器	仪器准备正确（6分）	
技能操作		能够熟练应用比色卡对明矾进行快速定性测定（样品的称量、移取液体、涡旋仪的使用、试剂的滴加顺序等），操作规范	操作过程规范、熟练（15分）	
		能够正确、规范记录结果并进行数据处理	原始数据记录准确、处理数据正确（5分）	
课前	通用能力	课前预习任务	课前任务完成认真（5分）	

考核项目		评价项目	评价要求	得分
课中	专业能力	实际操作能力	能够按照操作规范进行操作，准确进行样品的提取、稀释，试剂滴加准确（10分）	
			涡旋仪使用方法正确，调节方法正确（10分）	
			比色卡的正确使用（10分）	
			明矾测定的方法正确（10分）	
	工作素养	发现并解决问题的能力	善于发现并解决实验过程中的问题（5分）	
		时间管理能力	合理安排时间，严格遵守时间安排（5分）	
		遵守实验室安全规范	（仪器的使用、实验台整理等）遵守实验室安全规范（5分）	
课后	技能拓展	明矾比色法的测定前处理	正确、规范地完成操作（5分）	
		比色法的测定观察	正确、规范地完成操作（5分）	
总分（100分）				

备注：不合格（<60分），合格（60~70分），良好（70~90分），优秀（>90分）。

问题思考

（1）人体过量摄入铝制剂会有哪些危害？
（2）明矾快速测定的原理是什么？

项目二　果蔬及其制品中添加剂的快速检测

任务一　果蔬及其制品中二氧化硫的快速检测

学习目标

【知识目标】
（1）了解二氧化硫使用安全的现状及其快速检测技术的标准。
（2）熟悉二氧化硫快速检测项目及其实验原理。
（3）掌握二氧化硫快速检测方法的操作与注意事项等。
【能力目标】
（1）能够正确使用二氧化硫快速检测的方法。
（2）能够熟练操作使用二氧化硫快速检测项目进行样品处理、测试、报告出具等。
【素养目标】
（1）充分理解"工匠精神"的含义，严于律己，树立实事求是的科研精神。

（2）培养学生诚实守信的意识，增强学生的社会责任感和职业认同感，让学生拥有良好的职业素养。

任务描述

用硫黄熏蒸后，食品会产生二氧化硫。二氧化硫是强还原剂，能起漂白、保鲜食品的作用，可使食品表面颜色显得白亮、鲜艳，能掩盖发霉食品的霉斑，是食品加工中常用的漂白剂、防腐剂和抗氧化剂，使用后均产生二氧化硫的残留。但是二氧化硫及亚硫酸盐等会破坏 B 族维生素，影响生长发育，使人易患多发性神经炎，出现骨髓萎缩等症状，具有慢性毒性。长期食用会造成肠道功能紊乱，严重危害人体的消化系统。二氧化硫残留量是亚硫酸盐在食品中存在的计量形式，亚硫酸盐主要包括亚硫酸钠、亚硫酸氢钠、低亚硫酸钠（又称保险粉）和硫黄燃烧生成的二氧化硫等。这些物质于食品中解离成具有强还原性的亚硫酸，起到漂白、脱色、防腐和氧化作用，但用量过大会导致胃肠道不良反应，影响钙磷吸收、免疫力低下，有潜在的危害性。国家禁止在食品中加入的甲醛次硫酸氢钠（俗称吊白块），因其在食物中也能分解出亚硫酸和二氧化硫。当检测结果显示二氧化硫含量较高、甲醛检测的结果又为阳性时，可基本确定样品中含有吊白块成分。现场快速检测有两种方法，滴瓶快速测定法和速测管比色法，本任务采用速测管比色法测定二氧化硫的含量。

知识准备

二氧化硫是国内外允许使用的一种食品添加剂，《食品安全国家标准　食品添加剂使用标准》（GB 2760—2014）中明确规定了二氧化硫作为漂白剂、防腐剂、抗氧化剂用于经表面处理的鲜水果、水果干类、蜜饯凉果、干制蔬菜、腌渍蔬菜、蔬菜罐头（仅限竹笋、酸菜）等。国际食品添加剂联合专家委员会（JECFA）规定的二氧化硫安全摄入限是每天每千克 0.7 mg/kg。

通常情况下，二氧化硫以焦亚硫酸钾、焦亚硫酸钠、亚硫酸钠、亚硫酸氢钠、低亚硫酸钠等亚硫酸盐的形式添加于食品中，或采用硫黄熏蒸的方式用于食品处理，发挥护色、防腐、漂白和抗氧化的作用。如在水果、蔬菜干制、蜜饯、凉果生产，白砂糖加工及鲜食用菌和藻类在储藏和加工过程中可以防止氧化褐变或微生物污染。利用二氧化硫气体熏蒸果蔬原料，可抑制原料中氧化酶的活性，使制品色泽明亮美观。在白砂糖加工中，二氧化硫能与有色物质结合达到漂白的效果。按照标准规定合理使用二氧化硫不会对人体健康造成危害，但用量过大或长期超限量，急性会引起眼、鼻、黏膜的刺激，严重时会产生喉头痉挛、水肿、支气管痉挛等，慢性会导致嗅觉迟钝、鼻炎、支气管炎、哮喘等，影响机体对钙的吸收。

二氧化硫测定原理：二氧化硫与盐酸副玫瑰苯胺显色剂发生反应，生成紫色化合物。在一定范围内，二氧化硫含量越高，颜色越深。

任务实施

一、仪器设备和材料

（1）二氧化硫检测管。

（2）盐酸副玫瑰苯胺。

（3）三乙醇胺。

（4）甲醛。

（5）50 mL 离心管。

（6）移液器或滴管。

（7）超声仪。

（8）电子天平：分度值 0.1 g。

视频 7-2-1

二、操作步骤

1. 试样的制备

（1）液体样品。无色或颜色较浅的液体样品可直接取样，作为样品待测液；颜色较深的样品，需进一步稀释后，再进行检测。

（2）固体样品。准确称取（2±0.1）g 粉碎或剪碎后样品于 50 mL 离心管中，加 40 mL 纯净水或蒸馏水（或加水至 40 mL，刻度线处），充分振摇混匀，超声 10 min（如条件不允许可选择浸泡 10 min），充分混匀，静置至上清清澈，上清待测。

2. 样品的测定

吸取 1 mL 样品待测液加入检测管中，盖上盖子，摇匀，静置反应 5 min，观察显色情况。当颜色超出色卡时，可进一步将样品用水稀释 10 倍或 100 倍。稀释后，将判读的结果乘以稀释倍数即可。

三、数据记录与处理

以白纸或白瓷板为衬底，呈蓝绿色的为阴性反应，呈蓝紫色或紫红色的为阳性反应，参照包装袋上标准比色板可进行半定量判定。当样品显色深于或相当于国标限量值的前一个色卡点时，判为阳性，此时建议用国标方法进一步确证。将二氧化硫含量测定结果的原始数据填入表 7-5 中。

表 7-5　二氧化硫含量测定原始记录表

二氧化硫含量测定原始记录表								
样品名称	样品状态	检测方法依据	检测仪器		环境状况	检测地点	检测日期	备注
			名称	编号				
					温度：　　℃ 相对湿度：　　%		年　月　日	
样品编号	实验次数	样品质量 m/g	稀释倍数 B	显示结果 X		结果表述		
检测				校核				

四、注意事项

（1）该方法只能做样本中的二氧化硫的半定量筛查，不能确定精确含量。

（2）该方法仅提供初步的筛查结果，必要时可用其他标准中的方法进行确证分析。

（3）样品中不含二氧化硫时，检测管为蓝绿色；样品含二氧化硫时，呈紫色反应。若检测管为无色时，则提示二氧化硫的含量可能很高，应对样品进行稀释后再测。

（4）样品待测液若颜色较深，则可能会影响显色判断，请将待测液进一步稀释后再测。

（5）超标样品需要采用标准方法加以确认。

（6）正常的显色剂为黄色或黄棕色，当检测管中显色剂变为紫色时，说明检测管已失效，请勿使用。

五、评价与反馈

实验结束后，请按照表7-6中的评价要求填写考核结果。

表7-6　二氧化硫测定考核评价表

学生姓名：　　　　　　　　　　班级：　　　　　　　　　　日期：

考核项目		评价项目	评价要求	得分
知识储备		了解二氧化硫测定的工作原理	相关知识输出正确（1分）	
		掌握真二氧化硫的半定量快速检测流程	能够说出二氧化硫的半定量快速检测各步骤（3分）	
检验准备		能够正确准备仪器	仪器准备正确（6分）	
技能操作		能够熟练对样品中二氧化硫检测半定量快速测定（样品的称量、移液枪移取液体、超声仪的使用、清洁维护等），操作规范	操作过程规范、熟练（15分）	
		能够正确、规范记录结果并进行数据处理	原始数据记录准确、处理数据正确（5分）	
课前	通用能力	课前预习任务	课前任务完成认真（5分）	
课中	专业能力	实际操作能力	能够按照操作规范进行二氧化硫测定，准确进行样品的提取、稀释，移液枪移取样品准确（10分）	
			涡旋仪、超声仪使用方法正确，调节方法正确（10分）	
			正确对结果进行判定（10分）	
			二氧化硫测定仪器使用及维护方法正确（10分）	

考核项目		评价项目	评价要求	得分
课中	工作素养	发现并解决问题的能力	善于发现并解决实验过程中的问题（5分）	
		时间管理能力	合理安排时间，严格遵守时间安排（5分）	
		遵守实验室安全规范	（仪器的使用、实验台整理等）遵守实验室安全规范（5分）	
课后	技能拓展	二氧化硫的定量检测原理	正确、规范地完成操作（10分）	
总分（100分）				

备注：不合格（<60分），合格（60~70分），良好（70~90分），优秀（>90分）。

问题思考

（1）二氧化硫及亚硫酸盐在食品中的作用是什么？
（2）二氧化硫快速检测的原理是什么？

任务二　果酱中糖精钠的快速检测

学习目标

【知识目标】
（1）了解糖精钠检验新技术和新方法。
（2）了解糖精钠检测相关标准。

【能力目标】
（1）掌握糖精钠快速检测仪器的方法。
（2）能够独立完成糖精钠的检测。

【素养目标】
（1）严格约束自己、规范自己的操作。
（2）能够正确使用添加剂，严格执行相关标准，客观反映实际情况，拥有良好的职业素养。

任务描述

糖精钠是一种甜味剂，除了在味觉上引起甜的感觉外，没有任何营养价值。当食用较多的糖精时，会影响肠胃消化酶的正常分泌，降低小肠的吸收能力，使食欲减退，甚至会对肝脏和神经系统造成危害，特别对代谢排毒能力较弱的老人、孕妇、小孩危害更明显。糖精钠的传统检测方法有薄层色谱法、气相色谱法等，涉及的试剂种类多，操作比较烦琐，检测成本较高。目前，糖精钠快速检测试剂盒采用的是一种半定量的快速检测技术，可以快速检测出饮料中糖精钠的含量，操作方法简单，仪器设备条件要求低，大幅缩短了测定时间，也降低了检测成本，十分适合现场筛查使用。

知识准备

甜味剂是赋予食品甜味的物质，是食品添加剂中的一类。甜味剂按其来源可分为天然甜味剂和人工合成甜味剂；按其营养价值分为营养性甜味剂和非营养性甜味剂；按其化学结构和性质分为糖类和非糖类甜味剂。《食品安全国家标准 食品添加剂使用标准》（GB 2760—2014）中规定，阿斯巴甜、安赛蜜、D-甘露糖醇、甘草酸铵、甘草酸一钾及三钾、麦芽糖醇和麦芽糖醇液、纽甜、三氯蔗糖、甜蜜素、糖精钠等作为甜味剂时，可以用于不同食品中，如糖果、面包、糕点、饼干、饮料、调味品等。

甜味剂的优点主要有以下几方面。

化学性质稳定，不易出现分解失效现象，适用范围比较广泛。不参与机体代谢。大多数高倍甜味剂经口摄入后排出体外，不提供能量，适合糖尿病人、肥胖人群和老年人等需要控制能量和碳水化合物摄入的特殊消费群体使用。甜度较高，一般都在蔗糖甜度的 50 倍以上，有的达到几百倍、几千倍。价格便宜，同等甜度条件下的价格均低于蔗糖。不是口腔微生物的合适作用底物，不会引起牙齿龋变。

甜味剂对于食品工业而言，是重要的食品添加剂，已在包括美国、欧盟及中国等 100 多个国家和地区广泛使用，有的品种使用历史长达 100 多年。按照标准规定合理使用甜味剂是安全的。根据《食品安全国家标准 食品添加剂使用标准》（GB 2760—2014）中规定，甜味剂在允许使用的食品中通常规定了相应的最大使用量。这些规定都经过严格的风险评估，在确保安全的前提下制定的。同时，国际上对食品添加剂安全性评价的最高权威机构——联合国粮食及农业组织和 JECFA 对每一种待批准甜味剂的毒性实验（包括急性、亚慢性、致突变性、致癌性、生殖毒性、慢性毒性等）和代谢途径及动力学等研究报告进行了较长时间"苛刻"的科学评价，并在此基础上提出了人体每日允许摄入量（Acceptable Daily Intake，ADI）值。在制定 ADI 值时已充分考虑了人种、性别、年龄等各种因素。JECFA 认为，按照 ADI 值正常摄入甜味剂，不存在安全问题。只要按照相关法规标准正确使用甜味剂，就不会对人体健康造成损害。

即便如此，甜味剂超范围、超量使用的问题仍需要人们高度关注。从近年来国家食品监管部门公布的食品安全监督抽检结果分析，在超范围、超限量使用食品添加剂的不合格产品中，也有较多涉及甜味剂不合格的产品。

糖精钠测定原理：食品中的糖精钠与试剂反应生成蓝色产物，如颜色越深，则表示样品中糖精钠的含量越高，与标准色卡对比后，可以快速半定量检测样品中糖精钠。

任务实施

一、仪器设备和材料

（1）检测液 A。
（2）三氯甲烷。
（3）比色管/具塞试管。
（4）一次性吸管。
（5）电子天平：分度值 0.1 g。

（6）粉碎机。

二、操作步骤

1. 试样的制备

液体样品直接取样，固体样品用粉碎机粉碎。

2. 试样的测定

（1）液体样品：直接量取 5 mL 样品于 10 mL 比色管或具塞试管中，加入 0.5 mL（约 10 滴）检测液 A，摇匀，静置 2 min，加入 2 mL 三氯甲烷，强烈振摇 1 min（约 120 次），静置分层，观察下层的颜色。

（2）固体样品：称取 0.5 g 剪碎的样品，放入 10 mL 比色管或具塞试管中，加水 5 mL，振摇提取；加入 0.5 mL（约 10 滴）检测液 A，振摇 1 min，静置 1 min；加入 2 mL 三氯甲烷，强烈振摇 1 min（约 120 次），静置分层，观察下层的颜色。

三、数据记录与处理

观察分层后下层的颜色，并与色卡进行比较。颜色相近的色卡标示值即为液体样品中糖精钠的大致含量。如为固体样品，则其糖精钠的大致含量应为颜色相近的色卡标示值乘以 10。接下来，将糖精钠含量快速测定结果的原始数据填入表 7-7 中。

表 7-7 糖精钠含量快速测定原始记录表

糖精钠含量测定原始记录表								
样品名称	样品状态	检测方法依据	检测仪器		环境状况	检测地点	检测日期	备注
			名称	编号				
					温度：　　℃ 相对湿度：　　%		年　月　日	
样品编号	实验次数	样品质量 m/g	稀释倍数 B	显示结果 X	结果表述			
检测					校核			

四、注意事项

（1）所有实验用水均应为蒸馏水或纯净水。

（2）本方法为现场快速检测方法，对检测结果不符合国家标准规定值或标签标示值的样品，建议将其送至有资质的检测机构加以确认。

五、评价与反馈

实验结束后，请按照表7-8中的评价要求填写考核结果。

表7-8 糖精钠快速检测考核评价表

学生姓名：　　　　　　　　班级：　　　　　　　　日期：

考核项目		评价项目	评价要求	得分
知识储备		了解糖精钠快速检测的工作原理	相关知识输出正确（1分）	
		掌握糖精钠快速检测流程	能够说出糖精钠快速检测各操作步骤及试剂的添加（3分）	
检验准备		能够正确准备仪器	仪器准备正确（6分）	
技能操作		能够熟练应用糖精钠快速检测法进行测定（样品的称量、涡旋仪的使用、清洁维护等），操作规范	操作过程规范、熟练（15分）	
		能够正确、规范记录结果并进行数据处理	原始数据记录准确、处理数据正确（5分）	
课前	通用能力	课前预习任务	课前任务完成认真（5分）	
课中	专业能力	实际操作能力	能够按照操作规范进行糖精钠测定操作，准确进行样品的提取、稀释，试剂滴加准确（10分）	
			涡旋仪、离心机使用方法正确，调节方法正确（10分）	
			比色管颜色正确判断（10分）	
			糖精钠测定仪器使用及维护方法正确（10分）	
	工作素养	发现并解决问题的能力	善于发现并解决实验过程中的问题（5分）	
		时间管理能力	合理安排时间，严格遵守时间安排（5分）	
		遵守实验室安全规范	（仪器的使用、实验台整理等）遵守实验室安全规范（5分）	
课后	技能拓展	糖精钠的定量测定	正确、规范地完成操作（10分）	
总分（100分）				

备注：不合格（<60分），合格（60~70分），良好（70~90分），优秀（>90分）。

（1）糖精钠的测定原理是什么？

（2）常用食品甜味剂糖精钠的快速检测方法有哪些？

项目三　动物源食品中添加剂的快速检测

任务一　火腿肠中亚硝酸盐的快速测定

◎ 学习目标

【知识目标】

（1）了解亚硝酸盐检验新技术和新方法。

（2）了解亚硝酸盐检测相关标准。

【能力目标】

（1）掌握亚硝酸盐快速检测仪器的使用和维护方法。

（2）能够独立完成亚硝酸盐的快速检测。

【素养目标】

（1）充分领悟人与自然环境相互依存的关系，增强绿色的生态环保意识，树立可持续发展理念和保障食品安全的职业精神。

（2）充分认识到"团结协作"在农产品检验员职业活动中的重要性，增强团队合作意识和人际交往能力。

◎ 任务描述

亚硝酸盐是自然界中普遍存在的一类含氮无机化合物的总称，主要指亚硝酸钠、亚硝酸钾，其外观与食盐类似，白色或浅黄色晶体颗粒、粉末或棒状的块，无臭、略带咸味、易溶于水。外观及滋味都与食盐相似，并在工业、建筑业中使用广泛。亚硝酸盐可作为食品添加剂限量应用到肉制品中。在香肠、腊肉等肉制品加工中常通过添加限量的亚硝酸盐起到护色和防腐的效果。亚硝酸盐可与肉品中的肌红蛋白反应生成玫瑰色亚硝基肌红蛋白，增进肉的色泽，起到护色效果；亚硝酸盐还可防止肉毒梭菌的生长，延长肉制品的保持期，从而起到防腐剂的作用。由于亚硝酸盐是剧毒物质，《食品安全国家标准　食品添加剂使用标准》（GB 2760—2014）中规定，肉制品中亚硝酸盐最大使用量为 0.15 g/kg，亚硝酸盐残留量：肉类罐头≤0.05 g/kg、肉制品≤0.03 g/kg、盐水火腿≤0.07 g/kg。

◎ 知识准备

亚硝酸盐具有较强的毒性，食用 0.3~0.5 g 即可使人中毒甚至导致死亡。亚硝酸盐进入人体血液并与血红蛋白结合，使正常含二价铁离子的血红蛋白变成含三价铁离子的高铁血红蛋白，使后者失去携氧能力，导致组织缺氧。或者随食品进入人体肠胃等消化道，与蛋白质消化产物仲胺生成亚硝胺或亚硝酸胺，两者均具有强致癌性和毒性。急性中毒原因多为将亚硝酸盐误作食盐、面碱等食用，以及掺杂、使假、投毒等。慢性中毒（包括癌变）原因多为饮用含亚硝酸盐量过高的井水、污水，以及长期食用含有超量亚硝酸盐的肉制品和被亚硝酸盐污染了的食品。因此，测定亚硝酸盐的含量是食品安全检测中非常重要的项目之一。本任务要求根据《食品安全国家标准　食品中亚硝酸盐与硝酸盐的测定》（GB 5009.33—2016）测定亚硝酸盐的含量。

作为发色剂和防腐剂的亚硝酸盐在食品加工中应用广泛，主要包括亚硝酸钠和亚硝酸钾，亚硝酸盐是一种白色不透明结晶的化工产品，剧毒物质，成人摄入 0.2~0.5 g 即可引起中毒，3 g 即可致死。亚硝酸盐中毒发病急速，潜伏期一般为 1~3 h，中毒的主要特点是出现紫绀现象，如口唇、舌尖、指尖青紫，重者眼结膜、面部及全身皮肤青紫，并伴有头晕、头疼、乏力、心跳加速、嗜睡、烦躁、呼吸困难、恶心、呕吐、腹痛、腹泻，严重者可出现昏迷、惊厥、大小便失禁，直至呼吸衰竭而死亡。亚硝胺除致癌外，还可经胎盘对胎儿产生致畸和毒性作用。6 个月以内的婴儿对亚硝酸盐特别敏感，食用亚硝酸盐或硝酸盐浓度高的食品引起的"高铁血红蛋白症"，能导致婴儿缺氧，出现紫绀，甚至死亡，因此，欧盟规定亚硝酸盐严禁用于婴儿食品。

由于亚硝酸盐对肉制品具有发色和防腐保鲜的作用，高浓度的亚硝酸盐不仅可改善肉制品的感观色泽，还可大幅缩短肉制品的加工时间，在肉制品加工过程中经常大量使用。同时，蔬菜和肉类中富含的硝酸盐在腌制、加工或储存不当的情况下，也会在还原酶的作用下转变成有毒的亚硝酸盐。

亚硝酸盐测定原理：样品中的亚硝酸盐经提取后，在弱酸性条件下与对氨基苯磺酸重氮化后，再与盐酸萘乙二胺反应生成紫红色偶氮化合物，其颜色的深浅在一定范围内与亚硝酸盐含量呈正相关，通过色阶卡进行目视比色，从而对样品中亚硝酸盐进行定性判定。

◉ 任务实施

一、仪器设备和材料

除另有规定的外，本方法所用试剂均为分析纯，所用水均为《分析实验室用水规格和试验方法》（GB/T 6682—2016）中规定的二级水。

（1）盐酸。

（2）对氨基苯磺酸溶液。

（3）盐酸萘乙二胺溶液。

（4）亚硝酸钠标准品。

（5）移液器：200 μL、1 mL。

（6）涡旋混合器。

（7）电子天平：分度值 0.01 g。

（8）离心机：转速≥3 000 r/min。

（9）微孔滤膜（0.45 μm 水系）。

视频 7-3-1

二、操作步骤

1. 试剂配制

（1）盐酸（20%）：量取 20 mL 盐酸，用水稀释至 100 mL。

（2）对氨基苯磺酸溶液（4 g/L）：称取 0.40 g 对氨基苯磺酸，溶于 100 mL 20%盐酸中，混匀，置棕色瓶中，临用新制。

（3）盐酸萘乙二胺溶液（2 g/L）：称取 0.20 g 盐酸萘乙二胺，溶解于 100 mL 水中，混匀，置棕色瓶中，临用新制。

（4）标准溶液配制。

亚硝酸钠标准工作液（200 μg/mL，以亚硝酸钠计）：精确称取 0.05 g，经 110~120 ℃干燥恒重的亚硝酸钠参考物质，加水溶解，移入 250 mL 容量瓶中，加水稀释至刻度，混匀。

2. 试样的制备

（1）试样制备。

取适量有代表性的样品的可食部分，充分粉碎并混匀。

（2）试样提取。

准确称取试样 1.00 g（精确至 0.01 g），置于离心管中，准确加水 10 mL，超声或涡旋振荡提取 5 min，静置 10 min。准确吸取 1 mL 上清液（如样品浑浊，用离心机以≥3 000 r/min 的转速离心 5 min 取上清液，或经微孔滤膜过滤后取续滤液）于检测管中，向检测管中滴加对氨基苯磺酸溶液 200 μL，混匀静置 1 min，再加入盐酸萘乙二胺溶液 100 μL，混匀后静置 5 min，即得待测液。

3. 试样的测定

（1）试样测定。将待测液与标准色阶卡目视比色，10 min 内判读结果。进行平行实验，两次测定结果应一致，即显色结果无肉眼可辨识差异。

（2）质控实验。每批样品应同时进行空白实验和质控样品实验（或加标质控实验）。用色阶卡和质控实验同时对检测结果进行控制。

① 空白实验。称取空白样品，按照与样品操作步骤相同的操作。

② 质控样品实验（或加标质控实验）。亚硝酸盐质控样品：采用典型样品基质或相似样品基质按照实际生产工艺生产的，含有一定量亚硝酸盐并可稳定保存的样品。经参比方法确认的质控样品中亚硝酸盐含量（以亚硝酸钠计）应包括但不限于 10 mg/kg。

加标质控样品：准确称取空白试样 1.00 g（精确至 0.01 g），置于离心管中，加入适量亚硝酸钠标准工作液（200 μg/mL）使样品中亚硝酸钠含量为 10 mg/kg。

质控样品（或加标质控样品）的操作步骤与样品的操作的相同。

三、数据记录与处理

观察检测管中样液颜色，与标准色阶卡比较判读样品中亚硝酸盐（以亚硝酸钠计）的含量。颜色浅于检出限（1 mg/kg）浓度的颜色则为阴性样品；颜色深于 10 mg/kg 浓度的颜色则为阳性样品。

注：当颜色接近或深于 1 mg/kg 浓度的颜色，但浅于或接近 10 mg/kg 浓度的颜色时，则考虑本底污染。

质控实验要求：空白实验测定结果应为阴性，质控样品实验测定结果应在其标示量值允差范围内，加标质控实验测定结果应与加标量相符。

将亚硝酸盐含量测定结果的原始数据填入表 7-9 中。

表 7-9　亚硝酸盐含量测定原始记录表

亚硝酸盐含量测定原始记录表								
样品名称	样品状态	检测方法依据	检测仪器		环境状况	检测地点	检测日期	备注
			名称	编号				
					温度：　　　℃　相对湿度：　　　%		年　月　日	
样品编号	实验次数	样品质量 m/g	稀释倍数 B	显示结果 X	结果表述			
检测					校核			

四、注意事项

（1）由于色阶卡目视判读存在一定误差，为尽量避免出现假阴性结果，读数时应遵循就高不就低的原则。当测定结果大于 10 mg/kg 时，应对结果进行确证。

（2）亚硝酸盐含量较高时，试剂显红色后不久会变为黄色，将黄色溶液再稀释放入另一个新的速测管中又会显出红色，由此区分亚硝酸盐和食用盐。

（3）当样品反应后的颜色超过最高标准色板色阶时，应将样品稀释后再测，计算结果时要乘以稀释倍数。

（4）由于生活饮用水中常有亚硝酸盐存在，不宜作为测定用稀释液。

（5）应对超标样品进行重复实验，当有条件时，应送实验室准确定量。

五、评价与反馈

实验结束后，请按照表7-10中的评价要求填写考核结果。

表7-10 亚硝酸盐快速检测考核评价表

学生姓名：　　　　　　班级：　　　　　　日期：

评价方式	考核项目		评价项目	评价要求	得分
自我评价（10%）	知识储备		了解亚硝酸盐测定的工作原理	相关知识输出正确（1分）	
			掌握亚硝酸盐快速检测流程	能够说出亚硝酸盐快速检测各步骤（3分）	
	检验准备		能够正确准备仪器	仪器准备正确（6分）	
学生互评（20%）	技能操作		能够熟练对样品中亚硝酸盐进行快速测定（样品的称量、移液枪移取液体、涡旋仪的使用、离心机的使用、清洁维护等），操作规范	操作过程规范、熟练（15分）	
			能够正确、规范记录结果并进行数据处理	原始数据记录准确、处理数据正确（5分）	
教师/企业导师学业评价（70%）	课前	通用能力	课前预习任务	课前任务完成认真（5分）	
	课中	专业能力	实际操作能力	能够按照操作规范进行亚硝酸盐测定操作，准确进行样品的提取、稀释，移液枪移取样品准确（10分）	
				涡旋仪、离心机使用方法正确，调节方法正确（10分）	
				比色卡的正确使用（10分）	
				亚硝酸盐测定仪器的使用及维护方法正确（10分）	
	课中	工作能力	发现并解决问题的能力	善于发现并解决实验过程中的问题（5分）	
			时间管理能力	合理安排时间，严格遵守时间安排（5分）	
			遵守实验室安全规范	（仪器的使用、实验台整理等）遵守实验室安全规范（5分）	
			亚硝酸盐定量法的测定	正确、规范地完成操作（10分）	
总分（100分）					

备注：不合格（<60分），合格（60~70分），良好（70~90分），优秀（>90分）。

（1）食品中亚硝酸盐的限量值为多少？

（2）检测管中的试剂配方是什么？

（3）简述亚硝酸盐的快速测定原理。

任务二　肉制品中色素的快速检测

⦿ **学习目标**

【知识目标】

（1）了解色素检测新技术和新方法。

（2）了解色素检测相关标准。

【能力目标】

（1）掌握色素测定的原理，样品的制备，溶液的稀释。

（2）掌握在检测过程中仪器的使用方法。

（3）能够利用独立完成肉制品中色素的检测。

【素养目标】

（1）树立正确的诚信意识，提高职业道德，增强服务精神、责任意识和社会使命。

（2）培养团队合作精神，发现问题并解决问题的综合能力。

⦿ **任务描述**

食用色素是以食品着色为主要目的，赋予食品色泽和改善食品色泽的物质。食用着色剂使食品具有悦目的色泽，对增加食品的嗜好性及刺激食欲有重要意义。目前我国国标中允许使用的食品着色剂有 60 余种。《食品安全国家标准　食品添加剂使用标准》（GB 2760—2014）中规定，肉品除肉灌肠、西式火腿中可以添加色素诱惑红（添加量≤15 mg/kg）外，其他肉制品均不得添加任何合成色素，并特别强调人工合成色素胭脂红、日落黄等不能用于肉干、肉脯制品等。但部分企业为了在外观上吸引消费者，在肉制品中仍然违法使用人工合成色素，使猪肉脯看上去更红、更鲜艳，极大地危害了消费者的权益和健康。我国现行有效的食品中合成色素检测标准主要有《食品安全国家标准　食品中合成着色剂的测定》（GB 5009.35—2016）、《食品安全国家标准　食品中诱惑红的测定》（GB 5009.141—2016）、《水果罐头中合成着色剂的测定高效液相色谱法》（GB/T 21916—2008）、《肉制品胭脂红着色剂测定》（GB/T 9695.6—2008）和《食品中诱惑红、酸性红、亮蓝、日落黄的含量检测高效液相色谱法》（SN/T 1743—2006）。高效液相色谱法是目前作为定性定量检测食品中色素的主要检测手段，是一种相当成熟的检测方法。此外，还可以使用高效液相色谱-质谱法、分光光度法。本任务采用目视比色分析法测定肉制品中的色素含量。该方法准确、快速，操作过程简单。

知识准备

食用合成色素是以苯、甲苯、萘等化工产品为原料，经过一系列工艺过程合成。因其色泽鲜艳、着色力强、色调多且成本低廉而被广泛使用。《食品安全国家标准　食品添加剂使用标准》（GB 2760—2014）对食用合成色素的使用量做出严格规定。但仍有部分企业在经济利益驱使下，超范围或超量使用合成色素进行食品染色。食用合成色素不合法的使用易诱发人体中毒、腹泻甚至癌症，对人体健康造成危害。

色素测定原理：肉制品中的色素被直接提取，采用目视比色分析方法，通过比色卡判断色素含量。

任务实施

一、仪器设备和材料

（1）试剂 1、试剂 2、试剂 3。

（2）比色管。

（3）水浴锅。

（4）一次性滴管。

（5）电子天平：分度值 0.1 g。

二、操作步骤

1. 试样的制备

取适量有代表性的样品的可食部分，充分粉碎并混匀。

2. 样品的测定

（1）称取 1.0 g 已磨碎的样品至 10 mL 比色管中，用水稀释至 5 mL 刻线处，滴加 8 滴试剂 1，盖上塞子，用力摇匀。

（2）将样品比色管的塞子取下，放入 80 ℃ 水浴中加热 20 min，其间每 5 min 搅拌一次。

（3）取出样品比色管，先滴加 10 滴试剂 2，再滴加 8 滴试剂 3，摇匀，放置在一旁，使其自然沉淀，然后观察上清液。

三、数据记录与处理

将上清液与色阶卡对比，读出色素含量（mg/kg），然后将色素含量测定结果的原始数据填入表 7-11 中。

表 7-11　色素含量测定原始记录表

样品名称	样品状态	检测方法依据	检测仪器		环境状况	检测地点	检测日期	备注
			名称	编号				
					温度：　　℃　　相对湿度：　　%		年　月　日	

样品编号	实验次数	样品质量 m/g	稀释倍数 B	色阶卡显示结果 X	结果表述
检测				校核	

四、注意事项

（1）样品需要使用较高的温度加热，且在拿取时应防止烫伤。

（2）样品加入试剂 3 后，应摇匀并静置，待自然沉淀后再观察上清液的颜色。

五、评价与反馈

实验结束后，请按照表 7-12 中的评价要求填写考核结果。

表 7-12　色素快速检测考核评价表

学生姓名：　　　　　　　　班级：　　　　　　　　日期：

考核项目	评价项目	评价要求	得分
知识储备	了解色素测定的工作原理	相关知识输出正确（1分）	
	掌握色素快速检测的流程	能够说出色素快速检测各部分的步骤（3分）	
检验准备	能够正确准备仪器	仪器准备正确（6分）	
技能操作	能够熟练对样品中色素进行快速测定（样品的称量、水浴锅的使用、试剂的滴加、清洁维护等），操作规范	操作过程规范、熟练（15分）	
	能够正确、规范记录结果并进行数据处理	原始数据记录准确、处理数据正确（5分）	

考核项目		评价项目	评价要求	得分
课前	通用能力	课前预习任务	课前任务完成认真（5分）	
课中	专业能力	实际操作能力	能够按照操作规范进行色素测定操作，准确进行样品的提取、稀释，试剂滴加准确（15分）	
			水浴锅使用方法正确，调节方法正确（10分）	
			色阶卡的正确使用（15分）	
	工作素养	发现并解决问题的能力	善于发现并解决实验过程中的问题（5分）	
		时间管理能力	合理安排时间，严格遵守时间安排（5分）	
		遵守实验室安全规范	（仪器的使用、实验台整理等）遵守实验室安全规范（5分）	
课后	技能拓展	色素的测定前处理	正确、规范地完成操作（5分）	
		色素定量法的测定观察	正确、规范地完成操作（5分）	
总分（100分）				

备注：不合格（<60分），合格（60~70分），良好（70~90分），优秀（>90分）。

◎ 问题思考

（1）什么是食品着色剂？天然食品色素与人工合成色素有什么区别？

（2）我国允许使用的人工合成色素有哪些？

项目四　调味品中添加剂的快速检测

任务一　香辛料酱中柠檬黄的快速检测

◎ 学习目标

【知识目标】

（1）了解色素快速检测的原理。

（2）了解食用色素检测的意义。

（3）掌握色素快速检测的新技术和新方法。

【能力目标】

（1）能够查阅与解读食用色素使用和检测的相关标准。

（2）能够利用色素的快速检测方法独立完成调味品中食用色素的检测。

（3）能够准确记录检验数据、编制规范的检验报告，并对实验结果作出正确判定。

【素养目标】

（1）充分理解"量变会引起质变"，凡事都要讲究适度原则，辩证地看待色素的使用，培养学生逻辑思维、理论联系实际的能力，为"舌尖上的安全"保驾护航。

（2）培养学生服务精神和责任意识，增强学生的使命感。

◎ 任务描述

食品着色剂，又称食用色素，是赋予食品色泽和改善食品色泽的物质。着色剂按来源分为天然色素和人工合成色素两大类。常用的天然色素主要有β-胡萝卜素、甜菜红、花青素、辣椒红素、红曲色素等；《食品安全国家标准 食品添加剂使用标准》（GB 2760—2014）中允许使用的人工合成色素主要有柠檬黄、日落黄、亮蓝、靛蓝、胭脂红、苋菜红、诱惑红、赤藓红、新红和番茄红素等。人工合成色素由于具有色泽鲜艳、易溶于水、着色力强、稳定性好、易于调色和复配、品质均匀、成本低廉等方面优点，因此，更广泛应用于食品生产领域。《食品安全国家标准 食品添加剂使用标准》（GB 2760—2014）中规定，香辛料酱中柠檬黄的最大使用量为 0.1 g/kg。目前食品中色素检测的方法有高效液相色谱法、高效液相色谱-质谱法、分光光度法、薄层色谱法、胶体金试纸法等。本任务要求根据胶体金试纸法测定香辛料酱中柠檬黄，此方法操作简单，准确快速、成本低廉能够满足日常工作需求。

◎ 知识准备

柠檬黄又称酒石黄、酸性淡黄、肼黄，化学名称为1-(4-磺酸苯基)-4-(4-磺酸苯基偶氮)-5-吡唑啉酮-3-羧酸三钠盐，为水溶性合成色素。食用柠檬黄外观为橙黄色粉末，微溶于酒精，不溶于其他有机溶剂。适量的柠檬黄可安全地用于食品、饮料、药品、化妆品、饲料、烟草、玩具、食品包装材料等的着色。柠檬黄能用作食品着色剂，是因为它安全度比较高、基本无毒、不在体内储积，绝大部分以原形排出体外，少量可经代谢排出体外，其代谢产物对人无毒性作用。人体对柠檬黄过敏的症状通常包括焦虑、偏头痛、忧郁症、视觉模糊、哮喘、发痒、四肢无力、荨麻疹、窒息感等。

柠檬黄测定原理：将着色标记物胶体金与待测抗原的特异性抗体（Abl）相偶联，沉积在结合垫。而检测线（T线）处固相化的是待测抗原（Ag）。样品液滴加到样品垫上后，受毛细作用力，胶体金标记 Abl 随样品溶液一起向 T 线移动。若样品中含有 Ag 时，样品中的 Ag 和带有标记物的 Abl 形成 Ag-Abl 复合物。随后，其在通过 T 线时，由于竞争抑制，不再发生反应，T 线处不显色；若样品不含待测物，则 Abl 与 T 线上的 Ag 反应，T 线处显色。样品溶液继续前移，Ag-Abl 复合物在质控线（C 线）处的抗体 Abl 与抗体 Ab2 结合，形成 Abl-Ag-Ab2 复合物，使质控线（C 线）显色。

◎ 任务实施

一、仪器设备和材料

（1）浓缩仪。

（2）涡旋振荡器。

（3）移液器。

（4）计时器。

（5）试纸条。

二、操作步骤

1. 试样的制备

取 0.1 mL 样品放入 5 mL 塑料离心管中，加入提前处理过的柠檬黄试剂 1 mL，充分混匀并静置 5 min，过滤后加纯水至 4 mL，作为检测原液。

对检测原液进行稀释 500 倍，稀释后得到样品待测液。

2. 样品的测定

（1）使用前将检测卡和待测液恢复至室温。

（2）从包装袋中取出检测卡，将检测卡平放。

（3）用移液枪移取 60 μL 待测液于微孔（试剂盒配备）中，反复吹打 3~5 次，混合均匀，静置 5 min，用一次性吸管转移液体至加样孔中；

（4）加样后开始计时，5~8 min 即可观察结果，10 min 后判读无效。

三、数据记录与处理

1. 结果判定

通过对比 C 线和 T 线的颜色深浅进行结果判定，如图 7-2 所示。

阴性结果：若 C 线和 T 线均显色，T 线颜色深于 C 线或与 C 线颜色基本一致，则表明样品中不含柠檬黄或者低于方法检测限，判为阴性。

阳性结果：若 C 线显色，T 线不显色或颜色浅于 C 线，则表示样品中可能含有柠檬黄，判为阳性。

无效：若 C 线不显色，无论 T 线是否显色，则表示存在不正确的操作过程或检测卡已变质失效，检测结果无效。在此情况下，应检查试剂盒说明并使用新的检测卡重新测试。

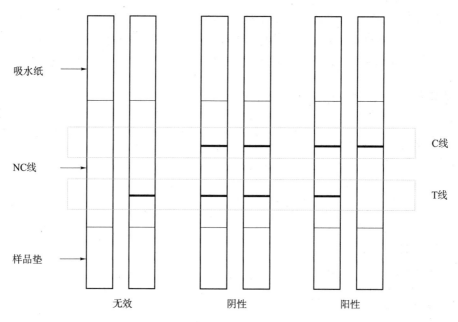

图 7-2 目视判断示意

2. 结果记录

将柠檬黄含量测定结果的原始数据填入表 7-13 中。

表 7-13 柠檬黄含量测定原始记录表

柠檬黄含量测定原始记录表								
样品名称	样品状态	检测方法依据	检测仪器		环境状况	检测地点	检测日期	备注
			名称	编号				
					温度： ℃ 相对湿度： %		年 月 日	
样品编号	实验次数	样品质量 m/g	稀释倍数 B	试纸条显示结果 X	结果表述			
检测					校核			

四、注意事项

（1）该产品只能进行样本中的柠檬黄的定性筛查，不能确定其精确含量。对于检测不合格的样品，应送实验室用标准方法加以确认。

（2）将检测试纸条、微孔条从铝箔袋中取出后，应于 1 h 内开始实验，若置于空气中的时间过长，试纸条和微孔便会由于受潮而失效。

（3）实验环境应保持一定相对湿度、避风，避免在过高温度下进行。

（4）操作失误，以及样本中存在干扰物质，有可能导致错误结果。

（5）试纸条和微孔在常温下保存，谨防受潮，低温下保存的检测条应平衡至室温方可使用。检测条为一次性使用，且请注意有效期。

五、评价与反馈

实验结束后，请按照表7-14中的评价要求填写考核结果。

表7-14　柠檬黄快速检测考核评价表

学生姓名：　　　　　　　　班级：　　　　　　　　日期：

考核项目		评价项目	评价要求	得分
知识储备		了解柠檬黄测定的工作原理	相关知识输出正确（1分）	
		掌握柠檬黄快速检测流程及使用仪器的功能	能够说出柠檬黄快速检测使用的仪器和作用（3分）	
检验准备		能够正确准备仪器	仪器准备正确（6分）	
技能操作		能够熟练进行样品的称量、移液枪的准确移取液体、涡旋仪的使用、离心机的使用、清洁维护等操作规范	操作过程规范、熟练（15分）	
		能够正确、规范记录结果并进行数据处理	原始数据记录准确、处理数据正确（5分）	
课前	通用能力	课前预习任务	课前任务完成认真（5分）	
课中	专业能力	实际操作能力	能够按照操作规范进行胶体金试纸条操作，准确进行样品的提取、稀释，移液枪移取样品准确（10分）	
			涡旋仪、离心机使用方法正确，调节方法正确（10分）	
			胶体金试纸条的正确使用（10分）	
			柠檬黄测定仪器的使用及维护方法正确（10分）	
	工作素养	发现并解决问题的能力	善于发现并解决实验过程中的问题（5分）	
		时间管理能力	合理安排时间，严格遵守时间安排（5分）	
		遵守实验室安全规范	（仪器的使用、实验台整理等）遵守实验室安全规范（5分）	
课后	技能拓展	胶体金定性法的测定观察	正确、规范地完成操作（10分）	
总分（100分）				

备注：不合格（<60分），合格（60~70分），良好（70~90分），优秀（>90分）。

（1）过量摄入柠檬黄会有哪些危害？

（2）柠檬黄快速测定仪的原理是什么？

任务二　食醋中山梨酸钾的快速检测

◎ **学习目标**

【知识目标】

（1）了解山梨酸钾检测的意义。

（2）了解山梨酸钾检验新技术和新方法。

（3）了解山梨酸钾检测相关标准。

【能力目标】

（1）能够查阅并正确解读防腐剂使用和检测的相关标准。

（2）能够利用快速检测方法独立完成调味品中山梨酸钾的检测。

（3）能够准确对实验结果做出正确判定。

【素养目标】

（1）激发学习优秀传统文化的热情，领悟中华民族优秀的文化精华和时代价值，提高民族自信心和自豪感。

（2）充分认识"食品安全重于泰山"的含义，增强自身的社会责任感和职业认同感，养成良好的职业习惯。

◎ **任务描述**

山梨酸及其钾盐是联合国粮农组织和世界卫生组织推荐的国际公认、广谱、高效、安全的食品防腐保鲜剂，广泛应用于食品、饮料、烟草、农药、化妆品等行业，是近年来国内外普遍使用的防腐剂。山梨酸是一种不饱和脂肪酸，参与体内正常代谢，并被人体消化和吸收，产生二氧化碳和水。联合国粮农组织、世界卫生组织、美国食品药品监督管理局都对其安全性给予了肯定。山梨酸不会对人体产生致癌和致畸作用。虽然安全性较高，但如果消费者长期服用山梨酸或山梨酸钾超标的食物，在一定程度上会抑制骨骼生长，危害肾、肝脏的健康。因此，《食品安全国家标准　食品添加剂使用标准》（GB 2760—2014）对山梨酸及其钾盐在食品中的使用范围和最大使用量做出严格规定了，即山梨酸及其钾盐在食醋中的最大使用量不得超过 1.0 g/kg。山梨酸钾的检测方法主要有液相色谱法、气相色谱法、液相色谱-质谱法等。本任务是利用快速检测的方法测定食醋中山梨酸钾的含量。

◎ **知识准备**

山梨酸钾，无色至白色鳞片状结晶或结晶性粉末，无臭或稍有臭味；在空气中不稳定，能被氧化着色。其分子量为150.22，有吸湿性，易溶于水和乙醇。山梨酸钾主要用作食品防腐剂，属于酸性防腐剂，配合有机酸使用防腐反应效果提高。以碳酸钾或氢氧化钾和山梨酸为原料制得。山梨酸（钾）能有效地抑制霉菌、酵母菌和好氧性细菌的活性，还能防止肉毒杆菌、葡萄球菌、沙门氏菌等有害微生物的生长和繁殖，但其对厌氧性芽孢菌与嗜酸乳杆菌等有益微生物几乎无效，其抑制发育的作用比杀菌作用更强，故可达到有效地延长食品的保存时间，并保持原有食品的风味，是一种常用的食品防腐剂。其防腐效果是同类产品苯甲酸钠的5~10倍。山梨酸（钾）属酸性防腐剂，在接近中性（pH 值 6.0~6.5）的食品中仍有较好的防腐作用（不适用于乳制品），山梨酸（钾）是联合国粮农组织和世界卫生组织推荐的高效安全的防腐保鲜剂。

山梨酸钾测定原理：利用山梨酸钾能够与检测试剂在一定条件下发生特异性反应，生成红色产物，且在一定范围内，颜色的深浅与山梨酸钾的含量成正比，颜色越深，山梨酸钾的含量越高。适用于酱油、醋、果酒、蜜饯、凉果、饮料等食品中山梨酸钾的现场快速检测。

◉ 任务实施

一、仪器设备和材料

（1）水浴锅。

（2）检测管。

（3）一次性吸管。

（4）检测液 A。

（5）检测液 B。

（6）检测液 C。

二、操作步骤

1. 试样制备

取 1 g（液体取 1 mL）样品，加蒸馏水 14 mL，混匀，浸泡 10~15 min，如有浑浊，则需过滤或离心。再从上述浸泡液中取 1 mL，加 19 mL 蒸馏水并混匀，作为样品处理液。

2. 试样的测定

（1）样品管：取 2 mL 样品处理液到检测管中。

（2）标准品管：取 2 mL 蒸馏水到检测管中，再根据《食品安全国家标准 食品添加剂使用标准》（GB 2760—2014）中不同食品山梨酸钾的限量要求滴加相应量的检测液 C。每滴检测液 C 相当于 0.1 g/kg 山梨酸钾，以酱油检测为例，国标规定山梨酸钾在酱油中最大使用量为 1.0 g/kg，因此，向标准管滴加 10 滴检测液 C。

（3）在两根检测管中分别加入 3 滴检测液 A 和 6 滴检测液 B，沸水浴 5 min。

（4）取出检测管，冷却后观察其颜色变化。

三、数据记录与处理

将山梨酸钾含量测定结果的原始数据填入表 7-15 中。

结果判断：若样品管呈现黄色或者无明显的颜色变化，则说明山梨酸钾含量未超标；若呈现明显红色且比标准品管颜色深，则说明山梨酸钾含量超标。

表7-15　山梨酸钾含量测定原始记录表

山梨酸钾含量测定原始记录表								
样品名称	样品状态	检测方法依据	检测仪器		环境状况	检测地点	检测日期	备注
			名称	编号				
					温度：　　　℃　相对湿度：　　　%		年　月　日	
样品编号	实验次数	样品质量 m/g	稀释倍数 B	显示结果 X		结果表述		

四、注意事项

（1）本方法用于现场快速测定。对于测定结果不符合国家标准规定值或标签标示值的样品，建议送至有资质的检测机构加以确认。

（2）处理样品时，必须使用纯净水或蒸馏水浸泡。

五、评价与反馈

实验结束后，请按照表7-16中的评价要求填写考核结果。

表7-16　山梨酸钾快速检测考核评价表

学生姓名：　　　　　　　班级：　　　　　　　日期：

考核项目		评价项目	评价要求	得分
知识储备		了解山梨酸钾测定的工作原理	相关知识输出正确（1分）	
		掌握山梨酸钾快速检测流程及仪器的使用	能够说出山梨酸钾快速检测流程（3分）	
检验准备		能够正确准备仪器	仪器准备正确（6分）	
技能操作		能够熟练对样品中山梨酸钾进行快速测定（样品的称量、移液枪移取液体、水浴锅的使用、清洁维护等），操作规范	操作过程规范、熟练（15分）	
		能够正确、规范记录结果并进行数据处理	原始数据记录准确、处理数据正确（5分）	
课前	通用能力	课前预习任务	课前任务完成认真（5分）	

考核项目		评价项目	评价要求	得分
课中	专业能力	实际操作能力	能够按照操作规范进行山梨酸钾测定操作，准确进行样品的提取、稀释，移液枪移取样品准确（15分）	
			水浴锅使用方法正确，调节方法正确（10分）	
			正确对结果进行判断使用（15分）	
	工作素养	发现并解决问题的能力	善于发现并解决实验过程中的问题（5分）	
		时间管理能力	合理安排时间，严格遵守时间安排（5分）	
		遵守实验室安全规范	（仪器的使用、实验台整理等）遵守实验室安全规范（5分）	
课后	技能拓展	山梨酸钾定量法的测定观察	正确、规范地完成操作（10分）	
总分（100分）				

备注：不合格（<60分），合格（60~70分），良好（70~90分），优秀（>90分）。

◎ 问题思考

（1）我国允许使用的食品防腐剂主要有哪些？

（2）过量摄入山梨酸钾的危害是什么？

（3）简述山梨酸钾快速测定的原理。

◎ 案例介绍

通过手机扫描二维码获取食品添加剂滥用等造成的相关安全事件案例，通过网络资源总结食品添加剂的作用，科学规范地使用食品添加剂。

◎ 拓展资源

利用互联网、国家标准、微课等拓展所学任务，查找资料，加深对相关知识的理解。

模块七案例

模块七拓展资源

参 考 文 献

[1] 王晶，王林，黄晓蓉. 食品安全快速检测技术 [M]. 北京：化学工业出版社，2002.

[2] 段丽丽. 食品安全快速检测 [M]. 北京：北京师范大学出版社，2014.

[3] 黄晓蓉. 食品安全快速检测方法确认 [M]. 北京：中国标准出版社，2015.

[4] 陆文蔚，白晨. 食品快速检测实训教程 [M]. 北京：中国轻工业出版社，2014.

[5] 牛天贵. 食品微生物学实验技术 [M]. 北京：中国农业大学出版社，2002.

[6] 师邱毅，纪其雄，许莉勇. 食品安全快速检测技术及应用 [M]. 北京：化学工业出版社，2010.

[7] 孙远明. 食品安全快速检测与预警 [M]. 北京：化学工业出版社，2017.

[8] 姚玉静，翟培. 食品安全快速检测 [M]. 北京：中国轻工业出版社，2019.

[9] 赵杰文，孙永海. 现代食品检测技术 [M]. 北京：中国轻工业出版社，2005.

[10] 朱克永. 食品检测技术：食品安全快速检测技术 [M]. 北京：科学出版社，2010.